大数据存储
——键值、容错与一致性

许胤龙　李永坤　吕　敏　李　诚　著

科学出版社

北　京

内 容 简 介

本书分为三篇,分别涉及大数据处理中的键值存储、容错存储、数据一致性三个领域。每篇首先简要介绍相关领域的基础知识、系统优化的关键技术以及主流的系统等,然后介绍作者在相关领域的部分研究成果。具体来说,在键值存储方面,介绍了动态布隆过滤器设计、哈希分组与键值分离技术相结合的存储结构设计、哈希索引与日志结构合并树相结合的索引结构设计等方面的优化方法,旨在降低读、写放大,提升读、写与范围查询的性能;在容错存储方面,介绍了纠删码的数据布局、故障数据恢复算法、源数据节点与恢复节点选择以及系统扩容等方面的优化方法,旨在降低 I/O 数据量与负载均衡,加速故障恢复;在数据一致性方面,介绍了RedBlue 和 PoR 细粒度一致性模型及其使用方法,为在备份系统中安全使用低延迟的弱一致性同步、提升系统性能提供理论依据和实践基础。

本书可供从事键值存储、数据存储与数据一致性等计算机系统领域研究的科研工作者与研究生参考,也可以作为相关课程的辅助参考资料。

图书在版编目(CIP)数据

大数据存储: 键值、容错与一致性/许胤龙等著. —北京:科学出版社,2022.9
ISBN 978-7-03-073062-6

Ⅰ. ①大… Ⅱ. ①许… Ⅲ. ①数据管理 Ⅳ. ①TP274

中国版本图书馆 CIP 数据核字(2022) 第 162754 号

责任编辑: 蒋 芳 王晓丽 曾佳佳 / 责任校对: 韩 杨
责任印制: 张 伟 / 封面设计: 许 瑞

科 学 出 版 社 出版
北京东黄城根北街 16 号
邮政编码: 100717
http://www.sciencep.com

北京九州迅驰传媒文化有限公司 印刷
科学出版社发行 各地新华书店经销
*
2022 年 9 月第 一 版 开本: 720 × 1000 1/16
2022 年 9 月第一次印刷 印张: 15 3/4
字数: 318 000

定价: 139.00 元
(如有印装质量问题, 我社负责调换)

前　言

　　随着信息技术在经济社会中的广泛应用，人们日常生活中的网络购物、上传照片视频、更新社交网络、移动支付等行为都导致每时每刻产生大量数据。特别是近年来，数据呈现指数型增长。2016 年，全球范围内采集、创建和复制的所有新数据总和仅为 16.1 ZB（1 ZB = $1×10^{12}$ GB），而 2018 年则增长至 33 ZB。根据国际著名数据公司 IDC 的预测，2025 年全球产生的数据量将增至 175 ZB。而我国的数据量增长最为迅速，在 2018 年，中国新增数据量占全球的 23.4%，预计到 2025 年该比例将增至 27.8%，我国将成为全球最大的数据产地。

　　大数据与国计民生息息相关，正日益对个人、企业、国家产生重要影响。2015 年，国务院发布了《促进大数据发展行动纲要》，将大数据上升为国家基础性战略资源。数据已成为人类发现新规律，提出新方法，发明新技术，形成新产业的重要基础。数据驱动创新发展，已成为重要资源。大数据基础设施与软件平台的构建，大数据的应用分析，有关标准与规范的制订，需要研究资源汇聚、数据收集、存储管理、分析挖掘、安全保障和按需服务等问题。

　　随着数据采集技术的不断发展以及新型应用的不断涌现，数据存储呈现了以下一些典型的特征。① 数据规模大且增长快速，因此其载体存储系统变得越来越大，故障频发，数据容错已然成为存储系统的基本要素之一。② 非结构化数据占主导，不方便使用二维逻辑来表示，如长文本、图片、音频、视频等，使得传统的关系型数据库与文件系统都难以承载这些数据，提供高性能访问。③ 存取速度要求高。为了支持大量用户对海量数据的访问和可靠性需求，数据中心采用多中心异地备份，用户就近访问，但多个备份的版本与一致性控制会降低系统的性能。

　　本书介绍作者在大数据处理系统支持方面的部分成果。在非结构化存储方面，介绍了键值存储系统的读、写与范围查询等方面的性能优化方法，主要是弹性灵活的布隆过滤器设计、哈希分组与键值分离技术相结合的存储结构设计、哈希索引与日志结构合并树相结合的索引结构设计等。在数据容错方面，介绍了基于纠删码容错存储系统的故障数据恢复与系统扩容、三副本到纠删码的容错机制转换等方面的优化方法，基本思路是降低这些过程中读写的数据量、负载均衡以及降低编解码的复杂度。在数据一致性方面，介绍了本书设计的两种细粒度一致性模型 RedBlue 和 PoR，主要思路是总结出分布式系统不同操作对数据一致性的需求，设计并实现了不同级别的一致性协议，使得备份系统很多操作在保证一致性的前提下，可以使用级别低的协议，缩短同步延迟。

本书的内容来源于作者、科研团队很多研究生以及多位合作者长期积累的成果。在撰写过程中，得到了中国科学技术大学计算机学院领导与同事，以及科学出版社的大力支持，多位研究生同学参与了资料整理与绘图等工作。在此，向他们表示衷心的感谢！

本书的研究工作得到了科技部重点研发计划"数据科学的若干基础理论"（2018YFB1003200）、国家自然科学基金重点项目"新型分布式存储系统的高可靠性关键技术研究"（61832011）、国家外国专家局与教育部"计算科学及其应用基础的研究 2.0"学科创新引智基地（"111 基地"）（BP0719016）和多个国家自然科学基金面上项目，以及高性能计算安徽省重点实验室的支持。在此，向相关部门表示衷心的感谢！

作　者

2022 年 2 月

目　　录

前言

第 1 篇　键值存储系统

第 2 篇　基于纠删码的容错存储

第 1 篇
键值存储系统

第 1 章　键 值 存 储

　　本章主要围绕当前大数据的存储需求，概要介绍键值存储系统的主流架构、读写流程、研究热点。本章主要内容安排如下：首先介绍当前大数据的特征以及对存储系统带来的新挑战，键值存储的数据模型与访问接口；然后介绍当前主流的键值存储系统架构，并分析存在的问题与系统设计方面的挑战；最后概述该领域的国际研究现状与热点。

1.1　大数据特征及存储挑战

1.1.1　数据存储的发展趋势

　　随着网络与通信技术的飞速发展以及网络终端接入的普及，博客、即时通信、短视频分享等新型服务平台不断涌现，获取网络服务的用户越来越多。根据 WeAreSocial 与 Hootsuite 公司联合发布的 Digital 2020[1] 的统计，截至 2020 年 1 月，全球互联网用户数量已超过 45 亿人，其中社交媒体用户高达 38 亿人。同时，医疗、交通、金融等行业也纷纷开始利用大数据处理技术进行数据分析等工作。因此产生了大量的数据存储需求，并呈现出以下特征。

　　(1) **数据规模大且快速增长**。由于 Web 2.0 技术倡导由用户主导生产数据内容，用户在享用网络应用带来便利的同时，也积极向互联网上传了大量的数据。同时，传统行业在数字化发展过程中，也产生了大量的数据存储需求。例如，医疗卫生领域利用大数据技术，对居民的海量医疗及健康数据进行统计分析[2]。根据国际数据公司 IDC 的统计，到 2025 年全球每年产生的数据总量将从 2018 年的 33ZB 增长到 175ZB[3]。

　　(2) **存取速度要求高**。网络服务平台对数据的存取速度也提出了更高的要求。以社交网络为例，知名社交网站 Facebook 每天都会新增数十亿条内容，对数据的访问也达到了每秒钟几亿次[4]。为了使用户获得良好的体验，这些频繁的数据存取请求需要得到系统的快速响应。

　　(3) **非结构化数据占主导**。非结构化数据指不方便使用二维逻辑表示的数据，如长文本、图片、音频、视频等。网络应用以及传统行业利用大数据技术产生的数据大多是非结构化数据，如用户在社交网络发布的博文和短视频，医疗领域的健康档案和 CT 图像等。根据 IDC 公司的统计，网络和医疗数据中约 80% 都是非结构化数据[5,6]。

综上所述，基于当前的发展趋势，数据存储领域面临着以非结构化数据占主导的海量数据存储需求，网络服务商需要为这些数据提供高效的存取支持，对数据存储系统设计与实现提出了新的挑战。

1.1.2　数据存储面临的挑战

面对数据的新特征，特别是非结构化数据的高速发展，需要设计针对非结构化数据友好的存储系统，提高非结构数据的存取性能以及系统的扩展能力，以满足用户日益提升的数据存储需求和处理需求。要实现这个目标，面临着以下几个问题。

1. 可扩展性问题

当数据存储系统的数据规模与访问量持续增加，系统性能无法继续满足用户数据存储需求时，就需要对存储系统进行扩展。数据存储系统的扩展方式分为横向扩展与纵向扩展两类，横向扩展指的是利用分布式技术增加更多的存储节点，与当前节点组成一个更大的存储系统；纵向扩展指的是提高当前存储节点的硬件性能，如升级内外存设备和 CPU 等。

当数据存储和访问量显著增大时，为了增强存储节点的负载能力，不得不为其配置核数更多、频率更高的 CPU 和容量更大、读写性能更强的存储设备。然而，计算机硬件的性能提升与其价格增长并非线性关系，为单台服务器提高配置会带来昂贵的硬件成本，性价比很低。另外，受制于计算机硬件发展水平，纵向扩展能力也存在一定的上限。

相比于纵向扩展，存储系统可以通过增加存储节点的方式实现横向扩展，通过添加相对廉价的服务器，便能在理论上对系统的性能和存储容量进行无限扩展，性价比高。但是，横向扩展会带来系统管理上的挑战。

2. 非结构化数据处理问题

对非结构化数据的处理也是数据存储面临的挑战之一。在关系型数据库中，数据遵守严格的数据库存储范式，在添加数据前需要预定义数据格式，难以灵活修改，因此无法快速容纳新的数据类型，也无法高效处理难以用二维逻辑表示的数据。由于非结构化数据的格式缺少明显规律，组成形式灵活，若使用关系型数据库存储，当应用为数据添加新的属性时，需要修改整张关系表的模式，有时甚至需要将原关系表中的所有数据迁移到新表中，显著影响整个系统的服务性能，同时还会大幅增加运维难度。

综上所述，传统的关系型数据库不能适应海量非结构化数据的存取需求，在数据存储领域的当前发展趋势下，需要探索新型的数据存储结构。

1.2 键值数据模型及访存接口

为了应对海量非结构化数据存储的挑战，非关系型数据存储系统开始得到广泛关注和使用[7]，这些系统一般具有以下特征[8]。

(1) 不要求强一致性的事务支持，有较强的灵活性。

(2) 对数据存储格式约束较少，容易处理各种类型的数据。

(3) 访问接口简单易用，减少了对网络应用中不常用复杂查询的支持。

这些特征使得非关系型数据存储系统能够处理非结构化数据，拥有高效的数据存取性能。其灵活的数据模型能很好地适应非结构化数据多变的数据特征，同时由于数据之间没有严格的约束关系，也没有强一致性要求，容易横向扩展，扩大系统规模。

键值（key value）存储系统就是一个典型的非关系型数据存储系统，其采用扁平化的数据模型和简单灵活的访问接口，具有很好的泛用性，同时还保证了高读写性能与易扩展能力，为海量非结构化数据的存储提供了一个优秀的解决方案。因此，键值存储系统作为后端存储引擎被广泛部署在如分布式文件系统[9]、电子商务系统[10]、社交网络[11]等数据密集型应用中，成为数据存储领域的重要组成部分。此外，一些关系型数据库也开始使用键值存储系统为其提供底层存储支持[12]。所以，研究优化键值存储系统的性能，对数据存储领域的发展有重要意义。

键值存储系统的数据模型类似于哈希表 (Hash table)，一个键数据 (key) 对应一个值数据 (value)，将键数据和其对应的值数据合称为键值对 (key-value pair)。键数据由字符串表示，值数据可以是任意类型，系统内部并不关心值数据具体表示的数据类型，只是将值数据视作二进制串处理，因此非常适合存储类型多变的非结构化数据。基于这种扁平化数据模型，键值存储系统支持以下接口，用于存取数据。

(1) Put (key, value)：写操作，将键值对 (key, value) 写入系统，写入新数据和更新已有数据均使用相同的接口。

(2) Delete (key)：删除操作，从系统中删除键对应的键值对。

(3) Get (key)：点查询操作，读取键对应的值数据。

(4) Scan (start_key, end_key)：范围查询操作，按用户定义的顺序关系 (一般为字典序) 读取键在区间 [start_key, end_key] 内的所有键值对。

可以看出键值存储系统支持的存取操作非常简单，不同键值间不存在访问依赖，于是，每个键值对都可以独立地存储在任意存储节点上，因此随着数据规模的增大，系统容易进行横向扩展。

1.3 系统架构及关键问题

键值存储系统中常见的数据结构有哈希表和日志结构合并树 (LSM-tree)。其中，基于哈希表的系统支持对键值对的快速点查询，但是难以进行高效范围查询，并且内存开销很高。正是由于这些特性，哈希表主要应用在数据库索引与缓存系统中。基于日志结构合并树将随机写入转化为顺序写入，能够充分利用设备的带宽，具有高效的写入性能，因此在大规模持久化键值存储中广泛应用。本篇介绍的键值存储技术与系统都是基于日志结构合并树的键值存储系统。

1.3.1 常见数据结构

1. 哈希表的结构

图 1.1 展示了一个简单的哈希表，它是一种可以将键数据映射到值数据的结构。哈希表在进行映射的过程中，以键数据作为输入，使用哈希函数将其计算为哈希码，以此作为表中位置的索引。常见的哈希算法有除留余数、随机数法、平方取中法等。

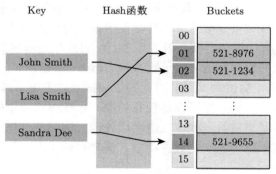

图 1.1   哈希表的结构

理想情况下，哈希函数会为每个键数据生成唯一的哈希码作为索引，但大多数哈希表设计并不能达到完美哈希的程度，无法避免哈希冲突的发生，即多个键数据产生了相同的哈希值。为了应对这些冲突，有以下几种常见的方法：① 开放地址法，当发生地址冲突时，按照某种方法继续探测哈希表中的其他存储单元，直到找到空位置；② 链地址法，产生哈希冲突后在存储数据后面加一个链表，管理发生冲突的数据；③ 公共溢出区法，建立一个特殊存储空间，专门存放冲突的数据。若通过这些方法仍然无法解决哈希冲突，则需要对哈希表进行扩容。

基于哈希表的索引具有以下特点：① 点查询速度快，通过键数据就能直接计算值数据的存储地址，查询效率极高；② 存在空间浪费，随着哈希空间利用率的增加,哈希冲突会快速增加,哈希表的性能急剧下降,通常使用率在 50% 下时才能保证较高的访问效率;③ 数据无序,数据经过哈希映射后,原本的有序性被打破。根据上述哈希表的特点,哈希表适合数据库索引、缓存系统等数据无序、需要快速访问的场景,较少作为大规模持久键值存储的数据结构。

2. 日志结构合并树的结构

日志结构合并树于 1996 年由 O'Neil 等首次提出[13],这种结构将最近写入的数据缓存在内存中,经过排序后再批量写入外存,同时在后台周期性地对外存的数据进行整理以保持其有序性,为范围查询操作提供高效支持。在更新数据时无须查找外存上的旧数据、并进行修改,而是直接追加写入新数据,保证了所有对外存的写操作都是顺序写入,有效利用了外存设备顺序写的吞吐量显著高于随机写的性能特征。

图 1.2 展示了典型的日志结构合并树的结构。日志结构合并树将键值数据在内外存中以层次结构组织,内存中为写缓冲区,通常基于有序数据结构如 B-tree 或跳表等实现,保持键值对按键数据有序存储,并支持对键值对的原地更新 (update-in-place)。外存的键值对进行分层存储(每层编号为 $L_0, L_1, \cdots, L_n$),形成一个树形结构,键值对在各层内部按键数据有序组织。在向日志结构合并树中写入键值对时,首先将其写入内存缓冲区中,缓冲区写满后,会将其写入外存 L_0 中,并通过归并排序重新组织 L_0 以保持数据有序,因此 L_0 的数据量会随着合并操作越来越大,合并开销也会越来越高。为此,日志结构合并树通过分层来分摊数据合并开销,当外存中 L_i 的大小达到一个阈值时,会将其与 L_{i+1} 进行合并,并将合并后数据写入 L_{i+1}。在实际系统实现时,为了保证数据从内存写到 L_0 的效率,往往会选择 L_0 层的数据不排序的折中做法,而其他层数据仍保持有序以支持高效范围查询。

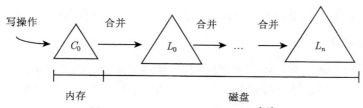

图 1.2 日志结构合并树的结构[13]

1.3.2 基于日志结构合并树的键值存储系统

图 1.3 是主流的基于日志结构合并树设计的键值存储系统核心架构,但在实践上针对键值数据存储做了很多改进。其中,系统分为内存与外存两个部分。内存部分作为写缓冲,存储最近写入的用户数据,并将数据打包批量写入外存,以

此避免产生大量随机 I/O。外存部分负责持久化数据，通过将数据层次化、有序地组织，为查询操作提供索引支持。

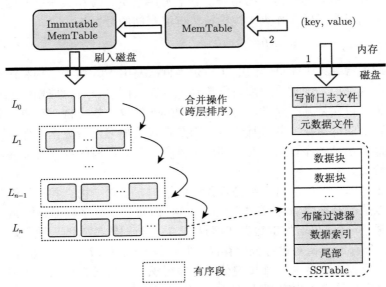

图 1.3　基于日志结构合并树的键值存储系统

1. 内存部分

内存的写缓冲由 MemTable 和 Immutable MemTable 两部分组成，键值数据按照用户定义的键的顺序关系 (通常为字典序) 有序存储，两者结构实际上完全相同，都是基于跳表 (skiplist)[14] 实现的。跳表是一种多层的有序链表，相比于单层链表 $O(n)$ 的插入和查询复杂度，跳表的插入和查询复杂度均为 $O(\log_2 n)$，同时能轻松地实现对其中键值数据的无锁并发访问，具有较高的读写性能。

2. 外存部分

外存中键值数据被组织成多层结构，容量逐层增长，层通常编号为 $L_0, L_1, \cdots, L_n$。L_{i+1} 层的存储容量一般设为 L_i 层的 10 倍。每层由若干 SSTable (sorted string table) 文件组成。

SSTable 作为键值存储系统中持久化数据的文件格式，其内容分为四个部分，分别是数据块 (data block)、布隆过滤器 (Bloom filter)、数据索引 (data index) 以及尾部 (footer)。布隆过滤器用于快速判断某个键值数据是否存在于对应的 SSTable 中，数据索引记录了各数据块的最小键数据，这些数据能够在查询中起到重要作用，通常被缓存在内存中以加速查询。尾部则用于定位数据索引在文件中的起始位置。设计实现的键值系统中，L_0 层的 SSTable 往往是从内存直接追加写入外存的，并不保证 SSTable 之间完全有序。而除了 L_0 层，各层内 SSTable 之间的键数据完全有序，即同一层内不同 SSTable 中键的取值范围没有交集。

此外，外存中还维护一个预写日志文件 (write ahead log，WAL)，在系统掉电后通过重放预写日志的内容，可以恢复写缓冲中尚未持久化到外存的数据，以及一个系统元数据文件 (meta-file)，用来记录每层中最新 SSTable 文件序号、版本号和增删信息等元数据。

3. 点查询流程

向日志结构合并树结构的存储系统发起点查询时，系统的操作流程如下：① 在 MemTable 中进行查询，如果存在，则返回。② 在 Immutable MemTable 中进行查询，如果存在，则返回。③ 按顺序查询 $L_0, L_1, \cdots, L_n$ 中范围存在交集的 SSTable，若对应的键存在，则返回结果，若未能找到，则继续向下一层寻找。④ 最终如果遍历的所有层都未能够查询到，返回数据不存在的查询结果。

在查询 SSTable 的过程中，布隆过滤器可以有效过滤掉 SSTable 中的无效查询。如果没有布隆过滤器，它需要对每一个 SSTable 都进行二分查找，即使键不在该 SSTable，仍然需要进行多次 I/O 操作才能确定，因此查询效率十分低下。单个布隆过滤器中存放的是一个定长的位图数组，该位图数组中存放了若干个键数据的指纹信息，根据这些指纹信息，布隆过滤器能够判断待查询的键数据是否在一个 SSTable 中。但是布隆过滤器存在误报率。若判断不在一个 SSTable 中，则一定不在；若判断在一个 SSTable 中，则有很小的概率是误判，事实上不在。通过将布隆过滤器缓存在内存中，就能够避免大量无效的 I/O 以提升读取性能。

4. 写入流程

向日志结构合并树结构的存储系统中写入键值数据时，系统会依次进行以下三个过程：① 缓冲前台写入；② 迁移缓冲的数据到外存；③ 维护外存数据有序性。下面分别对其进行介绍。

(1) **缓冲前台写入**：当用户发送了一个写入请求时，系统首先将该键值数据追加写到预写日志文件末尾，以保证持久性，避免在掉电时丢失数据；然后再将其写入 MemTable，成功写入 MemTable 后，即可通知用户写操作完成。对已有键值数据的更新和删除同样以向 MemTable 写入一个新键值数据的方式实现，不需要找到数据存放在外存中的地址，然后执行原地更新。其中，删除操作向 MemTable 写入一个值为特殊删除标记的键值数据。在读取键值数据时，若读到该标记，则说明键值数据已经被删除。

(2) **迁移缓冲的数据到外存**：当 MemTable 写满后，系统将其转换成 Immutable MemTable，并在内存生成一个新的 MemTable 接收后续写入，同时在后台将 Immutable MemTable 中的键值数据组织成一个 SSTable 文件,追加写入 L_0,称此操作为 flush。若在 MemTable 写满时,前一次 flush 还未完成,则后续写入会阻塞。

(3) **维护外存数据有序性**:为了支持高效的数据索引,数据在外存中按照层次组织,在每一层中有序地存储(L_0 层除外)。因此,当新数据写入时,需要与原有的数据进行合并,以保证每层数据的有序性。这种层次化设计需要在后台周期性地维护,具体做法是合并相邻两层中键的取值范围有交集的 SSTable。为了保证内存数据写入到外存的写入速度,避免阻塞前台写入,由内存写入生成的 SSTable 将被直接追加到 L_0,不需要与 L_0 层的其他 SSTable 进行合并。因此,L_0 层的不同 SSTable 中键的取值范围可能会有交集。当某层的数据总量超过该层的最大容量时,该层的 SSTable 会通过合并操作写入到下一层。其中,L_0 根据层内 SSTable 的数量 (如达到 4 个时) 触发合并。当 L_0 层的 SSTable 过多,没有及时合并到下一层时,系统会阻塞前台写入。对于其他层来说,当该层内数据总量超过上一层容量 10 倍时,触发合并。以 L_i 到 L_{i+1} 的合并为例,合并操作的流程如下:首先从 L_i 选择一个 SSTable(对于 L_0 层来说,还需要进一步选择与该 SSTable 的键取值范围有交集的其他 SSTable),然后选择 L_{i+1} 层中与该 SSTable 中的键取值范围有交集的 SSTable,遍历 L_i 与 L_{i+1} 中所有被选中的 SSTable,对其中的键值数据执行归并排序,并将排序结果按固定大小(如 64MB)切分,生成一组新的 SSTable,然后写入 L_{i+1},最后删除被合并的 SSTable。若在 L_i 与 L_{i+1} 中存在相同键的不同版本键值数据,则 L_i 中的键值对是较新的版本,需要保留;而 L_{i+1} 层中的键值对已经被更新或删除,直接丢弃,从而同时完成对无效数据的清理,回收存储空间。每次合并排序完成后系统向 meta-file 记录 SSTable 的变更信息,如该层 SSTable 数量的变化、被删除的 SSTable 等。

图 1.4 展示了一次合并操作的过程。图中字母表示 SSTable 中键值数据的键,按字典序排序,虚框中 L_i 的 $\{d, f, k\}$ 与 L_{i+1} 的 $\{c, d, e\}$、$\{g, h, i\}$ 和 $\{j, k\}$ 范围重叠,被选中执行合并。这些键值数据在合并结果中被重新排序,合并成了 $\{c, d, e\}$、$\{f, g, h\}$ 和 $\{i, j, k\}$ 三个新的 SSTable,且重复数据仅保留了 L_i 层中较新的版本。

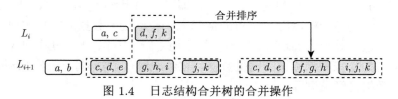

图 1.4　日志结构合并树的合并操作

合并操作保障了外存中的键值数据在各层内(L_0 除外)均按键有序组织。为方便起见，本书称这样一组有序的键值数据为一个有序段（sorted run）。除 L_0 外，每层中所有的 SSTable 构成一个有序段。事实上，L_0 层中每一个 SSTable 也是一个有序段。

1.3.3 写放大问题

由于相邻两层数据的频繁合并，基于日志结构合并树的键值存储系统面临着严重的写放大问题。写放大指的是实际落盘的数据量与收到用户写入数据量的比值。从前面的介绍可以看出，由于日志结构合并树中每层的数据量成倍增长，合并操作每合并一个 SSTable 到下一层，都需要从外存读取并重写多个 SSTable，而该 SSTable 中的键值数据又会在后续的合并中被再次重写，因此键值数据在每一层都会被重复写入外存多次。在默认配置下，日志结构合并树中每层的数据量是上一层的 10 倍，从 L_i 向 L_{i+1} 合并一个 SSTable 时，最坏情况下需要向外存重写 11 个 SSTable。因此，在极端情况下，合并在每层引起的写放大可能达到 10 倍以上[15]。随着系统中数据量的增多，日志结构合并树的层数也会变多，写放大问题将会更加严重。

写放大问题导致后台的数据合并消耗了大量的外存带宽，会与前台请求竞争 I/O 资源。在前面提到当 L_0 层的 SSTable 过多时，系统会阻塞前台写入，由于写放大问题的影响，合并操作将 SSTable 从 L_0 层向下合并的速度，远低于 flush 操作将 Immutable MemTable 转化为 L_0 层 SSTable 的速度。因此，前台写入将被频繁阻塞，严重影响系统的写性能。

1.3.4 读放大问题

为了从日志结构合并树中读取一个键值数据，首先需要搜索 MemTable 与 Immutable MemTable，然后从低到高，在外存中逐层对每个有序段执行一次二分查找，即在 L_0 搜索每一个 SSTable，再在其他层搜索可能包含查询目标的 SSTable。由于层次化的设计，同一个键可能在系统中存在多个版本的键值数据。但是，由于数据都是从低层向高层流动的，新版本一定出现在更低层，那么最先搜索到的结果也就是最新数据。另外，在检查每个 SSTable 时，首先需要读取其索引数据块，然后通过其定位到需要读取的数据块位置，从文件中读取该数据块，在内存中查询该数据块，从而完成对 SSTable 的检索。可以看到，在这个过程中系统会产生多次 I/O，从而引起读放大，在极端情况下，读放大可以达到 300 倍以上[16]。

为了减少日志结构合并树的读放大问题，主流的系统通常使用布隆过滤器技术，来快速判断某个键一定不存在于一个 SSTable 中，从而减少一些不必要的 I/O 操作。但是由于布隆过滤器存在误报率，导致系统仍然会存在额外的读 I/O，从而影响系统读性能。

1.4　相 关 研 究

键值存储系统已经成为数据存储领域的重要组成部分，也是学术界和工业界的研究热点，其中读写性能作为键值存储的关键性能指标，许多工作对结构优化、索引设计等进行了深度优化，下面简要介绍。

1.4.1　写性能优化

日志结构合并树通过合并操作，来保证数据在外存中是有序存放的。但是，合并需要先读取位于下层的数据，并与上层的数据合并排序后再写回下层，这种合并过程是造成写放大的主要原因。一些优化技术通过改变日志结构合并树的结构，以减少合并过程写放大，从而优化写性能。例如，PebblesDB [17] 通过放松每一层的数据有序性，来优化写放大。PebblesDB 的每一层依据键的顺序被分为多个区域，每个区域内部的 SSTable 允许包含范围重叠的数据，不同区域的 SSTable 的数据范围不交叉。这种结构使得每次合并排序只需要将 SSTable 追加到下一层对应的区域中，降低了与下层数据的合并开销，减少了写放大，但增加了读延迟。LSM-trie [15] 主要关注小尺寸键值数据的存储，通过将数据组织成基于哈希的前缀树结构，同样降低了不同层的数据合并开销，从而减少系统写放大。

另一些工作从数据的组织方式以及合并调度等角度，来优化日志结构合并树的写性能 [16,18-21]。WiscKey [16] 通过使用键-值分离技术，来减少合并过程中产生的 I/O。具体来说，WiscKey 分离键值数据中的键和值，将值单独存放在一个分离的日志结构中，而只在日志结构合并树中存放键和元数据信息，这样的设计避免了在合并排序过程中重写值的开销，从而大大减少写放大。bLSM [19] 采用了一种新的数据合并调度策略，减少了合并对前台写性能的影响。dCompaction [20] 通过更新少量系统元数据，来延迟合并的执行，并将延迟的多个合并操作集中执行，达到减少 I/O 总数的目的。Balmau 等 [21] 注意到，日志结构合并树的后台写入与合并操作和前台的用户写操作会相互干扰，从而引起严重的尾延迟现象。为此，SILK 设计了 I/O 调度器，来缓解不同操作之间的干扰。

可以看出，目前这些针对系统架构的优化工作虽然缓解了写放大问题，但是均损害了系统的读性能或存储空间利用率，难以保障综合性能。

1.4.2　读性能优化

日志结构合并树的多层结构设计使得每次查询操作会产生多次 I/O，键值存储系统通常使用布隆过滤器来减少这些额外的 I/O，从而提升读性能。由于原始的布隆过滤器只适合用于加速点查询性能，一些工作考虑了如何对范围查询进行加速 [22-25]。Dong 等 [22] 注意到，范围查询结果的键往往会包含相同的前缀，提出利用键的前缀特征来构建布隆过滤器，使得布隆过滤器能够用来加速范围查询性能。但是，这种基于前缀来构建布隆过滤器的方法，需要事先知道范围查询结果的公共前缀长度，且存储过滤器会产生额外的空间开销。Zhang 等[23] 基于 succinct data structure 提出了 SuRF，构建了一种能够同时支持点查询和范围查询的过滤器，解决了前述问题。此外，另一些工作考虑了如何在保证读性能的同时，减少元数据的大小，以适应内存受限的场景。Dayan 等[26] 提出了 Monkey，并指出每次查询的开销和每一层布隆过滤器的误报率之和是成正比的，为此，在保证布隆过滤器总的空间占用不变的前提下，Monkey 通过为不同层的布隆过滤器采用不同的配置，来达到降低系统的总体误报率的目的。LSM-trie [15] 的作者 Wu 等在论文中指出，日志结构合并树会为 SSTable 的每个数据块记录边界键信息，并存放在内存中，使得其查询过程中能够通过二分查找，迅速定位到要查找的数据块，但这些元数据会占用内存开销，所以，LSM-trie 通过采用哈希前缀树来组织这些元数据，使得每个键值数据通过键的哈希值，就能够确定在外存的位置，从而节省了原来用来记录边界键的内存空间，使得系统的元数据占用更小的内存。

　　上述这些工作针对系统的元数据管理方案进行了优化，但是仍然采用了固定的元数据分配方式，没有考虑到工作负载对系统元数据管理的影响。

1.5　本　章　小　结

　　本章主要介绍了键值存储相关的基础知识，并对相关的研究工作进行了总结。具体而言，本章首先从大数据的特征出发，介绍了当前数据存储的发展趋势和面临的挑战，尤其是海量非结构化数据占主导对存储系统性能和扩展性所带来的新挑战。为了应对海量非结构化数据存储，本章介绍了键值数据模型以及访存接口，并着重分析了主流的键值存储系统的存储结构，尤其是基于日志结构合并树的存储结构设计和面临的读写放大问题。最后，本章分别从写性能优化和读性能优化两个方面，概述了近年来键值存储相关的研究工作。

附录　专业名词中英文对照表

键值系统专业名词中英文对照表

英文	中文
Key	键 (数据)
Value	值 (数据)
Put	写入
Get	点查询
Delete	删除
Scan	范围查询

续表

英文	中文
Hash table	哈希表
LSM-tree	日志结构合并树
SSTable	排序字符串表
Bloom filter	布隆过滤器
Compaction	合并
WAL	预写日志
GC	垃圾回收

第 2 章　HashKV：基于哈希分组的键值系统

持久化键值存储系统主要采用日志结构合并树 (LSM-tree) 作为存储结构，旨在获得高写入带宽，为了维持高效的写入性能，需要不断将低层的数据通过合并的方式移动到高层，这个过程需要不断地将数据从硬盘中读取然后写入，因此带来了严重的写放大问题。键值分离技术是解决这种问题的一个有效思路，其核心思想是将键数据与值数据单独存放，键数据采用日志结构合并树进行管理，以维持高效的查询性能，而对于值数据，则使用循环日志的方式进行管理，以减少排序引入的 I/O 开销。这种管理数据的方式由于将键数据与值数据进行分离，在值数据较大的情况下能显著减少存储在日志结构合并树中的数据量，由此显著减少键值存储系统的写放大，但是在更新密集型工作负载下，由于使用了循环日志管理值数据，垃圾回收面临许多问题：如回收只能从日志尾部顺序执行，造成大量冷数据的频繁移动，而且回收操作的执行效率低，需要频繁查询日志结构合并树以验证数据有效性。这些问题不仅增加了系统的写放大，也降低了系统的运行效率。为了解决这个问题，HashKV 提出了哈希分组的存储管理，优化更新密集型场景下的键值存储系统写入性能。具体而言，HashKV 采用了基于哈希的数据分组技术，垃圾回收时能根据各个分组所包含的无效数据比例，动态选择回收对象，从而减少执行垃圾回收时需要写回的数据量。不仅如此，由于同一键值数据的所有版本均会被映射到同一数据分组，因此仅需对组内数据逆向扫描，就能确定分组内需要写回的数据，而不需要查询日志结构合并树，保证了垃圾回收的执行效率。原型系统的实验结果表明，相较于已有最新的键值分离系统，HashKV 的吞吐量可以提高 4.6 倍，写数据量减少 53.4%，显著提升了键值存储系统的写入性能 [27]。

2.1　键值分离关键问题分析

1. 键值分离存储基本原理

WiscKey [16] 采用了键值分离技术，解耦了键和值的管理，减少了系统的读写放大。其基本出发点是，对于值来说，只要有一个索引指向它，就可以检索到值，从而不需要与键一起参与排序、合并。因此，WiscKey 只在日志结构合并树中存储键和元数据 (如键和值的大小、值的位置等)，而值则存储在一个独立、仅执行追加写的循环日志中，称为 vLog。由于键值分离技术能显著减小日志结构合并树的大小，因此可以有效减少日志结构合并树的读写放大。

由于 vLog 遵循日志结构设计，在 vLog 中实现轻量级的垃圾收集对键值分离至关重要，即在有限的开销下回收无效值的空闲空间。具体来说，WiscKey 追踪 vLog 的头部 (vLog head) 和尾部 (vLog tail) 的位置，在 vLog 的头部插入新值。当执行垃圾回收操作时，WiscKey 先从 vLog 尾部读取一个包含值数据的块，然后查询日志结构合并树，来确认块中的每个键值数据是否有效，丢弃无效键值数据的值，并将有效值数据写回 vLog 头部。最后，WiscKey 会更新 LSM-tree，获取有效值的最新位置。为了在垃圾回收期间，支持高效的日志结构合并树查询，WiscKey 还将相关的键和元数据以及 vLog 中的值存储在一起。需要注意的是，vLog 经常过度分配额外的预留空间，以减少垃圾回收开销，但造成存储空间浪费。

2. 基于键值分离 vLog 的局限性分析

虽然通过键值分离技术，减少了数据合并和查找开销，但其 vLog 会存在大量的垃圾回收开销。此外，如果预留空间有限，垃圾回收开销会变得更严重。原因主要包含以下两个方面。① vLog 的循环日志设计使其只能从尾部回收空间。这个约束可能导致不必要的数据移动。由于实际系统中的键值存储数据经常表现出很强的局部性，其中一小部分热的键值数据经常被更新，而其余冷的键值数据很少甚至没有被更新。这种特征使得保持严格顺序的 vLog 不可避免地会多次重写冷的键值数据，从而增加垃圾回收开销。② 每个垃圾回收操作都需要查询日志结构合并树，来检查 vLog 尾部中每个键值数据的有效性。由于键值数据的键可能分散在整个日志结构合并树中，因此每次的查询开销会很高，增加了垃圾回收操作的延迟。尽管键值分离已经减少了日志结构合并树的大小，但日志结构合并树在大规模的工作负载下仍然是相当大的，这也会增加查询成本。

3. vLog 的写放大实验分析

为了验证键值分离技术的局限性，基于 vLog (参见 2.2 节) 实现了一个键值存储原型系统，并对其写入放大效果进行了评估。分别考虑系统在加载和更新两个阶段，在加载阶段，将 40GB 的 1KB 键值数据插入初始为空的 vLog 中；在更新阶段，基于 Zipfian 分布生成 40GB 的更新键值数据的操作，其中 Zipfian 常数为 0.99。实验中，为 vLog 分配了 40GB 的空间，并增加 30% (12GB) 的预留空间，且在该原型系统中关闭了写缓存 (见 2.2 节)。图 2.1 展示了 vLog 在加载和更新阶段的写放大结果 (即由于插入或更新导致的外存总写入数据量与实际写入数据量的比值)。为了进行对比实验，还考虑了两个主流的键值存储：LevelDB[28] 和 RocksDB[29]，并且使用其默认参数进行实验。在加载阶段，vLog 有足够的空间容纳所有键值数据，因此不会触发垃圾回收，并且由于键值分离，系统的写放大系数仅为 1.6。但是在更新阶段，由于更新会填满预留空间并开始触发垃圾回收。于是 vLog 的写放大系数增大到 19.7，接近 LevelDB 的 19.1，高于 RocksDB 的 7.9。

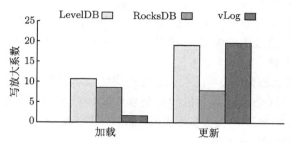

图 2.1 LevelDB、RocksDB 和 vLog 在加载和更新阶段的写放大

4. vLog 的潜在优化技术

为了减少 vLog 中的垃圾回收开销，一种方法是将 vLog 划分为多个段，并根据成本效益策略或其他类似方法[30-32]，选择最佳的段执行垃圾回收操作，以最大限度地减少垃圾回收开销。然而，热的和冷的值数据仍然会混合存放在 vLog 中，所以为垃圾回收选择的段仍然可能包含冷的键值数据，从而导致不必要的数据移动。为了解决热数据和冷数据的混合问题，一个更好的方法是采用冷热数据分组策略。具体来说，将热的键值数据和冷的键值数据的存储分为两个区域，并对每个区域单独进行垃圾回收 (预计会有更多的垃圾回收操作应用在热的数据区域)。然而，直接实现冷热数据分组会不可避免地增加键-值分离的更新延迟，因为键值数据可能存储在热区域或冷区域，所以每次更新都需要先查询日志结构合并树来确定键值数据的准确存储位置。

因此，HashKV 的一个关键出发点是在不需要日志结构合并树查找的情况下支持冷热感知。

2.2　HashKV 的主要设计思路

HashKV 是一个专门针对更新密集型工作负载设计的持久化键值系统，在键-值分离的基础上,进一步优化值的存储管理,从而实现了更高的更新性能。HashKV 支持标准的对键值数据的操作：PUT (即写入一个键值数据)，GET (即查询一个键值数据)，DELETE (即删除一个键值数据)，SCAN (即查询一系列键值数据)。

HashKV 遵循键值分离设计，通过在日志结构合并树中存储键和元数据来索

引值数据 [16]，而将值存储在一个称为值存储的独立区域。在键值分离的基础上，HashKV 引入了几个核心组件来实现高效的值存储管理。

(1) **基于哈希的数据分组**：根据前面的讨论可知，vLog 的值存储管理面临垃圾回收开销高的问题。为此，HashKV 将值存储分成一些固定大小的分区，通过哈希函数将键关联的值映射相应的分区。这种设计有如下优点。① 分区隔离，同一个键关联的值的所有更新版本都会写入同一个分区中；② 确定性分组，键对应的值数据所存储的分区由哈希函数确定。HashKV 通过这种设计，实现灵活和轻量级的垃圾回收机制。

(2) **预留空间动态分配**：由于 HashKV 将值数据映射到固定大小的分区，这样可能导致一些分区会接收到大量的更新操作，导致超过其容量上限。为了解决这个问题，HashKV 允许在值数据存储中预留部分空间，动态分配给各个分区，从而使分区的空间能够动态增长。

(3) **冷热感知**：HashKV 采用了确定性分组方案，可能导致同一个分区内冷热键值的值数据混合存放，在垃圾回收操作过程中，需要读取和写回冷键值的值数据。HashKV 使用一个称为标记的方法，将冷键值的值数据重新定位到其他的存储区域，冷热键值的值数据分开，这样就可以只对热键值的值数据进行垃圾回收，避免对冷键值的值数据的不必要重写。

(4) **选择性键值分离**：HashKV 通过值的数据大小区分键值数据，较小的值数据直接存储在日志结构合并树中，不进行键值分离。这样对于小的键值数据，一方面尽管值存储在日志结构合并树中，随键一起排序，但不至于引起严重写放大；另一方面在访问这些值时，避免了先访问日志结构合并树得到值存储地址，然后再访问值存储空间，两次访问导致延迟增加。

附注：HashKV 维护一个用于索引的日志结构合并树 (而不是像值数据存储中那样对日志结构合并树进行哈希分区)，以保持键的有序性和范围查询性能。由于基于哈希的分组策略将值数据分散到值数据存储的不同分区中，因此会导致值数据被随机写入。vLog 使用日志结构的存储布局可以保证写操作是顺序的。HashKV 原型系统 (参见 2.4 节) 可以利用多线程和批处理写来降低随机写开销。

2.3　HashKV 的核心技术简介

2.3.1　存储管理

图 2.2 描述了 HashKV 的架构。HashKV 将值数据存储的逻辑地址空间划分为固定大小的单元，称为主段 (main segment)。此外，HashKV 会提前分配一部分空间作为预留空间，这部分的空间会划分为固定大小的单元，称为日志段 (log segment)。注意主段和日志段的大小可能不同，默认设置分别为 64MB 和 1MB。

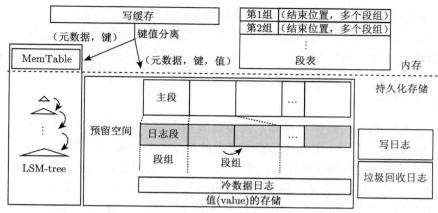

图 2.2　HashKV 架构

对于每个键值数据的插入或更新操作，HashKV 会根据其键，将其哈希到一个主段。如果主段未满，HashKV 采用日志结构的方式存储其值数据，将值数据附加到主段的末尾；如果主段已满，HashKV 会动态分配一个空闲的日志段，以日志结构的方式存储值数据。同样，如果当前日志段已满，HashKV 会进一步分配额外的空闲日志段。这里把主段和所有与它相关的日志段统称为段组 (segment group)。此外，HashKV 会将最新的值数据存储位置更新到日志结构合并树。为了跟踪段组和段的存储状态，HashKV 在全局内存中维护一个段表 (segment table) 来存储每个段组的当前结束位置，用于后续的插入或更新，以及与每个段组所关联的日志段列表。HashKV 的设计确保每个插入或更新操作都可以直接映射到正确的写位置，而无须在写路径上对日志结构合并树进行查找，从而实现高效写性能。此外，与同一个键所关联的值数据更新必须映射到相同的段组中，这样可以简化垃圾回收。为了保证容错，HashKV 采用检查点技术将段表持久化存储。

为了方便垃圾回收，HashKV 还将键和元数据 (如键或值的大小) 与每个键值数据的值数据一起存储在值存储中 (如 WiscKey 的做法[16]，可以参见图 2.2)。这使得垃圾回收操作能够在扫描值存储空间时，快速识别与值关联的键数据。然而，HashKV 的垃圾回收设计与 WiscKey 所使用的 vLog 垃圾回收本质上是不同的 (参见 2.3.2 节)。

为了进一步提高写性能，HashKV 设置了一个选项，可以以降低可靠性为代价，在内存中使用写缓存来存储最近写的键值数据。当要写入的新的键值数据在写缓存中时，HashKV 会直接更新其在写缓存中的值数据，而不向日志结构合并树和值数据存储发出写操作。并且 HashKV 也可以通过查询写缓存来完成读操作。如果写缓存已满，HashKV 会将缓存中的所有键值数据写入日志结构合并树和值数据存储中。需要说明的是，写缓存是 HashKV 的可选组件，为了更高的可靠性可以考虑将其禁用。HashKV 通过在一个单独的冷数据日志中保存冷键值的值数据来支持冷热感知 (参见 2.3.3 节)。并且通过跟踪写日志和垃圾回收日志中的更新来解决系统崩溃时的一致性问题 (参见 2.3.5 节)。

2.3.2　垃圾回收

　　HashKV 通过垃圾回收操作，回收值数据存储中无效值数据所占用的空间。在 HashKV 中，当预留空间中的空闲日志段耗尽时会触发垃圾回收，并以段组为单位进行操作。垃圾回收操作首先需要选择一个候选段组，回收其中的无效值数据空间。回收过程中，首先识别段组中所有有效的键值数据 (即最新版本的键值数据)，然后以日志结构的方式将所有有效的键值数据写回主段，或其他日志段 (如果需要)。这之后可以释放一些未使用的日志段，这些日志段以后可以被其他段组所使用。最后，在日志结构合并树中更新值的最新位置。在这个过程中，垃圾回收操作需要解决两个问题：① 垃圾回收应该选择哪个段组；② 垃圾回收操作如何快速识别所选段组中的有效键值数据。

　　与 vLog 所要求的垃圾回收操作需要遵循严格的顺序不同，HashKV 可以灵活地选择执行垃圾回收的段组。目前默认采用贪心方法来选择写入量最大的段组。这种方法的依据是所选择的段组通常包含许多更新的热的键值数据，从而有大量的写入操作。因此，这个段组可能可以回收最多的空闲空间。为了实现贪心方法，HashKV 会跟踪内存段表中每个段组的写入量 (参见 2.3.1 节)，并使用堆来快速确定哪个段组的写入量最大。

　　为了检查选定段组中值数据的有效性，HashKV 会顺序扫描段组中的值数据，而不需要查询日志结构合并树 (注意也需要在写缓存中检查是否有段组中数据的最新版本)。由于值数据以日志结构的方式写入段组，所以值数据必须按照更新的顺序被顺序存放。对于有多个更新版本的键值数据，距离段组末尾最近位置的数据一定是最新的版本，从而是有效的值数据，而其他位置的值数据无效。因此，每个垃圾回收操作的运行时间只取决于需要扫描的段组的大小。与此相反，vLog 中的垃圾回收操作需要从 vLog 尾部读取一个包含键值数据的块 (见 2.3.4 节)。并且 vLog 需要查询日志结构合并树 (基于与值一起存储的键)，以获取每个值数据的最新存储位置，以检查值数据是否有效 [16]。在大规模的工作负载下，这种方法的查询日志结构合并树的开销会变得很大。

　　在段组上的垃圾回收操作运行期间，HashKV 会构造一个临时的内存哈希表 (按键索引)，用于缓存在段组中找到的有效键值数据的地址。由于键和地址大小一般较小，并且段组中的键值数据数量有限，所以哈希表不会很大，从而可以被全部存储在内存中。

2.3.3 冷热感知

冷热数据分离可以提高日志结构存储 (如 SSD [33,34]) 中的垃圾回收性能。事实上，当前基于哈希的数据分组设计实现了某种意义上的冷热数据分离机制：对热数据的一系列更新会被哈希到相同的段组，并且目前的垃圾回收策略总是选择可能会存储热数据的段组 (见 2.3.2 节)。但不可避免的是，有些冷的键值数据仍会被哈希到垃圾回收所选择的段组中，从而导致不必要的数据重写。因此，如何充分实现冷热数据分离，以进一步提高垃圾回收性能，是一个新的挑战。

HashKV 通过标记方法放松了哈希数据分组的限制 (参见图 2.3)。具体来说，当 HashKV 在一个段组上执行垃圾回收操作时，它会将段组中的每个值数据识别为热的或冷的。HashKV 目前采用较简单的冷热识别方法，将插入后至少更新一次的数据视为热的，其他情况视为冷的 (也可以采用其他更准确的冷热数据识别方法[35])。对于热的值数据，HashKV 仍然通过哈希的方式把它们的最新版本写回相同的段组。然而，对于冷的值数据，将它们的值数据写到一个独立的存储区域，并在段组中只保留它们的元数据 (即没有保存值)。此外，HashKV 在每个冷数据的元数据中添加一个标签来表示它存在于哪个段组中。如果一个冷数据稍后被更新，可以直接从标签中 (不需要查询日志结构合并树) 就知道冷数据已经被存储，此时根据前述的冷热识别方法，会将其视为热数据；被标记的值数据也将失效。最后，在垃圾回收操作结束时，HashKV 会在日志结构合并树中更新值数据的最新位置，以便冷的值数据位置能够指向独立的区域。

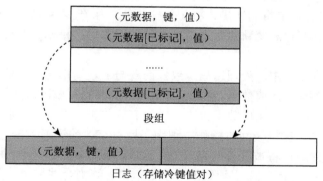

图 2.3　HashKV 的标记策略

通过标记策略，HashKV 避免了将冷的值数据存储在段组中，从而避免了在垃圾回收期间对冷的值数据重写。此外，标记仅在垃圾回收期间触发，不会给写路径增加额外的开销。HashKV 目前的实现中，采用了追加写的日志结构来存放冷的值数据 (称为冷数据日志)，并且对冷的值数据日志执行和 vLog 一样的垃圾回收。如果冷的值数据很少被访问，冷的值数据日志也可以放在更大容量的次级存储中 (如机械硬盘)。

2.3.4　选择性键值分离

HashKV 支持具有任意值大小的工作负载。键值分离的设计虽然能减少大尺寸的键值数据的合并开销，但是给小尺寸的键值数据带来的好处是有限的，并且还会导致同时访问日志结构合并树和值存储的开销。因此，HashKV 提出了选择性的键值分离：对值较大的键值数据仍然采用键-值分离，而将值较小的键值数据全部存储在日志结构合并树中。选择性键值分离技术的一个关键挑战是，如何确定区分大尺寸键值数据和小尺寸键值数据的阈值。阈值的选择主要取决于系统所部署的环境。例如，在实际运行环境中，通过对不同大小的阈值进行性能测试，然后观察使用键值分离技术后的吞吐量增益何时会变得显著。

2.3.5　崩溃一致性

当 HashKV 执行写请求时，系统可能会发生崩溃。HashKV 基于元数据日志来解决崩溃一致性问题，并着重关注两个方面：① 写缓存的刷新操作；② 垃圾回收操作。

写缓存的刷新操作涉及将键值数据写入值数据存储，并更新日志结构合并树中的元数据。HashKV 维护一个写日志来跟踪每个刷新操作。当刷新写缓存时，执行以下步骤：① 将缓存的键值数据刷新到值数据存储中；② 将元数据更新追加到写日志中；③ 将提交记录写入到日志末端；④ 更新日志结构合并树中的键和元数据；⑤ 在日志中将刷新操作标记为空闲。如果在步骤 ③ 完成后发生崩溃，HashKV 会根据写日志重新执行更新操作，并确保日志结构合并树和值数据存储的一致性。

在垃圾回收操作中，处理崩溃一致性问题与上述情形是不同的。因为它们可能会覆盖现有的有效键值数据。因此，需要保护现有的有效键值数据，防止系统因垃圾回收期间系统崩溃造成数据丢失。HashKV 维护一个垃圾回收日志来跟踪每个垃圾回收操作。在垃圾回收操作中识别了所有有效的键值数据之后，HashKV 会执行以下步骤：① 将被覆盖的有效值数据以及元数据更新附加到垃圾回收日志中；② 将所有有效值数据写回段组；③ 更新日志结构合并树中的元数据；④ 在日志中标记垃圾回收为空闲状态。

2.4　优 化 实 现

HashKV 采用 LevelDB v1.20[28] 作为日志结构合并树的实现，并通过额外的 6.7K 行 C++ 代码 (不包含 LevelDB 本身的代码)，实现了原型系统。

1. 存储组织结构

实验过程中，将 HashKV 部署在带有多个 SSD 的 RAID 阵列上，以实现高 I/O 性能。具体来说，使用 mdadm[36] 创建一个 RAID 卷，并将 RAID 卷挂载为 Ext4 文件系统，在该文件系统上运行 LevelDB 和值数据存储。需要注意的是，HashKV 将值数据存储作为一个大文件来管理，根据预配置的段大小将值数据存储文件划分为两个区域，一个用于主段，另一个用于日志段。所有的段在值数据存储文件中对齐，这样每个主 (日志) 段的开始偏移量是主 (日志) 段大小的倍数。如果冷热感知策略被启用 (见 2.3.3 节)，HashKV 会在值数据存储文件中为冷数据日志分配一个单独的区域。此外，为了解决崩溃一致性 (参见 2.3.5 节)，HashKV 使用单独的文件来存储写操作和垃圾回收日志。

2. 多线程优化

HashKV 通过线程池[37] 实现多线程，以提高 I/O 性能。在垃圾回收期间，会将写缓存中的数据刷新到不同的段 (见 2.3.1 节)，并从段组中并行读取段 (见 2.3.2 节)。

为了缓解由于确定性分组带来的随机写开销 (参见 2.2 节)，HashKV 实现了批量写操作。当 HashKV 将缓存中的键值数据写入磁盘时，它首先识别并缓存一些被哈希到同一段组的键值数据，进行一个批处理操作，然后将其按照某个顺序写入磁盘中。采用更大的批处理能够减少随机写开销，但也会降低并行性。可以设置一个批处理写入阈值，这样将键值数据加入一个批处理后，若此时批处理大小达到或超过写入阈值，则该批处理请求将被刷入到外存中；因此，如果一个键值数据的大小大于批处理写入阈值，则 HashKV 会直接将其写入外存。

3. 范围查询优化

使用日志结构合并树进行索引的一个关键原因是能够有效支持范围扫描。因为日志结构合并树是基于键来存储和排序键值数据的，所以它可以通过顺序读操作返回一系列连续键的值。然而，键值分离技术将值数据单独地存放在存储空间中，因此需要额外的读取值数据的操作。在 HashKV 中，由于值数据分散在不同的段组中，因此范围查询会触发许多随机读操作，从而导致范围查询性能降低。HashKV 目前采用预读机制，通过将值数据预取到内存的页面缓存中来加速范围查询。对于每个范围查询请求，HashKV 会遍历日志结构合并树中已排序的键的范围，并且对每个键对应的值数据发出预读请求 (通过 posix_fadvise)，然后读取所有值数据并返回排序后的键值数据。

2.5　实验评估

本节通过实验比较 HashKV 和其他几个最先进的键值存储系统的性能，包括 LevelDB (v1.20)[28]、RocksDB (v5.8)[29]、HyperLevelDB[38]、PebblesDB[17]，以及基于 WiscKey 键值分离的 vLog 实现的系统。为了公平比较，需要建立一个统一的框架，将 HashKV 与这些系统进行集成测试。具体来说，所有写入的键值数据都先存储在写缓存中，并当写缓存满时写入外存当中。对于 LevelDB、RocksDB、HyperLevelDB 和 PebblesDB，将所有的键值数据全部刷入外存；对于 vLog 和 HashKV，会将其键和元数据刷入 LevelDB，并将值 (连同键和元数据) 刷入值数据存储中。

2.5.1　实验设置

使用一台运行 Ubuntu 14.04 LTS 和 Linux 内核 3.13.0 的服务器进行对比实验。该服务器配备了一个四核 Xeon E3-1240 v2 CPU，16GB RAM 和七个 Plextor M5 Pro 128GB SSD，其中一个 SSD 连接到主板，作为操作系统的驱动器；其他六个 SSD 连接到 LSI SAS 9100-16i 主机总线适配器，以形成一个 RAID 卷 (块大小为 4KB)，用于存储键值数据 (见 2.4 节)。

默认配置：对于 LevelDB、RocksDB、HyperLevelDB 和 PebblesDB，使用默认参数，并允许它们使用 SSD RAID 卷中的所有可用容量，因此它们的主要开销来自日志结构合并树管理所产生的读写放大。对于 vLog，配置每个垃圾回收操作中从 vLog 尾部读取 64MB 数据 (参见 2.3.2 节)。对于 HashKV，设置主段大小为 64MB，日志段大小为 1MB。vLog 和 HashKV 都配置了 40GB 的存储空间用于值数据存储，并且配置了额外的 30% (12GB) 的空间作为预留空间，而它们在 LevelDB 中的键和元数据的部分可以使用所有可用的存储空间。这里，设置 vLog 和 HashKV 的存储空间大小，是为了接近 LevelDB 和 RocksDB 实际的键值存储大小 (见实验一)。

默认情况下，将 SSD RAID 卷挂载在 RAID-0 (无容错)，以最大化系统性能。所有键值存储系统采用异步模式运行，并配备一个大小为 64MB 的写缓存。对于 HashKV，将批处理写入阈值 (见 2.2 和 2.4 节) 设置为 4KB，并分别在垃圾回收中配置 32 个和 8 个线程用于写缓存刷新与段获取。实验默认禁用 HashKV 中的选择性键值分离、冷热感知和崩溃一致性策略。

2.5.2　性能比较

首先在更新密集型工作负载下，比较不同键值存储系统的性能。具体来说，使用 YCSB[39] 生成工作负载，并将键值数据的大小固定为 1KB，每个键值数据由

8B 元数据 (包括键和值大小的字段与保留信息)、24B 键和 992B 值组成。假设每个键值存储系统最初是空的。实验过程如下：首先加载 40GB 的数据 (或插入 42M 个键值数据) 到每个键值系统中 (称为阶段 P_0)；然后重复写入 40GB 的更新数据三遍 (称为阶段 P_1，P_2 和 P_3)，共计 120GB 或 126M 个键值数据的更新。每个阶段的更新都遵循常数为 0.99 的 Zipfian 分布。实验过程中，会对每个键值系统进行压力测试，即尽可能地向每个键值系统发出请求。

注意到 vLog 和 HashKV 在 P_0 中不会触发 GC。在 P_1 中，当 12GB 的更新填满预留空间时，两个系统会开始触发垃圾回收；在 P_2 和 P_3 中，更新都会下发到已填满的值数据存储中，并会频繁触发垃圾回收。实验中，同时包含 P_2 和 P_3，是为了确保更新性能是稳定的。

1. 加载和更新性能

首先展示在更新密集型工作负载下 LevelDB (LDB)、RocksDB (RDB)、HyperLevelDB (HLDB)、PebblesDB (PDB)、vLog 和 HashKV 的性能 (HKV)，如图 2.4 所示。其中，图 2.4(a) 展示了每个阶段的性能。对于 vLog 和 HashKV，加载阶段的吞吐量 (KOPS，千次操作/秒) 比更新阶段的吞吐量高，这是因为更新阶段是垃圾回收开销占主导。在加载阶段，相比于 LevelDB 和 RocksDB，HashKV 的吞吐量分别提升了 17.1 倍和 3.0 倍。由于采用哈希分组，引入了随机写，因此 HashKV

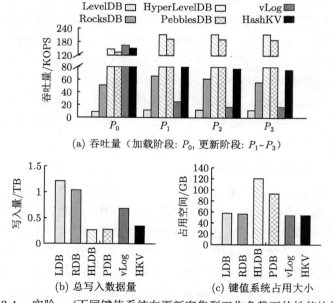

(a) 吞吐量（加载阶段: P_0, 更新阶段: $P_1 \sim P_3$）

(b) 总写入数据量　　　(c) 键值系统占用大小

图 2.4　实验一 (不同键值系统在更新密集型工作负载下的性能比较)

的吞吐量相比于 vLog 下降了 7.9%。在更新阶段，相比于 LevelDB、RocksDB 和 vLog，HashKV 的吞吐量分别提升了 6.3~7.9 倍、1.3~1.4 倍和 3.7~4.6 倍。LevelDB 由于合并开销很大，因此吞吐量在所有键值系统中是最低的，而 vLog 的垃圾回收开销也很高。

图 2.4(b) 和图 2.4(c) 展示了所有加载和更新请求发出后，不同键值存储系统的总写入大小和系统占用的存储空间大小。HashKV 相比于 LevelDB、RocksDB 和 vLog，存储空间占用相近，写入数据量分别减少 71.5%、66.7% 和 49.6%。

对于 HyperLevelDB 和 PebblesDB，由于它们具有较低的合并开销，因此其加载和更新吞吐量都较高。例如，PebblesDB 采用追加写的方式，从较高的层向较低的层添加分段 SSTable 文件，而不需要重写较低层的 SSTable 文件 [17]。HyperLevelDB 和 PebblesDB 的吞吐量是 HashKV 的至少两倍，同时产生的写入数据量比 HashKV 更小。但是，它们会引起大量的存储开销，其最终的存储空间占用分别是 HashKV 的 2.2 倍和 1.7 倍。其中的主要原因是，HyperLevelDB 和 PebblesDB 都只对选定的键范围进行合并，以减少写放大，这会使得合并后仍可能存在许多无效的键值数据。并且这两个系统触发合并操作的频率也低于 LevelDB。这两个因素都会导致较高的存储开销。因为 LevelDB、RocksDB、vLog 和 HashKV 的存储开销相近，在接下来的实验中，将重点比较这四个系统的性能。

2. 预留空间对性能的影响

接下来研究预留空间对 vLog 和 HashKV 更新性能的影响。预留空间从 (40GB 的) 10% 变化到 90%。图 2.5 展示了 P_3 阶段的性能，包括吞吐量、写入量和不同操作延迟剖析。可以看到，随着预留空间的增加，vLog 和 HashKV 的性能都得到改善，但是 HashKV 的吞吐量仍然能达到 vLog 的 3.1~4.7 倍，并且写入量相比于 vLog 能减少 30.1%~57.3%。如图 2.5(c) 所示，垃圾回收期间，对日志结构合并树的查询，会给 vLog 带来很大的性能开销。此外随着预留空间的增加，HashKV 触发垃圾回收操作的频率逐渐降低，从而使得在垃圾回收期间，更新日志结构合并树元数据上的时间更少 (meta-GC)。

3. RAID 配置对性能的影响

最后评估 RAID 容错配置对 LevelDB、RocksDB、vLog 和 HashKV 更新性能的影响。实验中，分别将 RAID 卷配置为 RAID-5 (单设备容错) 和 RAID-6 (双设备容错)，并在此配置下，比较 RAID-5、RAID-6 与 RAID-0 下的运行结果。图 2.6 显示了 P_3 阶段的吞吐量和总写入数据量。可以看到，RocksDB 和 HashKV 对 RAID 配置更敏感，吞吐量下降得更明显，这是因为它们的性能是写主导的。即使在这种容错配置的 RAID 方案下，HashKV 的吞吐量仍会高于其他键值存储系统，例如，在 RAID-6 下，相比于 LevelDB、RocksDB 和 vLog，HashKV 将吞吐量分别提升 4.8 倍、3.2 倍和 2.7 倍。最后，图 2.6(b) 表明，与 RAID-0 相比，RAID-5 和 RAID-6 下键值系统的总写入数据量分别增加了约 20% 和 50%，这与相应的基于校验的 RAID 方案的冗余数据量是吻合的。

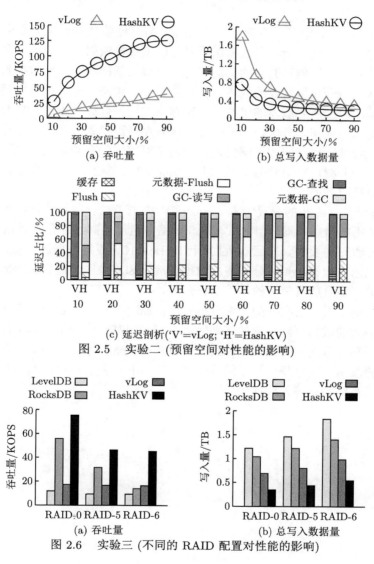

图 2.5　实验二 (预留空间对性能的影响)

图 2.6　实验三 (不同的 RAID 配置对性能的影响)

2.6　本 章 小 结

本章主要介绍了基于键值分离的键值存储系统 HashKV，其针对日志结构合并树中的写放大问题，首先分析了现有的键值分离技术，尤其是其中垃圾回收开销较大的问题。为了解决这个问题，HashKV 通过分析键值分离技术中管理值数据的存储结构 vLog 存在的系列问题，为值数据的高效管理提出了基于哈希的数据分组策略，基于该思想，设计并实现了 HashKV，其主要设计可以总结为以下两点。

(1) 基于哈希的数据分组管理。HashKV 将存储值数据的空间划分为若干个固定大小的分区，通过哈希函数将键所对应的值数据映射到对应的分区中，通过这种做法达到了分区隔离的目的，能够将一个键关联的所有更新数据映射到同一个分区，从而提升垃圾回收的效率。基于哈希分组策略，在进行垃圾回收时，由于同一个键对应的所有版本的值数据一定存放在同一分区之中，且值数据存储时采用日志结构方式写入分区，因此距离分区末尾最近位置的数据一定是最新的版本，基于该特性，垃圾回收能够快速识别出需要写回的有效数据，从而不需要查询日志结构合并树。在哈希分组基础上，HashKV 还采用了基于贪心的回收策略以提高垃圾回收效率。

(2) 基于数据冷热的分离管理。HashKV 提出了结合数据冷热特性的分离管理。由于采用哈希的数据分组方式，同一数据分组可能同时存在热数据和冷数据，导致垃圾回收时需要频繁写回冷数据，因此 HashKV 根据数据访问热度，在哈希分组基础上结合数据冷热区分，将冷数据存放于独立分区，而避免频繁写回，以减少和热数据混合放置带来的额外回收开销。

总之，基于对键值数据的哈希分组管理，HashKV 可以在更新密集型工作负载下支持高效的数据更新。它的新颖之处在于利用基于哈希的数据分组策略，以及预留空间动态分配、冷热感知和选择性键值分离等技术，实现对值数据的高效管理。实验表明，通过降低垃圾回收开销，HashKV 具有较高的写入性能，并且能有效降低系统的总写入数据量。

第 3 章　ElasticBF：弹性布隆过滤器

传统的基于日志结构合并树的键值存储系统往往面临读放大问题。由于日志结构合并树采用分层结构,不同层的数据往往存在键的取值范围有重合的现象,因此进行点查询时,需要在不同层内逐层搜索,即需要逐个遍历相应的 SSTable,从而导致读放大。布隆过滤器 (Bloom filter) 广泛应用于键值存储系统,以降低读放大。在使用了布隆过滤器之后,查询一个 SSTable 前,可以通过访问布隆过滤器,快速判断所查询的键值数据是否存在。然而布隆过滤器有一定概率发生误报,这种概率与布隆过滤器的空间占用直接相关,而现有的布隆过滤器管理方案采用对所有数据实行同一配置的静态方案,提高空间占用虽然能够降低误报率,但会增大系统的内存开销。为此,ElasticBF 提出了冷热感知的弹性布隆过滤器,通过结合键值数据的访问热度信息,弹性调节不同冷热程度的键值数据的布隆过滤器大小。相比于已有的静态布隆过滤器管理策略,ElasticBF 能以轻量级的方式,根据文件的访问热度,动态调整其布隆过滤器的配置,从而能够在相同内存开销的条件下,针对键值对的点查询操作,降低键值存储系统中布隆过滤器的整体误报率,提升系统点查询性能 [40]。

3.1　静态布隆过滤器的不足

3.1.1　布隆过滤器

布隆过滤器 [41] 是一种空间高效的概率数据结构,用于测试元素是否为集合中的成员。布隆过滤器有一定的概率发生误报,误报是指元素不存在于集合中,但布隆过滤器却返回该元素存在的错误结果。另外,若布隆过滤器报告一个元素不存在,则该元素一定不存在于集合中。

布隆过滤器可以有效帮助降低键值存储系统的读放大。常见的布隆过滤器使用方法如下:在数据存储时,为每一个 SSTable 包含的所有键值数据构造一个布隆过滤器,这些布隆过滤器不仅随键值数据一起存放于外存,同时也缓存于内存,以加速查找。系统在执行读操作时,若需要检查某个 SSTable 是否包含读操作所请求的键值数据,则会首先查询该 SSTable 对应的布隆过滤器,若布隆过滤器返回所查询的键存在于该 SSTable 中,则系统发出一个 I/O 请求读取 SSTable 的数据;反之,若布隆过滤器告诉所查询的键不存在于该 SSTable 中,则继续检查下一个 SSTable，从而避免了一次额外的 I/O 请求。由于日志结构合并树是一个多层的数据结构，因此通常在搜索到目标键值数据之前，需要检查多个可能包含目标数据的 SSTable，通过布隆过滤器能够大幅减少所需的 I/O 请求数量。但是如果布隆过滤器发生误报，则系统仍然会发出一次额外的 I/O 请求去读取 SSTable 中的数据，以进行准确的数据比较。

3.1.2   键值存储系统访问特征

键值存储系统中往往存在很明显的访问不均衡现象 [39,42]，系统中只有一小部分键值数据被频繁访问，而大部分键值数据很少被访问。如果在键值存储系统中，为热键值数据分配更多比特数的布隆过滤器，降低热键值数据的点查询误报率，为冷键值数据分配少量比特数的布隆过滤器，则可以在保持布隆过滤器总内存开销的前提下，降低系统运行过程中点查询操作的整体误报率。但是，实现这种动态的布隆过滤器分配策略面临一系列技术挑战。本小节主要介绍键值存储系统的访问倾斜现象，说明该现象如何影响 ElasticBF 的设计。

首先，在 RocksDB 上验证键值存储系统的访问不均衡特征。实验中使用 YCSB [39] 加载 256GB 的数据库，默认每个排序字符串表 (SSTable) 的大小为 64MB，每个键值数据的大小为 1KB。需要注意的是，在 RocksDB 中，L_1 层的最大存储空间是 256MB，而 L_i 层的存储空间是 L_{i-1} ($i \geqslant 2$) 层的 10 倍。因此，日志结构合并树只需要 5 层就足够存储 256GB 的数据。随后分别在 RocksDB 上运行了服从均匀分布和服从 Zipfian 分布的工作负载，其中每个工作负载包含 1000 万个点查询请求，然后统计排序字符串表的访问频率。在测试的键值系统中大约有 4400 个排序字符串表，所以发出 1000 万个点查询请求已经足够说明数据的访问特征了。为了准确评估排序字符串表的热度，以及同一排序字符串表中不同区域的热度，在当前的实验中禁用了布隆过滤器。也就是说，当查找一个键值数据时，需要逐层检查排序字符串表，在每一层中，需要将目标数据的键与排序字符串表中的键进行比较，如果目标键在某个排序字符串表的键值范围内，则读取其中的数据，并检查目标键是否在该排序字符串表中，重复这个流程，直到找到目标数据或者检查完所有层。

首先，展示文件级别的访问特征，图 3.1 展示了每个排序字符串表的访问频率。其中，X 轴表示按照层次顺序编号的排序字符串表的标号，Y 轴表示每个排序字符串表的访问频率。从图中可以看出，总体而言，低层排序字符串表的访问频率大于高层排序字符串表的访问频率，因为查找过程总是先从低层排序字符串表开始。但是对于某一层中的排序字符串表来说，访问频率会存在显著的差异，即同一层内的某些排序字符串表会比其他排序字符串表更热。并且对于相邻两层的排序字符串表来说，某些较高层排序字符串表的访问频率可能会高于较低层的排序字符串表的访问频率，这种现象在数据访问更倾斜的 Zipfian 分布中更明显。例如，L_4 中 21% 的排序字符串表会比 L_3 中 11% 的排序字符串表更热，并且由于超过 98% 的排序字符串表是存储在这两个最高的层，即 L_3 和 L_4 中。因此可以得出结论，大多数排序字符串表不能直接根据它们所在的层来准确地描述其热度。这一观察表明，已有的基于层级别的粗粒度异构布隆过滤器管理策略[26] 不能充分利用工作负载的访问倾斜特性，因此需要设计更细粒度的布隆过滤器管理策略。

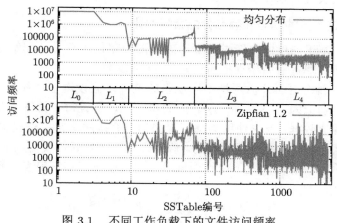

图 3.1　不同工作负载下的文件访问频率

其次，排序字符串表通常设置较大，以便更好地利用设备的顺序访存性能。例如，RocksDB 默认为 64MB，甚至可以使用更大的排序字符串表。因此，每个排序字符串表内部的访问倾斜也可能很严重。由于记录每个键值数据的热度会带来很大的内存和 CPU 开销，为了能够验证排序字符串表的内部访问特征，将每个64MB 的排序字符串表分成 64 个区域，其中每个区域有 1MB 数据，并记录每个排序字符串表中不同区域的访问频率。图 3.2 展示了同一排序字符串表的区域中，

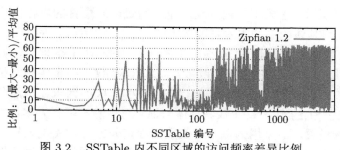

图 3.2　SSTable 内不同区域的访问频率差异比例

最大和最小访问频率之差与区域的平均访问频率之比。可以看到很多排序字符串表的这个比值都非常大，例如，73% 排序字符串表的比值大于 10。因此，即使在同一排序字符串表内部，访问不均匀程度也非常严重。

综上所述，键值存储系统的不同排序字符串表之间，甚至同一排序字符串表内不同区域之间的访问倾斜程度非常严重。但这却为设计更细粒度的异构布隆过滤器提供了很好的机会，即通过为热的数据区域的布隆过滤器分配更多的存储空间，缩小冷的数据区域的布隆过滤器存储空间，从而可以在不增加总内存开销的情况下，降低系统的总体误报率。

3.1.3   布隆过滤器的动态和静态分配策略对比

为了验证基于热度的布隆过滤器动态分配策略优于静态分配策略，接下来比较系统采用两种配置后由于误报所引起的 I/O 数量。

首先，在理论层面分析两种不同策略的差异。假设键值系统中有 N 个排序字符串表，分别记为 $s_1, s_2, \cdots, s_N$。为简单起见，假设每个排序字符串表中包含相同个数的键值数据。首先使用静态配置来为所有排序字符串表设置布隆过滤器，每个布隆过滤器为每个键分配 b 比特。假设一个工作负载需要访问 p_i 次排序字符串表 s_i，那么这种静态配置下由于误报引起的读取排序字符串表次数的期望值是

$$E(R_{\text{static}}) = \sum_{i=1}^{N} p_i \cdot 0.6185^b \tag{3.1}$$

其次，在保证与静态配置采用相同内存使用量的情况下，动态地配置布隆过滤器。假设根据排序字符串表 s_i 的热度将其布隆过滤器大小调整为 b_i' 平均键比特数，并假设使用与静态配置相同的内存容量，则由于误报引起的读取排序字符串表次数的期望值是

$$E(R_{\text{dynamic}}) = \sum_{i=1}^{N} p_i \cdot 0.6185^{b_i'} \tag{3.2}$$

$$\text{s.t.} \quad \sum_{i=1}^{N} b_i' \leqslant Nb$$

其中，不等式表示动态配置的内存使用量不超过静态配置的内存使用量。

最后，采用具体的系统实验直观展示 R_{dynamic} 和 R_{static} 的大小差异，实验采用 RocksDB 开源系统，使用 YCSB 生成一个 100GB 的数据库，并设置平均每个键值数据使用的布隆过滤器比特数为 4，该比特数大小直接决定了整个系统的布隆过滤器的空间开销。实验首先执行 1000 万个 Get 请求，然后分别统计两种分配策略误报产生的实际 I/O 数。具体来说，对于静态配置方案，由于所有键值数据采用同一设置，故采用为每个键值数据固定分配 4 比特的设置。对于动态配置方案，需要为每个排序字符串表的键值数据配置不同的布隆过滤器，即配置不

同的参数 b'_i，由于直接求解式 (3.2) 的最小化 R_{dynamic} 的优化问题会耗费很长的时间，实验采用一种简单的方法来生成配置方案。由于每个键数据配置 24 比特的布隆过滤器的误报率仅有 0.001%，因此实验设置式 (3.2) 的 b'_i 的最大值为 24，为了减少计算量，限制每个 b'_i 只能选择 4 的倍数，即 $b'_i \in \{0, 4, \cdots, 24\}$。最后，根据排序字符串表的访问频率进行降序排列，然后计算出满足式 (3.2) 的相同内存总量限制下的一个分配策略，作为最终的动态配置方案。在采用以上动态配置方案的系统上，执行 1000 万个 Get 请求，从而统计出 R_{dynamic}。图 3.3 展示了在不同的工作负载下的实验结果。可以发现在保证布隆过滤器使用相同内存的情况下，不同工作负载下动态配置策略相比于静态配置策略减少了 55.9%~89.7% 的 I/O 数量，在倾斜程度高的工作负载的下降幅度更为明显。

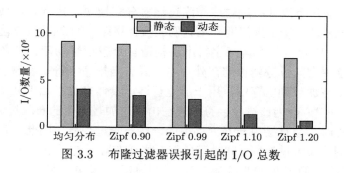

图 3.3　布隆过滤器误报引起的 I/O 总数

由此可见，采用基于热度的动态分配策略能够明显降低误报引起的 I/O 数量，从而提升系统的读性能。但需要注意的是，为了能够动态分配布隆过滤器，在以上的实验中采用了重新生成布隆过滤器的做法。重新生成布隆过滤器，需要读取这些键值数据，再通过哈希计算，比点查询这些键值对的复杂度还要高很多，在实际系统中，如果采用这种做法会带来很大的开销，比动态分配所带来的好处大很多，反而导致系统性能降低。为了解决这个问题，ElasticBF 提出了一种细粒度的弹性布隆过滤器管理方案。其基本思想是在构建排序字符串表时，事先为每个数据区域分配多个比特数少的布隆过滤器，驻留在外存，然后在运行过程中，监测不同数据区域的热度，动态地将每个数据区域的布隆过滤器加载到内存中，通过控制在内存中开启的布隆过滤器个数控制其误报率，从而避免重构布隆过滤器开销。

3.2　ElasticBF 的设计与实现

ElasticBF 利用数据访问的局部性，提出一种弹性布隆过滤器管理策略。其核心思想是根据不同数据区域的热度，为其布隆过滤器动态分配比特数。要实现这一想法，必须解决以下几个关键挑战。首先，由于基于日志结构合并树的键值存储系统采用追加写的设计方式，每个排序字符串表的数据组织是固定的，因此存储在每个排序字符串表中的布隆过滤器一旦生成，就不可变。若要调整布隆过滤器的大小，则需要重新生成布隆过滤器，这会带来很大的开销。其次，要准确识别数量众多的数据区域的冷热程度并不容易，这是由于日志结构合并树的合并(compaction) 操作会将旧排序字符串表合并到新排序字符串表中，从而导致系统记录的热度信息被频繁重置，影响热度统计。最后，如何根据排序字符串表访问频率选择最合适的布隆过滤器设置，以及实现一种轻量级布隆过滤器动态调整方案也很有挑战。

为解决上述挑战，ElasticBF 引入了几个核心设计模块。如图 3.4 所示，ElasticBF 主要包含三个组件：细粒度布隆过滤器分配模块、热度管理模块和布隆过滤器内存管理模块。接下来简要介绍它们的设计思路。① 细粒度布隆过滤器分配模块。ElasticBF 会为每个排序字符串表构造多个较小平均键比特数的布隆过滤器，并且将这些布隆过滤器存储在外存中，只有当排序字符串表的访问热度发生变化时，才动态加载到内存中，用于加速查询。具体来说，如果某个排序字符串表变热，ElasticBF 会为该排序字符串表在内存中加载更多的布隆过滤器；当排序字符串表变冷时，会直接丢弃其内存中的一些布隆过滤器。因此，可以根据热度实现动态地调整布隆过滤器，同时避免重新生成布隆过滤器所产生的大量 I/O 和 CPU 计算开销。② 热度管理模块。为了以较低的开销实现相对准确的热度估计，通过结合数据区域的访问频率和最后一次访问数据区域的时间长度，来度量一个数据区域的热度，并设计了热度继承机制来评估新生成排序字符串表的热度，避免了合并后对新文件热度识别的冷启动问题。此外，ElasticBF 还实现了一个热度

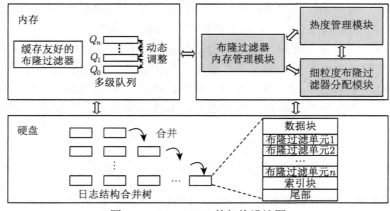

图 3.4　ElasticBF 的架构设计图

持久化方案，帮助 ElasticBF 从系统崩溃中快速恢复热度信息。③ 布隆过滤器内存管理模块。提出一个多级队列结构来管理内存中的布隆过滤器，并通过成本–效益分析的方法来指导布隆过滤器的动态调整。最后设计了一个缓存友好的布隆过滤器布局，以提高其查询性能。

3.2.1　细粒度布隆过滤器分配模块

键值系统可以通过减少布隆过滤器误报率所引起的 I/O，来提升读性能。本节主要描述如何为排序字符串表构造多个布隆过滤器来实现细粒度的分配策略。

1. 布隆过滤器组的构造策略

ElasticBF 通过使用多个不同的哈希函数来为每个排序字符串表生成多个布隆过滤器，每个布隆过滤器都分配一个小的平均键比特数，每个布隆过滤器称为一个布隆过滤单元 (filter unit)，并将同一排序字符串表内的一组布隆过滤单元命名为布隆过滤组 (filter group)，如图 3.5 所示。由于一个布隆过滤组中的多个布隆过滤单元是独立生成的，因此在查找一个指定的键时，只要一个布隆过滤单元返回一个否定的答案，那么这个键肯定不在这个排序字符串表中。也就是说，如果启用了多个布隆过滤单元，那么只有当所有启用的布隆过滤单元都表明存在该键时，才需要读取排序字符串表，来查找该键对应的数据。

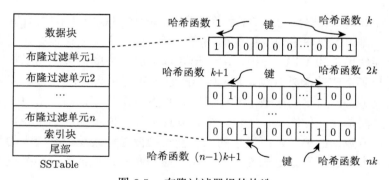

图 3.5　布隆过滤器组的构造

正如在文献 [43] 中指出的那样，若布隆过滤单元是由不同的独立哈希函数生成的，则当一个布隆过滤组和一个单一的布隆过滤器有相同的平均键比特数时，布隆过滤组的误报率等于这个单个布隆过滤器的误报率 (布隆过滤组的平均键比特数等于其内各个布隆过滤单元的平均键比特数之和)，这个特性称为可分性。进一步的证明如下：假设一个布隆过滤组由 n 个布隆过滤单元组成，每个布隆过滤单元都是 b/n 个平均键比特数的布隆过滤器，那么每个布隆过滤单元的误报率为 $0.6185^{b/n}$。由于布隆过滤组中的布隆过滤单元是由不同的独立哈希函数生成的，所以布隆过滤组中的 n 个过滤单元的总误报率为 $(0.6185^{b/n})^n = 0.6185^b$，这与采用 b 个平均键比特数的单个布隆过滤器的误报率相同。

为了利用布隆过滤器的可分性特征，需要进一步确定 b 和 n 来优化布隆过滤组的配置。为了尽可能地降低最热排序字符串表的误报率，需要启用其布隆过滤组中的所有布隆过滤单元，从而使得误报率达到 0.6185^b。当 b 越大时，整体误报率越小，当 $b = 24$ 时，最热排序字符串表误报率仅约为 0.001%，接近于零。另外，对于最大热度类别数量 n，其值的大小描述了对排序字符串表的冷热程度进行多细粒度的区分。当 n 比较大时，可以准确地区分排序字符串表的热度，但这会使得一个较冷的类别过渡到较热类别时，需要花费更多的 I/O 用于加载布隆过滤单元。因此，可以设置 $n = 6$，即一个布隆过滤组有 6 个布隆过滤单元，并且每个布隆过滤单元采用 4 个平均键比特数的配置。需要注意的是，ElasticBF 为每个排序字符串表都分配了多个布隆过滤单元，因此会增加额外的存储空间。假设一个排序字符串表大小为 64MB，每个键值数据的大小为 1KB，则每个排序字符串表中有 64000 个键值数据，一个排序字符串表的整个布隆过滤单元组的存储开销约为 192KB，仅占 64MB 排序字符串表的 0.3%。并且由于布隆过滤单元是存储在外存中的，因此 ElasticBF 的存储开销可以忽略不计。

2. 分段的细粒度设计

正如在 3.1 节观察到的，排序字符串表内部的访问是极度不均衡的。因此，通过区分同一排序字符串表内不同键的热度，可以进一步降低误报率，但这会带来很大的内存使用量和 CPU 开销，用于记录每个键的热度信息。为了权衡热度识别的精度与其造成的额外开销，ElasticBF 进一步将每个排序字符串表划分为多个称为表段 (segment) 的区域，并以表段为粒度记录热度，然后给每个表段分配一组布隆过滤单元，如图 3.6 所示。注意到过大的表段不能准确反映排序字符串表中不同键值数据的热度，而过小的表段会给键值存储系统带来较大的开销。为此设置表段大小的原则是尽量使每个表段对应的布隆过滤器的大小接近设备块大

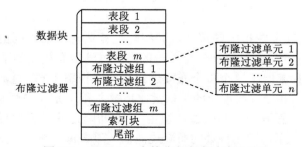

图 3.6   SSTable 内的分段布隆过滤器设计

小 (如 4KB)，以减少加载布隆过滤器的 I/O 开销。最后，简要分析采用分段方案的开销。由于只需要为每个表段花费几字节记录其热度，因此其占内存小于布隆过滤器占内存的 1%。另外，对于存储开销，假设每个键值数据大小是 1KB，ElasticBF 对每个布隆过滤单元使用大小为 4 的平均键比特数，一个表段的大小为 4MB，那么一个布隆过滤单元只需要花费大约 2KB 的存储空间，只占表段大小的 0.05%，因此分段设计的存储开销可以忽略不计。

3.2.2 热度管理模块

1. 热度识别策略

在 ElasticBF 中，一个表段的热度取决于它的访问频率和它最后一次被访问的时间。为此，设计了一个过期策略来区分表段的冷热。首先，在系统中维护一个全局变量 currentTime 作为系统的逻辑时间，它被定义为键值系统到目前为止处理的点查询请求总数，以及为每个表段维护名为 expiredTime 的变量表示每个表段的"过期"时间点。具体来说，expiredTime 定义为 lastAccessedTime + lifeTime，其中 lastAccessedTime 表示最近一次访问该表段的时间，而 lifeTime 是一个固定的常量。需要注意的是，这里的"时间"指的是逻辑时间，它实际上是由访问次数表示的。每当访问一个表段时，首先将 currentTime 加 1，然后将 lastAccessedTime 设置为 currentTime 的更新值，从而更新该表段的 expiredTime。由于 currentTime 会随着每次访问逐渐累加，而每个表段的 expiredTime 只会在该表段上次被访问时才更新，对每个表段而言，当检查到 currentTime 比 expiredTime 大时，认为该表段是过期的。上述策略的物理含义是，如果最近的 lifeTime 次访问都没有访问某个表段的数据，则认为该表段是冷的。需要注意的是，更新一个表段的热度信息的时间复杂度只有 $O(1)$，另外热度信息的内存开销也比较小。例如，一个 100GB 的键值系统大约有 25K 个 4MB 的表段，若采用 4 字节记录每个表段的 expiredTime，那么总内存开销只有 100KB 左右。

2. 热度继承策略

键值存储系统合并操作会将多个排序字符串表进行合并，生成新排序字符串表，所以新排序字符串表中的表段也是新生成的，因此需要对它们的热度进行调整。假如将新表段的热度设置为 0，那么 ElasticBF 将面临热度信息的冷启动问题，会导致新表段后续的读请求性能受到影响。为了能够更好地设置新表段的热度，理想情况下，可以根据新表段内所有键的热度来准确估计新表段的热度，但这会给系统带来很大开销。

为了解决这个问题，ElasticBF 使用旧表段的热度信息来估计新表段的热度。具体来说，如图 3.7 所示，当生成一个新表段时，首先找出与生成该新表段有关的旧表段，即旧排序字符串表中与新表段范围重叠的所有表段，然后通过计算这些旧表段的热度值的平均值来估计新表段的热度值。最后，根据估计结果为新表段启用一些布隆过滤单元。3.3 节的实验表明，该方案能够有效提高键值存储在混合读写工作负载下的点查询性能。

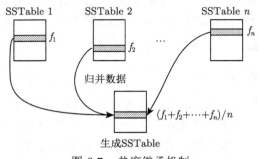

图 3.7   热度继承机制

3.2.3   布隆过滤器内存管理模块

布隆过滤器动态调整：设计 ElasticBF 面临的最后一个问题是，如何为每个表段确定应该启用多少个布隆过滤单元。虽然可以通过建立最小化系统误报率的最优化问题，并求得最优布隆过滤单元个数来解决这个问题，但这种方案会消耗大量的 CPU 资源。此外，由于每次访问都会改变某个表段的访问频率，如果重新计算最优解，除了会带来巨大的 CPU 计算开销，也会产生大量的 I/O 来调整最优配置。为了解决这个问题，需要设计一种轻量级的布隆过滤器调整方案。

首先定义一个指标 expected_eio，表示误报所引起的 I/O 数量的期望值：

$$\text{expected\_eio} = \mathbb{E}[\text{Extra IO}] = \sum_{i=1}^{M} f_i \times r_i \tag{3.3}$$

其中，M 为键值系统中的表段总数，f_i 为表段 i 的访问频率，r_i 为其启用的布隆过滤组的误报率 (由表段 i 加载到内存中的布隆过滤单元的数量所决定)。ElasticBF 的核心思想是，通过调整不同表段的布隆过滤单元的数量来改变 r_i，从而最终降低 expected_eio，以期降低系统的误报引起的 I/O 数。

下面具体描述布隆过滤器的调整步骤。当访问某个表段时，会更新其访问频率和 expected_eio。然后检查是否可以通过启用一个该表段的布隆过滤单元，并且禁用一个其他表段的布隆过滤单元 (保证内存使用量不变)，使得 expected_eio 的值减小。如果 expected_eio 减小，则采用以上的更新方式，否则不进行任何操作。上述过程的一个关键问题是找出应该禁用哪个布隆过滤单元，这可以通过维护一个基于多级队列 (MQ) [44,45] 的内存索引结构来解决。具体来说，通过在内存中维护多个最近最少使用 (LRU) 队列，来管理每个表段的元数据，如图 3.8 所示。这些队列依次表示为 $Q_0, Q_1, \cdots, Q_n$，其中 n 为每个表段分配的最大布隆过滤单元的个数。队列的每个元素都对应于一个表段，用于管理该表段所启用的布隆过滤单元，其中队列 Q_i 中的每个元素都表明，其对应的表段启用了 i 个布隆过滤单元。为了保持每个队列的 LRU 特性，每当一个表段被访问时，将相应的元素移动到其所在队列的最近最多使用 (MRU) 端。

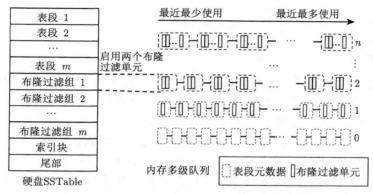

图 3.8 基于多级队列的布隆过滤器内存组织方式

利用 3.2.2 节描述的过期策略中定义的热度信息，可以找出哪些布隆过滤单元应该被禁用。具体来说，从 Q_n 到 Q_1 中搜索过期的表段。由于过期的表段必须是最近最少被访问的表段，所以在每个队列内可以从其 LRU 端到 MRU 端进行搜索，就可以保证是最近最少被访问的表段。当发现一个过期的表段，并且禁用这个表段的一个布隆过滤单元能够使得 expected_eio 减小时，就释放这个表段的一个布隆过滤单元，同时将其放到下一级的队列中。需要注意的是，过期表段的访问频率不会被修改。如果没有找到合适的过期表段，则跳过这一次布隆过滤器的调整。采取这种保守的策略可以有效避免对多个可能的热表段 (非过期) 进行调整，增加复杂度。而且由于检查了 expected_eio (取决于相关表段的访问频率) 是否能被减小，这进一步降低了对布隆过滤器的调整频率，从而减少了系统的调整开销，同时也减少了调整过程发生抖动的可能性。3.3 节通过实验分析了调整开销。另外，在系统中一般将 lifeTime 设置为与表段总数相同量级的值。因此，如果系统在当前时刻没有过期的表段，则意味着几乎所有的表段在最近都被访问过，它们在最近时段的热度是相似的，就不需要对布隆过滤器进行调整。

3.2.4 系统实现

ElasticBF 为每个排序字符串表中的每个表段生成多个布隆过滤单元，为了尽可能减少对原有排序字符串表布局的改变，每个布隆过滤单元在原始排序字符串表中被视为一个元数据块 (meta block)，其在文件中的偏移量信息记录在元数据索引块 (meta index block) 中。另外，由于生成多个布隆过滤器会增加 CPU 计算时间，从而增加创建新排序字符串表的时间，通过线程池 (threadpool) 采用多线程的方式，同时生成多个布隆过滤单元，从而减少布隆过滤器的创建时间。另外，ElasticBF 维护一个后台线程来管理多级队列结构，因此加载布隆过滤单元和从外存中读取键值数据的操作可以并行完成，从而有效利用存储设备的 I/O 带宽。

3.3   实 验 评 估

3.3.1   实验设置

本节通过实验来评估 ElasticBF 的性能。实验平台为一台 Dell PowerEdge R730 机器，配备了一个 12 核的 Intel Xeon E5-2650 v4 CPU，64GB 的内存和 500GB 的 SSD。为 LevelDB (v1.20)、RocksDB (v5.14) 和 PebblesDB 配置了可调的布隆过滤器，也就是将 ElasticBF 实现到这几个键值存储系统中，用以评价 ElasticBF 对这些系统的改进效果。因为 RocksDB 和 PebblesDB 使用 64MB 或更大的排序字符串表作为默认配置，所以在实验中设置 LevelDB 的排序字符串表大小为 64MB，即修改 LevelDB 中的 max_file_size 为 64MB。为了公平起见，在这些系统中只改变布隆过滤器的管理策略，同时使用相同大小的内存，并保持系统中其他参数与默认值相同。

实验中使用了 YCSB-C [46,47]，这是 YCSB [39] 的 C++ 版本。选用 YCSB 的 C++ 版本是因为 YCSB 是用 Java 语言开发的，而 ElasticBF 和 LevelDB 都是用 C++ 语言开发的，如果直接使用 YCSB 则需要通过 JNI (Java Native Interface) 才能调用 ElasticBF 和 LevelDB 的接口，这将引发额外的开销。除非特别说明，实验中采用如下的配置：每个键值数据的大小为 1KB，并通过随机生成键，加载 100GB 的键值数据。对于 YCSB 的工作负载，默认使用 Zipfian 分布 (默认的 Zipfian 常数为 0.99)，生成 1000 万个点查询操作。注意，在实验过程中不存在 warm up 阶段，也就是说，在加载好的键值数据库上，立刻运行 benchmark 的工作负载。并且需要指出的是，系统在执行 1000 万个操作之后，性能已经处于稳定阶段。对于生成的 1000 万个点查询操作，会有一半的点查询操作尝试访问系统中不存在的键值数据 (即零查找)，这是因为在实际系统中零查找是十分常见的 [19,48-50]。为了验证系统在内存受限场景的性能，在默认情况下启用 direct I/O [51]，并且禁用 block cache [52]，以最小化系统缓存对性能的影响。对于 ElasticBF 本身的配置参数，设置每个排序字符串表的表段大小为 4MB，此时系统大约有 30K 个表段，因此设置 lifeTime 为 10K。最后，设置布隆过滤器时，平均为每个键数据分配的比特数 (即平均键比特数) 为 4。注意该参数表示的是平均每个键数据所分配的比特数，而非每个布隆过滤器的大小，布隆过滤器的大小还取决于键数据的个数。该参数设置主要考虑到了内存空间的占用，如大小为 100TB 的数据库在键值对为 1KB 的情况下，若采用比特数为 8 的配置，则会产生 100GB 的布隆过滤器，而常见的如 Facebook 120TB 的单机存储节点内存通常只有 48GB，故设置平均每个键数据的比特数为 4。此外，如 Cassandra[53] 等系统也使用了一个类似的设置，通过配置布隆过滤器的平均键比特数约为 5，其 Leveled Compaction Strategy 下的误报率仅为 0.1。

通过合成工作负载来评估 ElasticBF 的性能。在这组实验中，首先考虑只读和不同读写比例工作负载下 ElasticBF 的读性能。其次展示 ElasticBF 对写性能和范围查询性能的影响。然后使用 YCSB 工作负载评估 ElasticBF 性能。最后与异构布隆过滤器分配方案 Monkey 进行对比实验。

3.3.2 实验性能分析

1. 只读工作负载下的性能

这里使用单线程来运行 YCSB，并在每个键值系统上执行 1000 万个点查询请求。图 3.9(a) ~ 图 3.9(c) 分别展示了不同键值系统中的吞吐量、平均延迟和 I/O 数量。从图中可以看出，将 ElasticBF 应用于这些键值存储系统，可以提高不同键值存储系统的读性能。具体来说，在 LevelDB、RocksDB 和 PebblesDB 中，开启 ElasticBF 的点查询吞吐量分别是不开启 ElasticBF 的 2.08 倍、2.15 倍和 2.17 倍，ElasticBF 使得平均延迟分别降低 51.9%、54.0% 和 55.8%。ElasticBF 获得的性能提升主要得益于其减少了由布隆过滤器误报引起的 I/O 数量。图 3.9(c) 统计了系统中用于处理点查询请求所产生的 I/O 数量。可以看到在不同的键值存储系统中，ElasticBF 减少了 59.1% ~ 63.8% 的 I/O 数量。为了验证 ElasticBF 中的过期策略和调整规则的有效性，统计了系统中加载布隆过滤单元所产生的 I/O 总数，发现其只占处理点查询请求产生的 I/O 总数的 1% 左右。因此，布隆过滤器的动态调整造成的开销很小。最后研究了 ElasticBF 的并发点查询性能，实验中使用 16 个线程运行 YCSB，每个线程执行 100 万个点查询请求。与单线程的实验结果相比，由于在吞吐量、延迟和 I/O 总数方面的趋势类似，所以只展示了并发读吞吐量的结果，如图 3.9(d) 所示。可以看到，在这些键值存储系统中，ElasticBF 将吞吐量提升 2.34 ~ 2.58 倍。与单线程场景相比，多线程提升幅度略大，因为多线程读取下可以更好地利用磁盘 I/O 带宽。

2. 读写混合工作负载下的性能

接下来展示 ElasticBF 在具有不同读写比例的混合工作负载下的性能。本组实验的目的是验证，即使合并不断生成新的排序字符串表，ElasticBF 仍然可以通过热度继承策略，实现对读性能的持续改进，这里默认使用均值估计热度的方法。

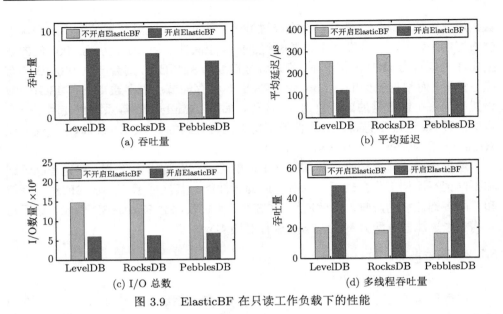

图 3.9　ElasticBF 在只读工作负载下的性能

图 3.10(a) 和 (b) 展示了 50% 点查询和 50% 写的工作负载下的结果，图 3.10(c) 和 (d) 展示了 90% 点查询和 10% 写的工作负载下的结果。两种配置下，工作负载中的请求总数都是 1000 万条。可以看到，在 50% 点查询的工作负载下，ElasticBF 可以将 LevelDB、RocksDB 和 PebblesDB 的点查询延迟分别缩短 48.2%、28.4% 和 54.8%；而在 90% 点查询的工作负载下，点查询延迟分别缩短 51.8%、38.9% 和 48.8%。同时也统计了点查询请求所产生的 I/O 总数，如图 3.10(b) 和图 3.10(d) 所示，其趋势和前面所述类似。对于点查询占比为 50%(90%) 的工作负载，ElasticBF 使 LevelDB、RocksDB 和 PebblesDB 的点查询所产生的 I/O 总数分别减少了 66.8% (61.1%)、49.1% (46.7%) 和 73.3% (60.7%)。可以观察到这些读延迟的减少比例比只读工作负载下的结果要小，这是因为不同的键值系统采取了不同的合并策略。例如，RocksDB 允许多个线程处理合并，而 PebblesDB 通过避免重写排序字符串表到相同层的设计，减少了合并的 I/O，所以不同键值系统的后台合并与前台点查询 I/O 的竞争关系是多种多样的。另外，在这些结果中，写性能并没有下降，这是因为布隆过滤器在排序字符串表中被组织成若干个块，这些块会随着键值数据一起写入磁盘，并且 ElasticBF 也使用多线程加速布隆过滤器生成，从而使得 ElasticBF 对写性能的开销几乎可以忽略不计。类似地，由于布隆过滤器不会影响范围查询流程，因此不会影响范围查询性能。

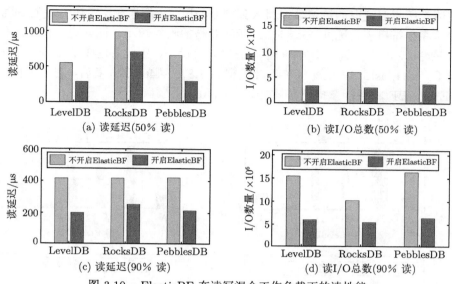

图 3.10 ElasticBF 在读写混合工作负载下的读性能

3. YCSB 基准数据集

接下来使用 YCSB 默认的工作负载来评估 ElasticBF 的性能, YCSB 提供了 A~F 六个不同的工作负载。具体来说, 工作负载 A 包含 50% 点查询和 50% 更新, 工作负载 B 包含 95% 点查询和 5% 更新, 工作负载 C 包含 100% 点查询, 工作负载 D 包含 95% 点查询和 5% 插入, 工作负载 E 包含 95% 范围查询和 5% 插入, 工作负载 F 包含 50% 点查询和 50% 读 - 修改 - 写操作。工作负载 D 生成请求时采用 Latest 分布[39], 其他工作负载则采用 Zipfian 分布。在下面的实验中, 在 100GB 数据库上分别执行这六个工作负载, 其中每个工作负载都执行 1000 万个操作。

首先比较 LevelDB、RocksDB 和 PebblesDB 的默认静态分配策略与 ElasticBF 的性能。图 3.11(a)、图 3.11(b) 和图 3.11(c) 展示了吞吐量的相关结果。可以看到, ElasticBF 在工作负载 E (95% 范围查询) 上的性能几乎保持不变, 而在 E 之外的其他工作负载下性能都有很大提升。这是因为工作负载 E 包含 95% 的范围查询, 而 ElasticBF 不会影响写和范围查询的性能。特别地, 对于只读工作负载 C, 得益于 ElasticBF 的动态布隆过滤器管理方案, ElasticBF 能够将这些键值系统的吞吐量提升 1.99 ~ 2.11 倍。对于工作负载 A(50% 点查询) 和工作负载 B(95% 点查询), ElasticBF 将吞吐量分别提升 7.4% ~ 36.8% 和 52.6% ~ 71.5%。ElasticBF 在工作负载 A 和工作负载 B 上吞吐量的提升小于在工作负载 C 上的提升, 这是由于所有请求都服从 Zipfian 分布, 这时更新请求操作将绝大多数点查询请求所需要读取的键值数据写入到较低的层，从而导致比工作负载 C 读取更少的排序字符串表，因此 ElasticBF 所能获得的收益较小。同样地，由于工作负载 F 有 50% 的点查询和 50% 的读 - 修改 - 写操作，因此吞吐量的提升小于工作负载 C，但 ElasticBF 仍然能将吞吐量提高 7.8% ~ 46.6%。最后，对于工作负载 D，ElasticBF 将吞吐量提高了 47.9% ~ 93.0%。

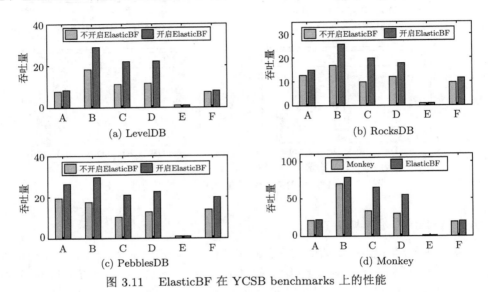

图 3.11   ElasticBF 在 YCSB benchmarks 上的性能

4. 与 Monkey 的对比实验

最后比较 ElasticBF 和 Monkey[26] 的性能。首先在 LevelDB 之上构建这两种布隆过滤器管理方案。由于 Monkey 主要关注的是实际中常见的零查找 (如 `insert-if-not-exist` 操作往往会执行很多零查找) 的性能，所以在这组实验中假定所有的点查询操作都访问系统中不存在的键值数据。为了验证这两种策略在倾斜程度高的工作负载下的性能，设置 Zipfian 常数为 1.2。图 3.11(d) 展示了相应结果。可以看到在点查询操作主导的工作负载中，ElasticBF 表现得比 Monkey 更好。特别是对于工作负载 C(100% 点查询) 和工作负载 D(95% 点查询和 5% 插入)，ElasticBF 将性能分别提升 1.99 倍和 1.89 倍。对于其他工作负载，如工作负载 A、B 和 F，ElasticBF 的改进幅度较小，这是因为这些工作负载的更新操作将大多数点查询请求涉及的键值数据写到较低的层中，这使得 Monkey 基于层的静态分配方案也能获得较多好处，从而使得 ElasticBF 进一步提升空间变小。

3.4 本章小结

本章主要介绍了弹性布隆过滤器管理技术 ElasticBF。ElasticBF 主要研究了基于日志结构合并树的键值存储系统存在的读放大问题，布隆过滤器通常用来减少点查询过程中的 I/O 开销，然而在应用布隆过滤器时面临误报的问题，简单地增大布隆过滤器虽然能减少误报，但会引入较大的内存开销，因此在内存受限的系统中采用布隆过滤器仍然会导致额外的 I/O 开销。ElasticBF 提出了基于冷热感知的弹性布隆过滤器管理策略，其核心思想是利用不同数据的冷热特性，细粒度调节布隆过滤器的分配方案，达到降低总体误报率，减少读过程中的额外 I/O，提升读性能的目的。ElasticBF 的主要设计可以总结为以下两点。

(1) 细粒度布隆过滤器分配。通过为每个数据块事先生成多个小的布隆过滤器单元，并存放在外存中，然后在运行时根据数据块的冷热程度动态调节启用的数量，即调整缓存在内存中的布隆过滤器单元个数，从而实现冷热感知的弹性调节，使得系统在相同内存开销下，能够降低总体误报率，减少读过程中的额外 I/O，有效提升读性能。

(2) 高效的热度识别与继承管理。ElasticBF 实现了细粒度的冷热识别和布隆过滤器调节，提出了低开销的热度识别机制，并设计了有效的热度继承机制，解决合并操作引起的热度失效问题，通过为新生成 SSTable 快速继承热度信息，避免合并后对新数据点查询面临的冷启动问题。

总之，ElasticBF 能兼容已有的针对日志结构合并树的结构进行优化的工作，因此可以简单集成到各种键值存储系统中，进一步提高其读取性能。为了验证其有效性，ElasticBF 分别在 LevelDB、RocksDB 和 PebblesDB 上完成了系统实现，实验结果表明，ElasticBF 能分别将这些键值存储系统的读吞吐性能提高到 2.34 倍、2.35 倍和 2.58 倍，并且保持几乎相同的写入和范围查询性能。

第 4 章　UniKV：统一索引的键值存储

基于日志结构合并树的键值存储系统能同时支持高效的写入和范围查询，并同时有良好的可扩展性，但是有比较严重的合并开销和多层访问开销，在数据规模较大时，仍存在严重的读放大和写放大问题。另外，哈希索引是一种广泛采用的索引技术，具有优秀的点查询和插入性能，但是不支持范围查询，同时可扩展性也较差。总之，哈希索引和日志结构合并树存在一定的互补特性，而已有的键值存储结构优化工作通常是在读写性能之间进行权衡取舍，因此，有效结合以上两种结构，能够突破这种思路局限，有望在写性能、点查询性能、范围查询性能以及可扩展性多个方面同时达到较好效果。鉴于此，UniKV 提出了一种结合哈希索引和日志结构合并树的统一索引结构，主要思想是利用数据的局部性对数据进行差异化管理，针对最近写入的数据，即可能会频繁访问的数据或者热数据，构建轻量级的内存哈希索引，而将大量的不频繁访问的数据，即冷数据，采用日志结构合并树管理，从而实现高效的均衡性能。此外，UniKV 提出了若干优化方案，解决统一索引设计带来的一系列新问题，最终的原型系统实验表明，相较于已有的开源系统 LevelDB、RocksDB、PebblesDB 等，UniKV 将写入性能提升了 1.7~9.6 倍，点查询性能提升了 3.1~6.6 倍，更新吞吐率提升了 1.6~8.2 倍，范围查询性能也与性能最好的系统基本相同 [54]。

4.1　哈希索引与日志结构合并树对比分析

内存哈希索引：在基于哈希索引的键值存储系统中，对于每个键值对，通过某些哈希函数从键计算得到键指纹（keytag），并将其映射到指向外存键值对的指针。键指纹和指针存储在内存哈希表中，用作对外存中键值数据对的快速索引，以实现快速查找。如果发生哈希冲突，多个键会映射到哈希表中的同一个桶（bucket），在这种情况下，通常使用哈希链来解决哈希冲突。因此，哈希索引通常可以提供高效的写 (PUT) 和点查询 (GET) 操作。因此，哈希索引在键值存储系统 [55-57] 中得到了广泛的应用。

设计权衡：虽然哈希索引支持高效的写和点查询操作，但存在以下一些问题。① 可扩展性较差。对于大规模的键值存储来说，对每个键建立哈希值，导致哈希冲突严重，哈希表过大，需要的存储空间很大。若将哈希表存于外存，则读写性能下降严重；若存于内存，则内存占用太大。所以基于哈希的键值存储系统增大时，它的写性能与点查询性能显著下降，甚至比日志结构合并树还要差。为了说明这一点，实验比较了使用哈希索引的开源键值存储系统 SkimpyStash[57] 和基于日志结构目录树的键值存储系统 LevelDB 的写性能与点查询性能。图 4.1 的结果表明，当存储容量从 5GB 增加到 40GB 时，SkimpyStash 的读、写吞吐率分别下降了 98.9% 和 82.5%。在大规模数据存储下，性能比 LevelDB 还要差。② 哈希索引将键映射到不同的存储桶，破坏了键值存储的连续性，只能将范围查询转化为对范围区间内所有键值对的点查询。因此，不能有效支持扫描操作。

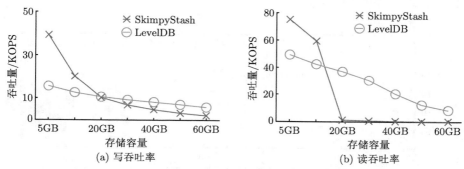

图 4.1　基于哈希索引和日志结构合并树的键值系统的性能对比

　　日志结构合并树则支持大规模数据存储，无须额外的内存索引开销，在大规模数据存储下的性能优于哈希索引。但是，它存在严重的读写放大问题，为了优化日志结构合并树，相关研究工作做了一些改进，但不可避免地在读、写性能之间进行权衡，例如，PebblesDB[17] 通过在日志结构合并树的每一层中放松完全排序，来提高写性能，但是牺牲了点查询性能。哈希索引和日志结构合并树在点查询性能、写性能和可扩展性方面做了不同的权衡。考虑到基于日志结构合并树的键值存储系统存在严重的写放大和读放大问题，UniKV 利用内存中的哈希索引来进行高效的键值数据对查找。

　　工作负载特征： UniKV 通过利用工作负载的局部性特征，来解决上述挑战。键值存储系统的实际工作负载不仅是读写混合的[19,58,59]，还有很高的数据访问倾斜性[58,60,61]，即其中一小部分键值数据可能接收大部分读请求。基于 LevelDB 进行的实验，也验证了工作负载的偏斜性。图 4.2 给出了 LevelDB 中每个 SSTable 文件的访问频率，其中，X 轴表示从最低层到最高层依次编号的 SSTable 文件的 ID，Y 轴表示访问每个文件的次数。平均而言，最近从内存刷新到外存的较低层文件（具有较小 ID），其访问频率要显著高于较高层文件的访问频率。例如，最后一层包含大约 70% 的文件，但其只接收了 9% 的读请求。

　　主要思想： 结合哈希索引和日志结构合并树各自的优势，以及工作负载的局部性，UniKV 通过将哈希索引结合到基于日志结构合并树的键值存储系统中，以解决它们各自的不足。UniKV 使用哈希索引，来加速一小部分被频繁访问的热键值对。同时，对于大部分不被经常访问的冷键值对，UniKV 仍然遵循原始基于日志结构合并树的设计，以提供高效的扫描性能。此外，为了支持大规模键值数据存储，以提供良好的可扩展性，UniKV 提出了基于键值范围的数据动态分区机制，以横向扩展的方式来扩展键值存储。UniKV 综合哈希索引和日志结构合并树的优势，建立具有动态范围分区机制的键值存储系统，可以在大规模键值存储中同时提升写、点查询和范围查询的性能。

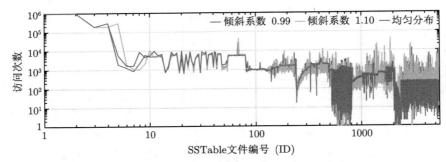

图 4.2   LevelDB 中 SSTable 文件的访问频率

4.2   UniKV 设 计

UniKV 的整体架构如图 4.3 所示，采用两层存储架构。第一层称为热数据层 (UnsortedStore)，它保存最近以未排序的方式从内存中追加到磁盘的 SSTable 文件。第二层称为冷数据层 (SortedStore)，它以完全排序的方式存储从热数据层合并下来的文件。UniKV 利用数据局部性特征，即最近写入的键值数据对是热的，且只占所有键值数据对的一小部分，因此 UniKV 将其保存在热数据层中，并直接使用内存哈希索引对它们进行索引，以实现快速读写。同时，UniKV 将剩余的大量冷键值数据对以完全排序的方式存储在冷数据层中，以实现高效扫描和高可扩展性。在 UniKV 的实现中，还通过以下技术进一步优化了性能。

差异化的索引： UniKV 统一哈希索引和日志结构合并树，以实现热数据层和冷数据层中键值数据对的差异化索引。此外，UniKV 还设计了轻量级的两级哈希索引，以平衡内存使用和哈希冲突 (见 4.2.1 节)。

键值数据的部分分离策略：为了高效地将键值数据对从热数据层合并到冷数据层，UniKV 提出了一种部分键值分离方案，将冷数据层中数据的键和值进行分离存储，以避免合并过程中值的频繁移动 (见 4.2.2 节)。

数据动态分区机制：为了在大规模键值数据存储中实现高效的读写性能，UniKV 提出了一种基于键的范围的数据动态分区机制。该机制将键值数据对根据键的范围动态地划分为多个分区，这些分区被独立管理且互不干扰，从而以横向扩展的方式扩展键值存储系统 (见 4.2.3 节)。

范围查询优化和一致性：UniKV 优化了它的实现，以获得高效的范围查询性能 (见 4.2.4 节)；还支持崩溃恢复，以保证数据一致性 (见 4.2.5 节)。

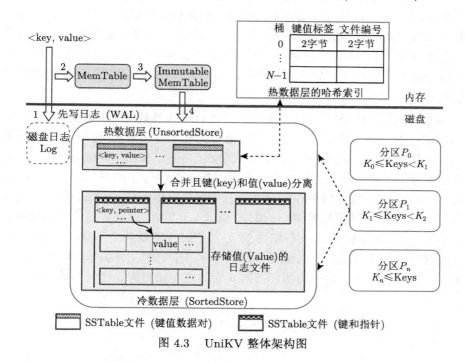

图 4.3 UniKV 整体架构图

4.2.1 差异化的索引设计

数据组织及管理：UniKV 采用基于差异索引结构的分层体系结构，第一层以仅追加的方式存储 SSTable 文件，而不在文件之间进行排序，依赖内存中的哈希索引来实现第一层中数据的快速查找。第二层则用日志结构合并树来组织 SSTable 文件，其中文件间和文件内都是按照键完全排序，并且采用键-值分离技术，将值数据存储在独立的日志文件中，同时将键和值数据的位置保留在 SSTable 文件中。对于每个文件内的数据组织，UniKV 基于当前的日志结构合并树设计，其中每个文件的大小固定，并且包含一定数量的键值数据对。对于内存的数据管理，UniKV 使用和基于日志结构合并树的传统键值存储系统相似的方式，通过预写日志机制 (WAL)，来保证内存数据的可靠性。也就是说，对于键值数据，首先写入外存的日志文件，以保证内存数据的可靠性；然后写入内存的缓存 (MemTable)，当缓存存满之后，将其转换为锁定的缓存 (Immutable MemTable)，等待后台线程将其写入外存，形成热数据层的文件。

哈希索引：对于最近从内存写入磁盘的数据，在最近一段时间大概率会被频繁访问，因此可将其视为热数据，对于剩余的其他数据，可视为冷数据。UniKV 对冷热数据进行分层组织和存储，并为其建立差异化的索引机制：为了加速对热数据的访问，将热数据以追加的方式单独存储在热数据层，并在内存为其建立哈希索引，以记录热数据的存储位置，实现快速查找。对于其他冷数据，为节约索引的内存开销，并保证范围查询性能，UniKV 采用单层日志结构合并树的架构，将其以全局有序的形式存储在冷数据层，因此可通过二分查找快速定位数据所在的位置。

图 4.4 给出了 UniKV 中哈希索引的详细设计和热数据层的数据组织结构。首先，UniKV 在内存中维护一个基于两层哈希的轻量级哈希索引，为了解决哈希冲突，采用布谷哈希 (cuckoo Hash) 和链式哈希 (linked Hash) 相结合的方式，主要功能是根据键值对的键快速映射到数据所在的文件编号。如图 4.4 所示，哈希索引由 N 个桶组成，每个桶中存储一个由若干索引实体组成的链表。每个索引实体包含三个属性域 < 键值标签，文件编号，指针 >，其中，键值标签用来记录键值的特征信息，存储的是键为 Key 的哈希值 h_{n+1} (Key) 的前两个字节；文件编号记录键值数据所在的 SSTable 文件编号，使用 2 字节来记录文件编号；指针 (pointer) 用来指向该桶上下一个索引实体，占据 4 字节的存储空间。当向热数据层写入一

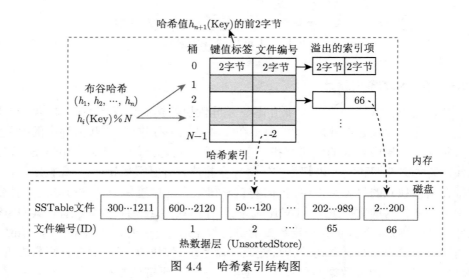

图 4.4　哈希索引结构图

个键为 Key 的数据对后,需要在哈希索引中构建一个索引实体,以记录其位置信息。过程如下:首先使用布谷哈希,如 $(h_1, h_2, \cdots, h_n)(\text{Key})\%N$,为其分配一个空桶,如果没有找到空桶,则生成一个索引实体并将其追加到桶 $h_n(\text{Key})\%N$ 后面;之后,将键值标签和文件编号记录到选择的索引实体中。

当查找一个键为 Key 的键值数据时,首先通过哈希函数 $h_{n+1}(\text{Key})$ 计算出键 Key 的标签,即 $h_{n+1}(\text{Key})$ 的前两个字节。然后从桶 $h_n(\text{Key})$ 开始,到桶 $h_1(\text{Key})$ 结束,依次搜索每个桶,直到找到待查找的键值数据。其中,对于每个桶的搜索,由于最新的索引实体总是追加到桶的尾部,因此,从尾部的索引实体开始依次匹配每个索引实体的标签。一旦匹配到标签相同,则根据索引实体中记录的文件编号,到外存中相应的 SSTable 文件中查找键值数据对。若在文件中找到相应的键值数据对,则结束并返回;否则继续搜索后续桶中的索引实体。最后,如果在热数据层中没有找到待查询的键值对,则通过二分查找方法继续在冷数据层中查找。

4.2.2 键值数据的部分分离存储

UniKV 对部分键值对采用键-值分离存储,来综合优化读操作与写操作的性能,即对上层的热数据不采用键-值分离,提高热数据的读性能;而对下层的冷数据采用键-值分离,降低冷数据合并的写放大。键值数据的部分分离存储如图 4.5 所示。

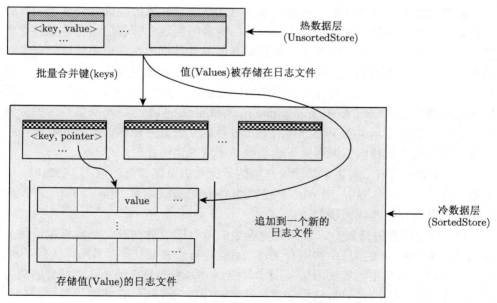

图 4.5 键值数据的部分分离存储

最上层的线框包含的数据，表示拥有哈希索引的热数据层的键值对存储形式，这类键值对直接从内存以追加写的形式批量写入磁盘 (最小写入单位为 SSTable 文件)，导致不同 SSTable 文件间的键值范围有重叠。并且，由于其最近从内存写入，相比于其他数据，这部分数据大概率会被频繁访问。因此，UniKV 在内存中为其构建哈希索引，以加速对这部分热数据的访问。此外，为了保证较小的内存索引开销和较好的范围查询性能，当热数据层的数据量超过上限 (如 4GB) 时，UniKV 将热数据层的键值对合并到冷数据层，如图 4.5 最下层的实线框所示。

为了避免合并过程中，冷数据层的大量数据被频繁读出和写回，从而严重影响系统的写入性能，UniKV 对冷数据层的数据采用键-值分离的形式存储。具体流程为：当将热数据层的键值对合并到冷数据层时，只对键进行批量合并，值数据以追加的形式存储到分离的日志文件中，并将值数据的位置信息记录在指针 (pointer) 中，和相应的键存储在一起。该设计的主要优点是：热数据层的键值对具有较大概率会被频繁访问，采用键值数据的形式存储可以保证高效的读性能；冷数据层的键值对在做合并操作时需要被读取到内存，执行合并后再写回外存，导致大量的 I/O 开销。针对冷数据，UniKV 仅把键存储在冷数据层，将值数据存储在单独的日志文件中，合并操作时只需对冷数据层的键合并，无须合并值数据，从而极大地减少了合并操作导致的读写 I/O，保证高效的合并效率。

4.2.3   基于键范围的数据动态分区

随着数据量的急剧增长，传统的基于日志结构合并树的键值存储系统层数会快速增加，然而这种方式存在较大的问题：更多的层数意味着层间合并会被更频繁地触发，将数据从最低层逐渐合并到最高层，并且查询操作也需要访问更多层的数据，进而极大地影响系统的读写性能。此外，在大规模数据存储下，日志文件的垃圾回收操作 (GC) 也将成为系统的性能瓶颈。因此，UniKV 设计基于键范围的数据动态分区管理 (dynamic range partitioning) 机制，将不同键范围的数据映射到不同的分区，并对不同分区的数据进行独立的合并操作、垃圾回收操作和管理，从而在大规模的数据存储下也能保证高效的读写性能。

图 4.6 给出了 UniKV 中基于键范围的数据动态分区管理示意图。初始时，所有数据写入一个分区 P_0，当分区 P_0 的数据量超过分区容量上限 (40GB) 时，对其进行划分操作。具体流程如下。

(1) **对键范围进行划分**：首先将内存中的所有键值数据写入热数据层，然后读取热数据层和冷数据层中的所有文件，对键进行合并和排序，并删除无效的键；之后将排好序的键根据键的取值范围均匀地划分为两部分，记录这两部分的边界键 K；键小于 K 的键值数据划分到分区 P_1，键大于等于 K 的键值数据划分到分区 P_2。

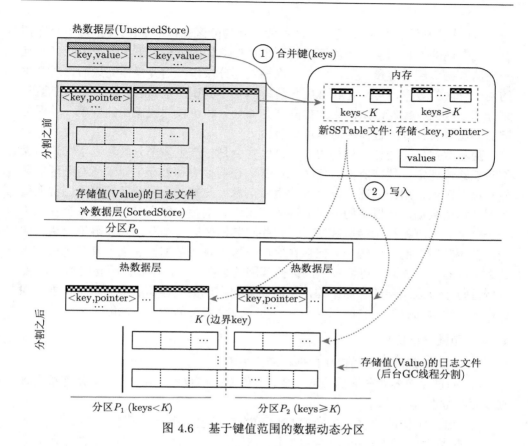

图 4.6 基于键值范围的数据动态分区

(2) **划分热数据**：根据边界键值 K 将热数据层中的值数据划分为两部分，以追加写的方式写入相应分区中新建的日志文件；然后，将值数据在日志文件中的存储位置记录在指针中，并和相应的键存储在一起，最后写回冷数据层的 SSTable 文件中。

(3) **划分冷数据**：由于这部分数据值单独存储在多个日志文件中，UniKV 设计了延迟划分机制：后台线程对日志文件做垃圾回收操作的同时，对日志文件中的数据值进行划分。工作流程如下：分区 P_1 中的垃圾回收操作线程首先扫描分区 P_1 冷数据层中所有的文件，其次根据文件中的指针 (pointer) 从分区 P_1 和 P_2 共享的日志文件中读取有效的数据值，然后将这些有效数据值写回分区 P_1 中新建的日志文件，最后更新冷数据层中键对应的指针，来记录数据值的最新位置。分区 P_2 中的垃圾回收线程执行流程和分区 P_1 类似。延迟划分的主要好处是通过将划分操作合并到垃圾回收操作中，可以有效避免大量的 I/O 操作，从而显著地减少划分开销。

(4) **产生分区**：划分完成后，产生两个新的分区 P_1 和 P_2，其中每个分区拥有自己专属的热数据层、冷数据层和日志文件，如图 4.6 的下半部分所示。一旦分区的数据量超过容量上限，将再一次触发划分操作，划分操作完成后，所产生的两个分区的数据，其键值范围互不重叠，因此可在不同分区上进行独立的合并、划分和垃圾回收操作，从而大大提高合并、划分和垃圾回收操作的效率，并保证键值存储系统良好的整体性能和可扩展性。

随着数据量的增加，最初的一个分区将会划分产生多个分区。为了在读写操作时能够快速定位数据所在的分区，UniKV 在内存中和外存中记录所有分区的编号和边界键值，用作快速定位分区的索引信息。此外，不同分区管理不同键取值范围的键值数据，所以不同分区的键值范围没有重叠，每个键值数据只会存在于一个分区。当查找一个键值数据时，首先将其键值同各个分区的边界键值进行比较，获得其所在的分区编号，然后在对应分区中查找数据。总之，基于键值范围的数据动态分区管理，可以将不同键值范围的数据划分，存储在不同的独立分区，并保持每个分区两层的存储架构，从而高效地实现键值存储的横向水平扩展，保证在大规模数据存储下也能获得高效的写、点查询与范围查询性能。

4.2.4   范围查询优化

UniKV 对范围查询的优化体现在两个方面。

(1) 通过比较各个分区的边界键值，定位要扫描数据所在的分区，从而极大地减少要扫描的数据量。

(2) 对于定位的分区中的热数据层和冷数据层，采用不同的策略进行优化：① 对于热数据层，SSTable 文件以追加的形式写入，因此文件间的键值范围有重叠，导致范围查询时需要依次检查每个文件，进而导致大量的随机读 I/O。UniKV 提出基于 SSTable 文件数量的合并策略，当热数据层的文件数超过设定的阈值时，将多个文件合并成一个有序文件。② 对于冷数据层，数据对采用键和值分开存储，导致范围查询时触发大量的随机 I/O，从日志文件中读取值数据，UniKV 利用固态硬盘高效的并行 I/O 特性，采用多线程编程，并行读取日志文件中的数据值，并利用预读机制 (read-ahead)，将日志文件中的数据值预取到操作系统的页缓存 (page cache) 中，从而加速范围扫描操作。

4.2.5   崩溃一致性

UniKV 主要从以下三方面提供数据的一致性保证：① 缓存在内存的键值数据；② 内存的哈希索引；③ 日志文件的垃圾回收状态。

(1) 对于内存中的键值数据，采用键值系统普遍采用的预写日志机制 (WAL)，保证内存数据的一致性和可靠性，具体实施方法为：为每个分区分配一个日志文件 (Log)。向每个分区写入数据之前，预写日志文件，以保证每个分区内存中数据的可靠性。例如，有 $n+1$ 个分区 $P_0, P_1, \cdots, P_n$，UniKV 为每个分区分配一个日志文件，从而在磁盘上形成日志文件 $\text{Log}_0, \text{Log}_1, \cdots, \text{Log}_n$。需要恢复数据时，每个分区从其对应日志文件读数据进行恢复。

(2) 对于内存中建立的哈希索引，设计检查点 (checkpoint) 技术，定期将哈希索引持久化到外存文件，以较低的开销保障其一致性。具体做法为：对于哈希索引，每当从内存写入外存的数据超过热数据层容量限制的一半时，将内存的哈希索引持久化到外存中的哈希索引文件。重建哈希索引只需读取哈希索引文件中的数据，并扫描从上次持久化后新写入的数据。

(3) 对于日志文件的垃圾回收状态，如果在做垃圾回收操作时，系统崩溃，需要保证日志文件中数据的有效性。UniKV 设计标签机制，来确保日志文件的有效性，具体做法为：当对冷数据层中的日志文件完成垃圾回收操作后，为这些日志文件添加可以回收的标签 (GC_done)。后台线程在回收外存空间时，首先扫描日志文件的标签，如果标签为可回收，则删除该日志文件，回收相应的存储空间；否则继续扫描其他日志文件。

4.3 实验评估

4.3.1 实验设置

实验的比较对象是 UniKV 与几种最主流的键值存储系统 (LevelDB v1.20[28]、RocksDB v6.0[29]、HyperLevelDB[38] 和 PebblesDB[17])。为了公平起见，UniKV 开启预写日志机制 (WAL)，以保证所有键值存储系统的崩溃一致性。UniKV 使用异步模式进行写操作。在该模式下，所有写入的键值数据对首先被缓冲在内核的页缓存中，当缓存满时，再写入外存。此外，关闭所有系统的数据压缩机制，以消除压缩数据给性能带来的影响。

实验平台为一台 12 核 Intel Xeon E5-2650v4 CPU、16GB 内存和 500GB Samsung 860 EVO SSD 的机器，运行操作系统 Ubuntu 16.04 LTS，64 位 Linux 4.15 内核和 ext4 文件系统。KV 存储系统的性能主要受四个参数的影响：① 内存缓存大小（memtable_size）；② 布隆过滤器大小（bloom_bits）；③ 打开文件数量（open_files）；④ 块缓存大小（block_cache_size）。所有键值存储系统使用相同的设置：内存缓存大小设置为 64MB(默认与 RocksDB 相同)，布隆过滤器大小设置为 10bit，打开文件数量设置为 1000。对于块缓存大小，UniKV 将其默认设置为 8MB，而其他键值系统将其设置为 170MB，以匹配 UniKV 哈希索引的大小，保证不同系统有相同的总内存开销。对于不同键值存储系统的其他参数，UniKV 使用它们的默认值。另外，UniKV 将每个分区的哈希索引的桶数目设置为 400 万个，并使用四个布谷哈希函数来保证哈希索引中桶的利用率超过 80%。

对于 UniKV 的其他参数，默认情况下分区大小设置为 40GB，以平衡写性能和内存开销，将分区中的热数据层大小设置为 4GB，以限制哈希索引的内存开销。对于垃圾回收操作，UniKV 使用一个线程；对于范围扫描，UniKV 维护有 32 个线程的后台线程池。使用 YCSB 工具来生成各种类型的工作负载，默认使用 1KB 的键值数据对。

4.3.2   基准测试

本小节评估 UniKV 的整体性能，包括写入、更新、点查询和范围查询，数据总写入量、数据总读取量、存储空间开销，以及写入阶段不同操作的 I/O 开销。测试的流程为：首先随机写 100 M 的键值数据对 (约 100 GB)，然后执行 10 M 的点查询操作、100 M 的更新操作和 1 M 的范围查询操作 (每个范围查询长度为 50 个键值对)，需要扫描 50 GB 的数据。

(1) **吞吐率**：图 4.7(a) 展示了吞吐率。与其他键值存储系统相比，UniKV 将写吞吐率提升 1.7~9.6 倍，点查询吞吐率提升 3.1~6.6 倍，更新吞吐率提升 1.6~8.2 倍。虽然 UniKV 是基于 LevelDB 实现的，但它仍然优于其他具有特定优化功能的键值存储系统。对于范围查询，UniKV 的吞吐率与 LevelDB 几乎相同，是 RocksDB、HyperLevelDB 和 PebblesDB 的 1.3~1.4 倍，主要原因是 UniKV 采

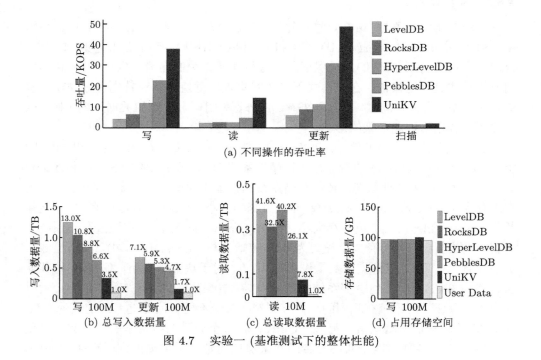

图 4.7   实验一 (基准测试下的整体性能)

用了诸多优化技术，如多线程并发获取值数据，以及预取机制将值预取到缓存中（参阅 4.2.4 节）。

(2) **写放大**：对于写放大问题，测试流程为随机写入 100 M 的键值数据对，然后更新 100M 的键值数据对。图 4.7(b) 的实验结果表明，UniKV 显著减少了总写入数据量，将写放大倍数降低到 3.5 倍，仅为 PebblesDB 的一半。特别是与其他键值存储系统相比，它在写阶段减少了 46.7%～73.2% 的总写入数据量，在更新阶段减少了 65.2%～76.6% 的总写入数据量。

(3) **读放大**：在已写入数据集上执行 10M 的点查询请求时，测试总的读取数据量。图 4.7(c) 的实验结果表明，UniKV 显著地减少了总读取数据量，它的读放大倍数仅为 7.8 倍。此外与其他键值存储系统相比，UniKV 在读取阶段减少了 69.7%～80.6% 的读取数据量。

(4) **存储空间放大**：图 4.7(d) 展示写入 100 GB 数据量后不同键值存储系统占用的总存储空间。由实验结果可知，所有系统占用的存储空间类似，UniKV 会产生一些额外的存储开销，主要是用于存储值位置的指针。

(5) **I/O 开销**：最后，测试了不同键值系统在写入阶段不同操作的 I/O 开销（以 I/O 数量为单位），如表 4.1 所示 (I/O 大小为 512B)。对于基于日志结构合并树的键值存储系统，I/O 开销包括刷新 MemTable 和压缩 SSTable 文件。对于 UniKV，I/O 开销包括刷新 MemTable、压缩 SSTable 文件、日志文件中的 GC 操作和分区动态划分操作。与其他键值存储系统相比，UniKV 总共减少了 41.9%～70.6% 的 I/O 开销，这主要是因为部分键值分离方案避免了压缩过程中不必要的值数据移动，并且动态键范围分区方案独立管理每个分区，允许 UniKV 执行更细粒度的垃圾回收操作。

表 4.1 写 100 GB 数据时，写流程不同操作的 I/O 开销 (以百万为单位)

	Flush	Compaction	GC	Partition Split
LevelDB	204.4	2229.5	—	—
RocksDB	204.4	1726.2	—	—
HyperLevelDB	204.4	1402.2	—	—
PebblesDB	204.4	1026.3	—	—
UniKV	204.4	188.4	288.1	35.2

4.3.3 混合工作负载下的性能

本小节实验评估键值存储系统在读写混合工作负载下的总体性能。测试流程为：首先随机写入 100M 的键值数据对，然后运行 100M 的工作负载，其中混合了不同读写比例的读写操作 (30:70、50:50 和 70:30)。图 4.8 显示的实验结果表明，UniKV 显著优于其他键值存储系统。与 LevelDB、RocksDB、HyperLevelDB

和 PebblesDB 相比，UniKV 的总吞吐率分别为它们的 6.5~7.1 倍、4.4~4.6 倍、
4.3~4.7 倍和 2.0~2.3 倍。主要原因是 UniKV 保持了两层存储体系结构，对热数
据层构建内存哈希索引，以提高读取性能；对冷数据层采用部分键-值分离策略和
动态键范围分区机制，以减少合并开销，并支持良好的可扩展性，进而提高写入
性能。因此可以得出结论，UniKV 可以同时提高读写性能。

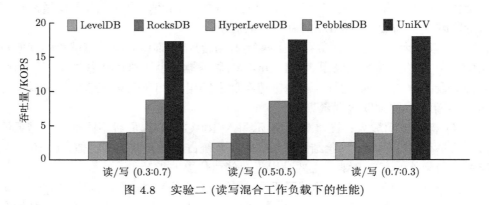

图 4.8   实验二 (读写混合工作负载下的性能)

4.3.4   YCSB 工作负载下的性能

本小节测试结果展示了 YCSB [39] 核心工作负载下的性能，该标准是评估键
值存储系统的行业标准，包含六个核心工作负载 (工作负载 A~F)。每个工作负载
都代表一个特定的现实世界的应用负载。具体而言，工作负载 A 和 B 分别是包
含 50% 和 95% 读操作的混合负载，工作负载 C 是一个只读工作负载，工作负载
D 包含 95% 的读操作，但是该负载中的读操作为查询最新的值，工作负载 E 是
一个范围查询主导的工作负载，包含 95% 范围查询操作和 5% 写操作。工作负载
F 包含 50% 的读操作和 50% 读–修改–写操作，即在每次插入操作之前，执行点
查询操作。在运行每个 YCSB 工作负载之前，首先随机写入 100 M 的键值数据
对，每个工作负载由 50 M 的操作组成，该操作遵循默认的 Zipfian 分布，常量为
0.99，但工作负载 E 除外。工作负载 E 包含 10 M 范围查询操作，每个范围查询
涉及 100 个键值对。

图 4.9 展示了在读占主导和写占主导的工作负载下，UniKV 总是显著优于其
他键值存储系统。与其他键值存储系统相比，UniKV 的吞吐率在工作负载 A 下
提升为 2.2~5.4 倍，在工作负载 B 下提升为 2.1~4.2 倍，在工作负载 C 下提升为
2.6~4.4 倍，在工作负载 D 下提升为 2.7~7.3 倍，在工作负载 F 下提升为 1.8~4.4
倍。对于以范围查询为主的工作负载 E，UniKV 的性能稍好一些，它的范围查询
吞吐率是其他键值存储系统的 1.1~1.3 倍。

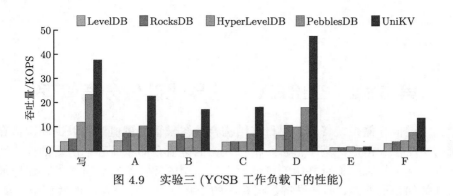

图 4.9　实验三 (YCSB 工作负载下的性能)

4.4　本章小结

本章介绍了 UniKV 在实现高性能和易扩展键值存储系统方面的设计。针对已有系统优化难以兼顾键值系统的综合性能这一挑战，UniKV 提出了利用数据访问的局部性原理，有效结合哈希索引和日志结构合并树，并通过键值数据的部分分离策略和数据动态分区等机制，实现优秀的均衡性能。UniKV 的主要设计可以总结为以下几点。

(1) 差异化的索引设计。根据局部性原理，新写入的数据往往是热的，因此 UniKV 设计了冷热数据分层的双层存储架构，热数据以追加形式写入，内存中使用哈希表支持快速查询，冷数据则采用日志结构合并树进行管理，降低索引结构的内存开销。这样差异化设计达到了性能上的平衡。

(2) 键值数据对的部分分离设计。由于 UniKV 采用多种索引结构，数据在不同结构之间转换时，大量数据被频繁读出并写回，产生了严重的性能影响，因此 UniKV 设计了键值数据对的部分分离机制，对无序方式管理的热数据层存储完整的键值数据对，而对有序方式管理的冷数据层则采用键值分离存储方式，从而避免了合并操作时有序层中大量数据的频繁读写。

(3) 键值数据的动态分区管理。为了避免在大规模数据情况下，日志结构合并树因为层数过多带来读写性能下降，UniKV 设计了基于键的取值范围的动态分区管理策略，通过将不同键的取值范围数据映射到不同分区，对不同分区的数据进行独立管理，从而实现了键值存储系统横向水平扩展，保证在大规模数据存储下也能获得高效读写性能。

第 5 章　DiffKV：差异化键值分离管理

大型键值存储系统普遍采用日志结构合并树来管理键值对，以提高键值存储系统的有序性。但是，基于日志结构合并树的键值存储系统存在严重的读、写放大问题。基于日志结构合并树的管理要求每一层的数据是完全有序的，这样能够保证高效的查询性能，但是维持数据有序的合并操作需要将跨层的数据全部读出，在内存中排序后再写回，导致严重的写放大。一种解决思路是放松有序性，不再要求每层数据完全有序，可以减少参与合并的数据量，从而缓解写放大问题，但是该方案势必牺牲读性能。另一种解决思路是键值分离，将值数据与键数据解耦，值数据不再参与合并，而是使用循环日志等简单结构进行无序管理，大大降低了参与合并的数据量，但是由于值数据的有序性被降低，势必牺牲范围查询的性能。综上，可以发现不同的针对日志结构合并树的优化技术，通常会在不同性能之间进行取舍，无法同时获得高效的写入、读取和范围查询性能。为了解决该问题，DiffKV采用基于键值分离的设计，分别独立管理键数据和值数据的有序性。DiffKV 使用传统的日志结构合并树来管理键数据，仍然保持键数据在每层都是完全有序的，以保证高效的读性能；同时提出了新的树结构，并以协同合作的方式管理值数据，核心是保持值数据部分有序，其有序度只要能维持高效的范围查询性能即可。此外，DiffKV 进一步提出了细粒度的键值分离策略，仅当值数据的大小超过一定阈值时，才采用键值分离，从而保证在具有不同键值大小的混合工作负载下，仍能达到均衡的性能。实验结果表明，相较于已有的针对日志结构合并树的不同优化的系统，DiffKV 在点查询、写入与范围查询等多方面均能达到几乎最优的性能 [62]。

5.1　现有优化技术缺点分析

本节主要以两类针对写放大的优化思路为例，分析它们是如何解决日志结构合并树中的写放大问题：① 放松有序性；② 键-值分离。由于日志结构合并树需要维护每层的完全有序，合并操作需要将跨层的数据重新读出，经过排序再写回，因此带来了严重的写放大。为了减少写放大，第 ① 类工作采用放松有序性的思想，在每一层保持部分有序，缓解合并操作带来的写放大，但牺牲了读性能。第 ② 类工作则采用键-值分离的思想，将键和值分开存放，仅对键用日志结构合并树管理。在存储键的时候，用指针指向值的存储地址。这样在做相邻两层合并时，仅对键操作，值不随着移动，大大减少值在移动时带来的开销。这两类工作在性能上各

有取舍, 具有不同的适用场景。本节对这两类工作进行了实验评估, 深入探讨影响
键值存储系统性能的因素, 为本章后续提出的 DiffKV 做铺垫。实验中选取三个
典型的开源键值存储系统作为比较对象: ① RocksDB[29] 代表最先进的日志结构
合并树键值存储系统; ② PebblesDB[17] 代表放松有序性的设计思想; ③ Titan[63]
代表键-值分离的设计思想。在不同值大小的设置下, 比较各个键值存储系统的写
放大倍数 (write amplification)、读和范围查询等性能指标。实验平台与部分参数
设置参见 5.5 节。

写入性能: 为了测试不同键值存储系统的写入性能, 实验中加载 100 GB 的
键值数据, 值的大小设置在 128 B 到 16 KB 之间。图 5.1 展示了实验结果。从
图 5.1(a) 可以看出, PebblesDB 和 Titan 显著降低了 RocksDB 的写放大, 而且
写放大系数随着值的增大而降低。例如, 对于 16 KB 的值, RocksDB、PebblesDB
和 Titan 的写放大系数分别为 9.4、4.3 和 1.3。图 5.1(b) 表明, 由于降低了写放
大, PebblesDB 和 Titan 的写入吞吐率都比 RocksDB 高。例如, 在值为 16 KB
时, PebblesDB 和 Titan 的写入吞吐率是 RocksDB 的 2.7 倍和 8.7 倍。简而言
之, 放松完全有序和键值分离的优化设计, 能够有效减少写入放大, 写入性能也
能有明显的提升。尤其是当值比较大时, 性能提升更明显。

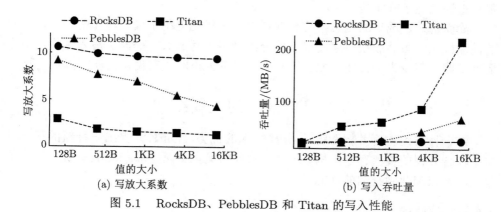

(a) 写放大系数　　　　　(b) 写入吞吐量

图 5.1　RocksDB、PebblesDB 和 Titan 的写入性能

点查询和范围查询性能: 图 5.2 展示了 RocksDB、PebblesDB 和 Titan 的
读和范围查询性能。为了测试读性能, 向 100 GB 的键值数据库随机发起随机读
请求, 读取 10 GB 键值对; 为了测试范围查询性能, 向数据库发起范围查询请求
10 GB 键值对, 每次查询 100 个键值对。从图 5.2(a) 可以看出, 放松有序性会降
低读性能, 因此 PebblesDB 的读取吞吐量低于 RocksDB。Titan 采用键值分离
设计, 大大减少了日志结构合并树的大小, 因此读性能明显高于 RocksDB; 例如,
对于 16 KB 的值, 其性能是 RocksDB 的 2.0 倍。

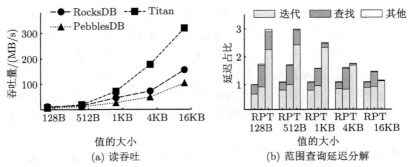

图 5.2　RocksDB、PebblesDB 和 Titan 的点查询和范围查询性能

对于范围查询，PebblesDB 和 Titan 的性能都比 RocksDB 差，当值偏小时，更为明显。图 5.2(b) 展示了范围查询的延迟组成。对于 1 KB 大小的值，PebblesDB 和 Titan 的范围查询延迟分别是 RocksDB 的 1.5 倍和 2.4 倍。大部分范围查询时间都花在迭代读取值上 (例如，对于 Titan，占比超过 90%)。随着值变大 (如 16 KB)，不同键值存储系统之间的范围查询延迟差异变小，因为访问大值具有更小的随机读取开销。对于以小值为主的键值工作负载 [64,65]，PebblesDB 和 Titan 范围查询性能下降明显。

简而言之，现有的日志结构合并树设计和优化受制于读、写和范围查询之间的性能权衡。虽然放松有序度或键值分离减少了写放大，提高了写入性能，但它牺牲了读与范围查询性能，尤其是对小到中等大小的值来说，性能下降更明显。

5.2　DiffKV 的概要结构

结合日志结构合并树和键-值分离技术的优势，DiffKV 提出一种新的基于日志结构合并树的键值存储结构。通过一系列的优化实现技术，DiffKV 综合提升了写入、读取和范围查询的性能。

5.2.1　系统架构

图 5.3 给出了 DiffKV 的系统架构。DiffKV 基于键-值分离技术，键和值在键值数据写入外存时，分开独立存储。它还实现了值的部分有序，从而保持高效范围查询性能。为了实现这一点，DiffKV 设计了一种新的类似日志结构合并树的多层树结构 (称为 vTree) 来管理值。与日志结构合并树一样，vTree 包含多个层级，但是每个层级只能以追加的方式写入值数据。vTree 和日志结构合并树的区别在于，vTree 允许每个层级内的数据不完全有序。

为了实现值的部分有序，vTree 需要一个类似于日志结构合并树中的数据合并 (compaction) 操作，称 merge 操作，以此将其与日志结构合并树中的合并操作

区分开。在实现中，DiffKV 将日志结构合并树的合并排序操作与 vTree 的 merge
操作协调合作执行，大幅度降低了合并的开销。

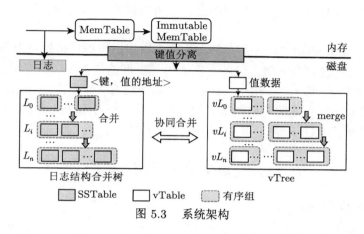

图 5.3　系统架构

　　为了使 DiffKV 与现有的日志结构合并树设计兼容，它仍然遵循传统预写日
志机制 (WAL)，并在内存中存储相同的数据。具体如图 5.3 所示，DiffKV 首先
将键值对写入预写日志中，然后存储到内存中的 MemTable，最后将 Immutable
MemTable 以键-值分离的方式写入外存。

5.2.2　数据组织结构

　　vTree 中有多层，每层有多个有序组 (sorted group)，每个有序组由多个 vTable
组成 (图 5.3)。下面介绍设计细节。

　　vTable：　DiffKV 将值组织为 vTable，每个 vTable 的大小固定 (默认为
8 MB)。Immutable MemTable 每次写入磁盘时，可能会生成多个 vTable，具体
取决于值的大小和 MemTable 的大小。

　　一个 vTable 包括一个数据区和一个元数据区，其中数据区根据键的顺序组
织存储值，元数据区则存放 vTable 的一些元数据信息，如 vTable 的数据大小、
数据范围等。因为查询的时候，值的地址存放在日志结构合并树中，所以 vTable
中不需要布隆过滤器。每个 vTable 中的元数据都非常小，带来的额外存储开销
有限。

　　有序组：每个有序组的定义如下：① 一个有序组包含多个 vTable；② 同一个
有序组中的所有 vTable 的键取值范围没有重叠。将有序组的概念进行拓展，日志
结构合并树中完全有序的任何 SSTable 集合也可以称为有序组 (例如，同一层所
有的 SSTable 在日志结构合并树中形成一个有序组)。在 DiffKV 中，MemTable
一次写入磁盘中生成的所有 vTable 形成一个有序组，它们就按照 MemTable 中

值对应的键排序，进行组织存放。DiffKV 使用 vTree 中有序组的数量作为衡量有序程度的指标。随着有序组个数的增加，有序程度降低。在极端情况下，如果所有 SSTable/vTable 形成一个有序组，则所有键值对都完全有序，此时有序度最高。

vTree：vTree 中有多个层，每层由多个有序组组成。虽然对于每个有序组，其中的值对应的键完全有序，但是 vTree 的某层可能包含多个有序组，不同有序组中的值对应的键则无序。由于 vTree 允许每一层有多个有序组，因此 merge 操作不需要对 vTree 中连续两层的所有值进行合并；与日志结构合并树中的合并相比，大大减少了 I/O 开销。

5.3　DiffKV 的优化实现

5.3.1　合并触发 merge

vTree 通过定期执行 merge 操作来保持值部分有序。merge 过程中，每次读取多个 vTable，通过查询日志结构合并树，得到最新值的地址，由此检查 vTable 中值的有效性，剔除无效值。此外，每次 merge 都需要写入日志结构合并树，以更新有效值的最新值位置。为了限制 vTree 的 merge 开销，vTree 的 merge 操作不是独立执行的，而是与日志结构合并树中的合并排序操作协调合作执行。在 DiffKV 中，称这样的 merge 操作为合并排序触发的 merge 操作。

合并排序触发的 merge 操作解释如下。为了简单起见，假设 vTree 中的每个层级只与日志结构合并树中的一个层级相对应，分别用 L_i 和 vL_i 表示日志结构合并树和 vTree 中的第 i 层。假定 L_i 和 vL_i 相关，即键存储在日志结构合并树中的 L_i，那么键对应的值只能存储在 vL_i。

图 5.4 给出了合并触发 merge 的基本思路。若一个合并操作被触发，在日志结构合并树中的键从 L_i 合并到 L_{i+1}，此时会触发一个 merge 操作，将对应的值从 vL_i 移动到 vL_{i+1}。在 merge 操作中，需要解决两个主要问题：① 哪些值应该参与 merge；② 如何将这些值写回 vTree 的 vL_{i+1} 层。针对第一个问题，DiffKV 在 merge 过程中，仅对 vL_i 层的值进行合并排序，重新生成 vTable，vL_{i+1} 层的值不参与 vL_i 层值的合并排序。将 vL_i 层通过 merge 生成的新 vTable，以追加的方式写入 vL_{i+1} 层。例如，在图 5.4 中，值 V_{13}、V_{33}、V_{45} 参与 merge，合并排序后追加到 vL_{i+1} 层。

采用合并排序触发的 merge 有两方面的好处。首先，在 merge 值的过程中，仅 merge 与日志结构合并树中键合并相关的值，可以非常有效地识别哪些值仍然有效。这是因为在合并期间，也需要从日志结构合并树中读取相应的键，从这些键指向的值地址中就可以知道哪些值有效。相比之下，如果 vTree 独立于日志结构合并树，独立触发 merge 操作，则需要查询日志结构合并树，比较值的地址来判断值的有效性，从而不可避免地产生较大的查询开销。其次，由于在 merge 操作期间生成新 vTable 时，有效值的位置发生了变化，因此需要相应地更新日志结构合并树，以维护最新的值地址。由于只 merge 了与日志结构合并树中键合并相关的值，因此可以通过直接在内存中更新参与合并的键值对来更新日志结构合并树中的值地址，使得更新值地址的开销可以隐藏在合并操作中。

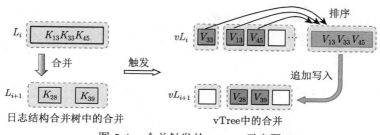

图 5.4　合并触发的 merge 示意图

5.3.2　merge 过程的进一步优化

虽然合并触发的 merge 操作降低了 merge 的开销。但是，如果每次合并都触发 merge 操作，则带来的开销也比较大。为了进一步减少 vTree 中的 merge 开销，DiffKV 提出了两种 merge 优化措施。

1. 延迟 merge

DiffKV 采用**延迟 merge** 的方法，来减小 DiffKV 中 merge 的频率，从而降低 merge 的开销。在日志结构合并树中，通常 L_{i+1} 层所存储的键的个数是 L_i 层的 10 倍，较低层级中所存储的键的个数比高层级的少很多，所以日志结构合并树中较低层的合并频率很高。若日志结构合并树中的每次上下层合并，都触发 vTree 中值 merge，则 vTree 中的 merge 频率过高，开销太大。因此，DiffKV 将 vTree 中多个较低层级聚合为单个层级，对应到日志结构合并树中的多个层级，使得日志结构合并树的键在这些层级之间合并时，不触发 vTree 中的 merge 操作；只有跨过这些层进行键的合并时，才会触发 vTree 中的 merge 操作。如图 5.5 所示，DiffKV 将 vTree 中从 vL_0 层到 vL_{n-2} 层聚合为一个层，对应到日志结构合并树的 $L_0, L_1, \cdots, L_{n-2}$ 层。因此，日志结构合并树从 L_0 层到 L_{n-2} 层之间的任何合并都不会触发 merge 操作；换言之，$vL_0, vL_1, \cdots, vL_{n-2}$ 层级之间的 merge 操作将被延迟，除非需要将值 merge 到 vL_{n-1} 层。

延迟 merge 显著减少了 merge 操作的次数和参与 merge 的数据量，但牺牲了 vTree 中较低层级的值的有序度。DiffKV 认为，在实际系统中，这种牺牲对范围查询性能的影响有限。这是因为在日志结构合并树中，最后两层 L_{n-1} 和 L_n 包含了整个键值存储系统中 90 % 以上的数据，这种跨层级的不均匀分布意味着：一次范围查找的大多数值是从 vTree 的最后两个层级读取的。因此，最后两个层级中值的有序程度是决定范围查询性能的主要因素。因此低层中频繁的 merge 操作对范围查询性能提升有限，反而会产生很大的 merge 开销。

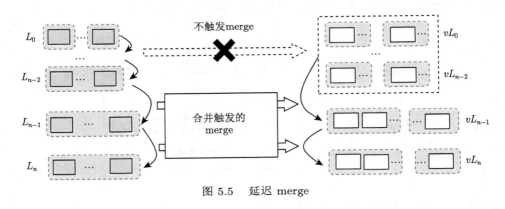

图 5.5　延迟 merge

2. 范围查询优化的 merge

DiffKV 设计了范围查询优化的 merge 策略来调整 vTree 中值的有序度，以保持高效范围查询性能。在合并触发的 merge 操作中，vL_{i+1} 级中的值不参与 merge 操作，不会被排序。这种追加合并 merge 策略虽然减轻了写入放大，但可能会导致最后一层有序组过多，使得范围查询性能下降严重。DiffKV 对每个 vTable 进行检测，检测与其对应的键取值范围有交集的 vTable 数量。当这个数量超过了事先设定的阈值时，就让它们参与下一次的 merge 操作，而不管它们处于哪个层级。DiffKV 通过这种策略，能够为 vTree 中的值保留更高程度的有序性，从而能保持高效的范围查询性能。

为了加速 vTable 的标记过程，DiffKV 设计了一个检测算法，流程如下：针对 vL_{i+1} 层的每个 vTable，找出该 vTable 中值对应的最小键与最大键，并对所有 vTable 中的最小键、最大键进行排序。对每个 vTable，计算与它重叠的键范围的 vTable 数量，这可以通过一次性扫描所有的最小键、最大键来完成。例如，在图 5.6 中，有一个 vTable [26-38]。通过扫描排序后的键，可以计算出比 key 38 小的最小键数量 (本例中为 5 个) 和比 key 26 小的最大键数量 (本例中为 1 个)。将这两个数字相减，就可以得到与 vTable[26-38] 键取值范围有交集的 vTable 数量，包括它自己在内是 4 个 (即 vTable [15-28]、[29-34]、[37-48] 和 [26-38])。最后，如果具有重叠键范围的 vTable 数量大于阈值 max_sorted_run，那么就将所有这些 vTable 添加范围查询待优化标签，这样它们就会参与到下一次合并触发的 merge 中。这些数据记录在 manifest file 中，系统中使用它来跟踪每次合并后键值对的版本变化，因此相关持久化的开销可以忽略不计。

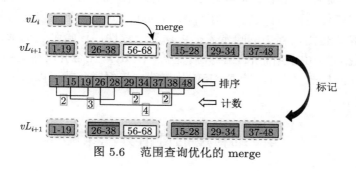

图 5.6   范围查询优化的 merge

5.3.3   垃圾回收

DiffKV 通过日志结构合并树中键的合并操作，来触发 vTree 中 vTable 的 merge 操作，导致一些 vTable 中部分值参与 merge，部分值没有参与 merge。这样，在系统运行一段时间后，一些 vTable 中会有无效的值。因此，需要垃圾回收来回收无效值的存储空间。为了减少垃圾回收的开销，DiffKV 基于每个 vTable 中无效值的数据量，提出了一种状态感知的惰性回收机制。

状态感知： DiffKV 使用哈希表来记录每个 vTable 中无效的数据量。当一个 vTable 参与 merge 操作时，DiffKV 都会计算从 vTable 中读出的数据量，并更新哈希表中旧 vTable 中的无效数据量，还在哈希表中为新 vTable 插入一个新条目。对哈希表的更新是在 merge 操作期间执行的，因此开销有限。而且，对于每个 vTable 来说，哈希表中的每个条目只占用很少的字节，因此哈希表的内存开销也有限。

惰性回收： DiffKV 采用惰性方法来限制垃圾回收开销。如果所有 vTable 中无效值的数据量大于预定义的阈值 gc_threshold，系统会选择一个 vTable 作为垃圾回收候选者。但是，DiffKV 不会立即回收候选 vTable 中的无效值，而只是为每个候选标记一个垃圾回收标记，并将垃圾回收延迟到下一次合并触发的 merge 过程，才触发垃圾回收。具体来说，如果一个带有垃圾回收标记的 vTable 涉及合并触发的 merge，则该 vTable 中包含的有效值将被重写到更高的层级中，类似于范围查询优化的 merge。

惰性回收避免为了获得候选 vTable 中值的有效性，而查询日志结构合并树带来的开销，以及更新值的新地址的开销。让垃圾回收与 merge 操作一起执行，这样查询和更新日志结构合并树的开销可以隐藏在 merge 操作中。

5.3.4　崩溃一致性

DiffKV 是在 Titan 的基础上实现的，而 Titan 是在 RocksDB 基础上实现的，所以在系统崩溃后，DiffKV 提供与 RocksDB 相同级别的一致性。为保证数据一致性，DiffKV 使用预写日志，并在写入 MemTable 之前将键值对写入预写日志。此外，DiffKV 也为内存中的哈希表提供崩溃一致性，该哈希表记录每个 vTable 中的无效数据量。由于哈希表在合并后更新，DiffKV 在合并后将更新信息追加到清单文件 mainfest。因此，当 DiffKV 从崩溃中恢复时，就可以从 mainfest 中恢复更新信息。

5.4　细粒度的键值分离策略

对于大的值来说，键值分离可以显著降低键合并过程中的写放大。但对于小的值来说，不仅降低写放大的效率不明显，反而增加了读的延迟。在实际系统中，具有不同大小的值的混合工作负载也很常见。因此 DiffKV 按值的大小区分键值对，通过细粒度键-值分离设计，在混合工作负载下，平衡读、写与范围查询的性能。

5.4.1　差异化的值管理

DiffKV 使用两个参数 value_small 和 value_large，根据值的大小将键值对分为三组，如图 5.7 所示。对于值大于 value_large 的键值对，DiffKV 采用键-值分离，并使用称为 vLogs 的冷热感知异构日志设计来管理值。对于值介于 value_small 和 value_large 之间的键值对 (即中等键值对)，DiffKV 将值存储在 vTree 中，并在日志结构合并树中保留键和值的地址。对于值小于 value_small 的键值对 (即小键值对)，DiffKV 则绕过键值分离，将整个键值对直接存储在日志结构合并树中。通过上述设计，DiffKV 实现了混合负载下的均衡性能。

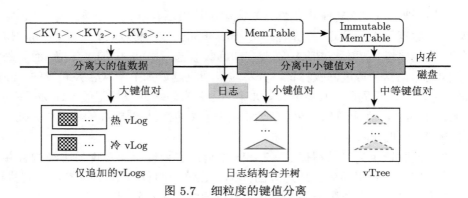

图 5.7　细粒度的键值分离

对于大键值对, DiffKV 采用 Wisckey[16] 中的工作流程, 也就是在写入 Mem-Table 之前执行键值分离 (见图 5.7)。具体来说, DiffKV 直接将大键值对的值刷新到 vLogs 中, 将它们的键和值位置视为新的键值对, 并将它们作为常规用户数据写入 MemTable。对大键值对尽早执行键值分离的好处是双重的。首先, 仅在 MemTable 中保留小尺寸值位置, 能够节省大量内存空间; 其次, 由于值首先写入外存, 因此无须将它们写入日志, 减少了大量的 I/O 开销。当然对于中小型键值对, 以及大键值对的键和值位置, 它们仍然需要写入预写日志, 以保证一致性。

5.4.2 冷热感知的 vLogs

vLogs 的结构: vLog 设计为一个简单的循环仅追加日志, 它由一组未排序的 vTable 组成。未排序的 vTable 与 5.2.2 节描述的 vTable 共享类似的存储格式, 唯一的区别是在写入时, 未排序的 vTable 是以顺序写入的方式, 不会保证值的有序性。之所以这样做, 是因为大键值对的键值分离是在写入 MemTable 之前进行的, 键值分离后立即将大键值对的值持久化到外存, 以避免写入预写日志, 所以没有办法对每个 vTable 中的值进行排序 (见图 5.7)。事实上, 没有必要对这些值进行排序, 因为它们的尺寸已经很大, 无须将它们批量打包, 从集成 I/O 中受益。

vLogs 的垃圾回收: 为了减少垃圾回收的开销, DiffKV 设计了无须额外参数的冷热分离方案, 来简单而有效地利用热度执行垃圾回收流程。如图 5.8 所示, DiffKV 中设计了两个 vLog, 即热 vLog 和冷 vLog, 分别存储热值和冷值。每个 vLog 都有自己的写边界, 分别称为写入头部和垃圾回收尾部。为了实现热冷分离, DiffKV 将用户写的数据追加到热 vLog 中的写入头部, 将垃圾回收后写的数据追加到冷 vLog 的垃圾回收尾部。这样做的理由是垃圾回收的值通常比最近写入的用户数据访问频率低, 因此可以将它们视为冷数据。这种设计的一个好处是实现简单, 不需要额外参数来实现冷热识别。

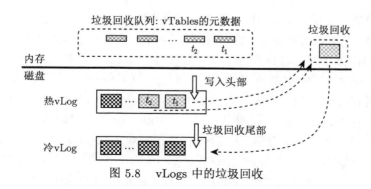

图 5.8　vLogs 中的垃圾回收

DiffKV 采用贪心算法来降低无效数据占用的存储空间，其思想是回收具有最大量无效值的未排序 vTable。具体来说，DiffKV 在合并过程中监控每个未排序 vTable 的无效值比例，并在内存中维护一个垃圾回收队列，来跟踪所有候选的 vTable，也就是那些无效值比例大于阈值 gc_threshold 的 vTable。垃圾回收队列只保留每个未排序 vTable 的元数据，按照无效值的比例降序存放。在触发垃圾回收时，DiffKV 简单地选择队列头部的 vTable (如图中的 t_1 和 t_2) 进行垃圾回收，然后将所选 vTable 中有效的值追加到冷 vLog 中的垃圾回收尾部。出于性能考虑，DiffKV 将垃圾回收实现为具有多个垃圾回收线程的后台进程。

5.5　实　验　性　能

5.5.1　实验设置

本节给出实验结果，分析比较 DiffKV 与 5.1 节提及的三个代表性键值存储系统 RocksDB[29]、PebblesDB[17] 和 Titan[63] 的性能。DiffKV 基于 Titan 实现，整体代码改动大约 2.1K 行代码。

实验平台：实验平台为一台服务器，有 12 核 Intel Xeon E5-2650v4 CPU、16 GB 内存和三星 860 EVO 480 GB SSD，运行 Linux 内核版本 4.15 的 Ubuntu 18.04 LTS。

测试负载：实验中采用 YCSB[39] 的 C++ 版本 YCSB-C[46,47]，并根据文献 [65] 中刻画的工作负载特征生成工作负载。其中，键大小固定为 24 B，并使用广义帕累托分布[66] 配置值的大小，其概率密度函数为

$$f(x) = (1/\sigma)(1 + k(x - \theta)/\sigma)^{(-1-1/k)} \tag{5.1}$$

其中，x 代表值的大小，k，θ 和 σ 是可调参数。默认情况下，值的大小限制最大为 128 KB。实验中根据文献 [67] 中最常见的工作负载，将这些参数设置为 $k = 0.92$，$\sigma = 226$，$\theta = 0$。在此设置下，值的平均大小为 1 KB。

系统设置：实验中参考 RocksDB 的官方调优手册进行实验验证[68]。对于所有键值存储，使用推荐的配置，将 MemTable 大小设置为 64 MB，SSTable 大小设置为 16 MB，布隆过滤器设置为 10bit/key。由于测试机器有 12 个核，为了加速合并过程，同时能够限制整体 CPU 使用率，实验中按照优化调整指南，使用 8 个后台线程进行合并。为了模拟真实的使用场景，block cache 的大小设置为 8 GB，其余的用于操作系统中的页面缓存。对于 Titan，由于垃圾回收影响空间使用和前台写入性能，这里主要考虑三种情况：① 不做垃圾回收 (No-GC)，写入性能最好，但空间开销最大；② 后台垃圾回收 (BG-GC)，垃圾回收在后台执行，不阻塞前台写入；③ 前台垃圾回收 (FG-GC)，其中设置了空间使用限制，如果可用空

间低于预定义的阈值，垃圾回收可能会阻止前台写入。对于 DiffKV，设置两个阈值 128 B 和 8 KB，小于 128 B 的值定义为小值，大于 8 KB 的为大值，位于两者之间的为中等大小的值。DiffKV 将 vTable 大小限制为 8 MB，如果 vTable 包含超过 30% 的无效数据，则设置该 vTable 的垃圾回收标记。每个实验至少运行五次。

5.5.2　基准测试

首先针对几个键值存储系统，比较各种键值操作的吞吐量和延迟。测试的工作负载为：① 插入 10 GB 键值对；② 更新 300 GB 键值对；③ 读取 10 GB 键值对；④ 范围查询 10 GB 键值对。测试流程是：首先随机加载 100 GB 的键值对，然后执行每个工作负载的请求，最后从键值存储系统中清除所有数据以避免干扰。对于范围查询，参考了广泛用于性能评估的配置[24,25,39,69]，使用 16 个扫描线程，每个线程读取 100 个键值对。默认情况下，对每个工作负载使用偏度参数为 0.9 的 Zipfian 分布。

系统吞吐量：图 5.9(a) 显示了吞吐量的实验结果，以 RocksDB 的吞吐量为基础进行了标准化。与 RocksDB 和 PebblesDB 相比，DiffKV 将插入吞吐量分别提升了 3.8 倍和 2.7 倍；将更新吞吐量分别提升了 3.7 倍和 2.3 倍；将读取吞吐量分别提升了 2.6 倍和 3.4 倍。因此，DiffKV 显著提高了写入、更新和读取吞吐量。同时，从图中也可以看出，DiffKV 的范围查询性能也与表现最好的 RocksDB 接近。

无论使用什么垃圾回收策略，DiffKV 都能够显著地改善范围查询性能，大约是 Titan 的 3.2 倍。实验结果表明，垃圾回收对 Titan 的写入性能影响不大，但对更新性能影响较大。DiffKV 与 Titan 的写入性能类似；但是在 Titan 中使用前台垃圾回收的情况下，DiffKV 将其更新吞吐量提升了 1.7 倍。需要指出的是，图 5.9(a) 中吞吐量计算单位是操作数，读、写与更新的每个操作仅涉及单个键值对，而范围查询的每个操作则涉及多个键值对，实验中是 100 个，所以图中显示的范围查询吞吐量远低于其他操作的吞吐量。

平均延迟：图 5.9(b) 展示了有关延迟的实验结果。与 RocksDB 和 PebblesDB 相比，DiffKV 将插入、更新和读取的延迟缩短了 63.8%~78.1%，而且范围查询延迟与这些系统相似。与 Titan 相比，DiffKV 的插入、写入和读取延迟相似，但是将范围查询延迟缩短了 43.2%。

空间占用：图 5.9(c) 展示了在不同垃圾回收策略下的空间使用情况。首先，随机加载 100 GB 的键值对，并以 Zipfian 分布更新 300 GB 键值对。由于在加载阶段没有触发垃圾回收，所有键值存储都显示相同的空间使用情况。但是在更新阶段之后，如果禁用垃圾回收或仅使用后台垃圾回收，Titan 会导致大量空间占用。

与 Titan (No-GC) 和 Titan (BG-GC) 相比，DiffKV 最多可减少 18%~53.7% 的存储空间。

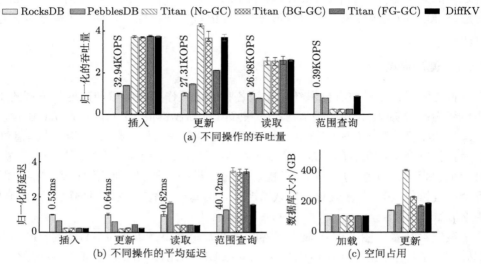

图 5.9　RocksDB、PebblesDB、Titan 和 DiffKV 的基准测试

尾延迟：本组实验评估 99% 的尾延迟。图 5.10 显示了按照 PebblesDB 的尾延迟标准化后的结果。与 RocksDB 和 PebblesDB 相比，DiffKV 的插入、更新和读取的尾延迟要低得多。例如，与 RocksDB 相比，将插入、更新和读取的尾延迟分别缩短 96.5%、94.3% 和 82.7%，而范围查询尾延迟则类似。与 Titan 相比，DiffKV 的插入、更新和读取尾延迟相似，但范围查询尾延迟缩短了 50.4%。

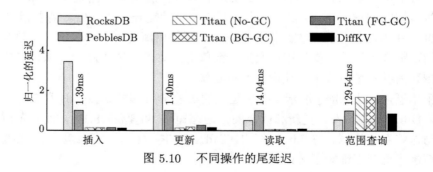

图 5.10　不同操作的尾延迟

5.5.3　YCSB 测试

本小节展示了 DiffKV 在 YCSB 工作负载下的性能。每个工作负载对随机加载的 100 GB 键值存储执行 100M 个操作，其他设置与之前相同。这里主要考虑

两种工作负载：均匀分布的工作负载以及参数为 0.9 的 Zipfian 分布的工作负载。其中，工作负载 D 读取了由基准测试[39] 定义的最新数据，与其他负载不同。

　　吞吐量：图 5.11 显示了吞吐量的比较，图中数据是相对于 RocksDB 的吞吐量进行了标准化。与 RocksDB 相比，DiffKV 在所有读取或写入密集型工作负载 (即除工作负载 E 之外的所有工作负载)，性能提升 1.7~4.5 倍。针对范围查询占主导的工作负载 E，DiffKV 的性能与 RocksDB 相似。RocksDB 中每层的键值对都完全有序，其范围查询性能最好。与 Titan 相比，DiffKV 将范围查询吞吐量提升了 2 倍。同时无论使用后台垃圾回收还是前台垃圾回收，除了范围查询，DiffKV 与 Titan 的性能类似。总之，DiffKV 综合优化了各方面的性能。

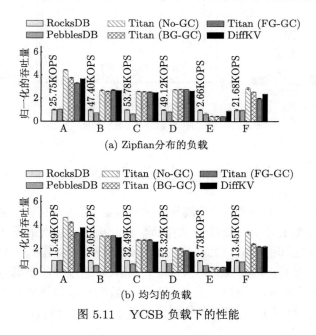

图 5.11　YCSB 负载下的性能

　　尾延迟：图 5.12 给出了尾延迟的实验结果，图中结果是针对 Titan 不做垃圾回收的性能进行了标准化。由于不同操作的尾延迟与 YCSB 工作负载的特性很相关，这里展示了每种操作类型的尾延迟。相对于 RocksDB 和 PebblesDB，DiffKV 对不同工作负载都显著缩短了插入、更新和读取的尾延迟；与 Titan 相比，DiffKV 大大缩短了范围查询的尾延迟。因此，DiffKV 的综合性能几乎都是最好的。

　　空间占用：YCSB 的工作负载 A (包含 50% 的更新操作) 下的空间使用情况与图 5.9(c) 有类似的结果，即与 RocksDB 和 PebblesDB 相比，DiffKV 的存储空间增加了 11.9% 和 0.7%。在所增加的存储空间中，日志结构合并树、vTree 和 vLogs 产生的额外存储空间占比分别为 5%、63.5% 和 31.5%。

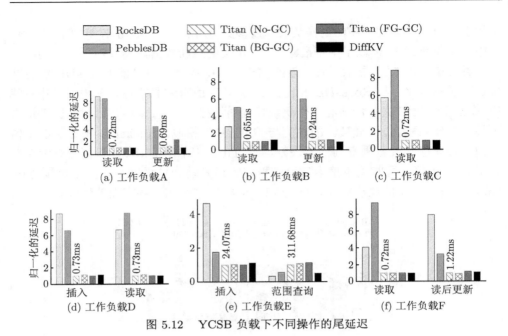

图 5.12　YCSB 负载下不同操作的尾延迟

5.6　本 章 小 结

本章主要介绍了 DiffKV 的关键设计和性能结果。DiffKV 主要研究了基于日志结构合并树的键值存储系统的数据存储结构，指出了现有的系统架构设计存在多性能优化目标之间的矛盾，如往往在写入、点查询、范围查询与空间开销等多方面进行取舍。为了获得高效的均衡性能，DiffKV 通过分析键数据和值数据的有序性对系统性能的影响，提出了差异化管理键数据和值数据的有序性的思想以及一种新的数据存储结构，实现对值数据的高效部分有序性管理。DiffKV 的主要设计可以总结为以下两点。

(1) 键数据和值数据的差异化有序性管理。DiffKV 基于键值分离的思想，为键数据和值数据维护不同的有序性，以实现多性能均衡。具体而言，DiffKV 采用原生的日志结构合并树管理键数据，保障高效的查询性能，而对于值数据，设计了新的树形结构 vTree 进行管理，并采用与管理键数据的日志结构合并树松耦合的方式，以及高效的数据合并和空间回收等优化策略，在维护值数据部分有序的同时，降低管理 vTree 的开销。

(2) 不同大小键值数据的差异化分类存储。针对读写不同大小的键值对的性能差异，DiffKV 进一步结合了细粒度的键值数据差异化分类存储机制，即采用日志结构合并树、vTree 和循环日志，分别存储和管理小、中、大的键值数据。其核心原理是：由于小键值对无法通过键值分离获得写性能提升，因此采用日志结构合并树保证查询性能；管理中等大小的键值对可以通过键值分离降低写开销，但仍然需要一定程度的有序性保证范围查询性能，因此采用 vTree 存储管理；大键值对即使采用无序存储，也能充分利用磁盘的顺序读的性能优势获得较高的范围查询性能，因此采用简单的日志结构存储，以获得最佳的写入性能。

第 6 章 应 用 案 例

键值存储在很多场景都有重要的应用，如针对图处理系统，利用键值存储半结构化的图数据，提供高效的查询与访问性能，用以支持大规模图数据的存储与计算；针对分布式数据库场景，分布式键值存储采用简单的键值数据接口，以提供高可扩展、高性能的海量数据存储能力，用以支持类型复杂的上层应用，如关系型数据库等。本章首先介绍目前主流的基于日志结构合并树的键值存储开源系统，进而以数据库与图计算两类应用为例，介绍键值存储如何支撑上层应用的高效存储。

6.1 开 源 系 统

当前主流的持久化键值存储均采用日志结构合并树进行数据的组织和管理，因此接下来主要介绍这方面的主流开源系统，包括单机键值存储引擎和分布式键值存储系统。

1. 单机键值存储引擎

LevelDB 是谷歌实现的基于日志结构合并树的单机键值存储引擎，于 2012 年正式开源，被认为是最早开源的键值存储系统。LevelDB 的开源地址为 https://github.com/google/leveldb。LevelDB 完全按照日志结构合并树管理外存中的数据，同时实现了写缓存，支持内存数据批量写入外存，并利用跳表管理内存中的键值数据，保证高效查询性能。HyperLevelDB [38] 是 HyperDex 在 LevelDB 的基础上开发的存储引擎，主要从多线程并行和数据合并两个方面进行了优化，开源地址为 https://github.com/rescrv/HyperLevelDB。后续很多基于日志结构合并树的键值存储系统也都是基于 LevelDB 派生出的代码实现的，目前在工业界应用最广泛的当数 Facebook 开源的 RocksDB [29]，其开源地址为 https://github.com/facebook/rocksdb。RocksDB 仍然采用原生的日志结构合并树，未对该存储结构进行修改，但是进行了不少系统实现的优化以提升性能，包括多线程合并、写入流程流水线化、前缀布隆过滤器加速范围查询等特性，保证了高效的写入与查询性能。

除此之外，学术界提出的若干典型读写优化技术也都有相应的开源系统。典型技术有：① 通过放松每层数据的有序性加速写，代表系统包括 PebblesDB，其设计了分段的日志结构合并树,优化了写性能,开源地址为 https://github.com/utsaslab/pebblesdb;② 键值分离技术,主要通过键值分离,降低对值排序引起的写开销,代表系统有 PingCAP 的 Titan,它是基于 RocksDB 实现的键值分离存储插件,系统设计上主要借鉴 WiscKey,但在实现上对垃圾回收策略进行了优化,开源地址为 https://github.com/tikv/titan。DiffKV 也采用了键值分离的思想,并提出了支持部分有序的树形存储结构,对值的有序性管理进行了专门优化,开源地址为 https://github.com/ustcadsl/diffkv。

其他一些开源的系统包括 LSM-trie[15](开源地址为 https://github.com/wuxb45/lsm-trie),其采用前缀树管理数据,可以实现高效的点查询,但对范围查询缺少高效支持。TRIAD[18](开源地址为 https://github.com/epfl-labos/TRIAD)在日志结构合并树中添加了热点数据缓存,可以降低频繁更新带来的写入开销。SILK[21](开源地址为 https://github.com/theoanab/SILK-USENIXATC2019)为日志结构合并树中的多层数据合并设计了 I/O 调度器,当不同层级同时发生合并时,通过调度缓解了对 I/O 资源的竞争,保证了前台写入性能的稳定。RemixDB[24] 为日志结构合并树设计了加速范围查询的索引,从而支持高效的范围查询(开源地址为 https://github.com/wuxb45/remixdb)。

2. 分布式键值存储系统

从存储角度来看,大多数分布式键值存储系统都是建立在单机存储引擎之上的,具体而言,数据通过某种方式分布到不同存储节点(如按照键的范围或者采用一致性哈希等),而在每个存储节点上,数据的存储和管理完全与单机键值存储引擎一致,如采用日志结构合并树实现或者直接集成 RocksDB。目前业界使用较广泛的开源分布式键值存储系统有 Cassandra[70],开源地址为 https://github.com/apache/cassandra,它采用去中心化的管理方式,即采用一致性哈希进行数据划分,而底层存储仍采用原生的日志结构合并树。TiKV[71] 是 PingCAP 开源的分布式键值存储系统,其采用范围划分以支持高效范围查询,并使用 Raft 进行多副本一致性管理,开源地址为 https://github.com/tikv/tikv。TiKV 的底层存储采用的也是基于 RocksDB 的实现,且集成了键值分离技术。HBase[72] 是 Apache 基于 BigTable 的开源版实现,开源地址为 https://github.com/apache/hbase,其支持数据按照范围划分为若干个区域(region),而每个区域单独使用日志结构合并树管理,最后使用 HDFS 作为底层文件存储系统。Tair[73] 是淘宝开发的分布式键值存储系统,支持多种存储引擎,也支持 LevelDB 作为底层存储引擎,以实现高效数据写入,开源地址为 https://github.com/alibaba/tair。

6.2　图处理系统

随着大数据时代数据规模的迅猛增长，数据之间也产生着日益复杂的交互关系。挖掘出数据以及数据间蕴藏的丰富信息，可以为人们的日常生活提供帮助。而图可以很好地表达真实世界中实体之间的关系，通过图分析可以充分挖掘图数据上的隐藏信息，因此图和图分析广泛应用于众多服务场景。本节首先介绍图分析应用场景下的特征与挑战，然后介绍如何用键值存储来管理图数据。

6.2.1　图分析场景

本节首先介绍什么是图 (graph) 结构数据、图如何表达数据之间的关系，以及图分析能解决的实际问题，然后引出由于数据规模不断增长带来的大规模图分析的挑战。

1. 图和图表达

信息时代的迅速发展和互联网技术下各类网络平台的普及，使得数据规模迅猛增长，用户之间关系错综复杂。不仅这些数据本身蕴含着丰富的信息，数据之间的关联关系同样可以挖掘出很多有效信息。图结构刻画顶点之间通过边的连接关系，可以自然直观地表达真实世界中实体之间的联系。例如，在一个电商场景下，使用图结构数据表达用户与用户、用户与商品之间复杂的交互关系，图中的顶点表达各种不同类型的实体，如消费者、商品、卖家店铺等，图中各个顶点之间的连接边表达实体之间的各种关联关系，如浏览、收藏、购买、评论等。关系型表结构适用于刻画结构化数据，键值存储结构适用于完全非结构化数据，而图结构则是描述现实世界中大量存在的半结构化数据的理想数据结构。因此，图数据广泛应用于现实生活的许多领域，如网页链接 [74-76]、社交网络 [77,78]、导航系统 [79-81] 和推荐系统 [82,83] 等 [84-86]。近年来，图数据存储与图分析处理成为学术界和工业界共同关注的研究热点之一。

2. 图数据的分析计算

随着近年来图数据的快速发展，探索图数据内部关系以及图数据的分析计算受到了越来越多的关注。例如，对社交网络图数据的分析，可以指导商家更准确地进行一些商业活动，如病毒式营销。通过分析图的各种中心性指标，获取社交网络中用户的属性，进而促进商品营销。举例如下。

(1) **社交网络平台的投资选择**：根据病毒式营销中的“口碑效应”（word-of-mouth），用户在购物时，可能会受到其朋友的影响，去买某件商品。所以利用在线社交网络 (online social network, OSN)，可以很好地进行商品营销。不同的

OSN，如 OSN 中用户的活跃度和影响力，会呈现不同的广告效应。所以对一个商家来说，选择哪个网络平台进行投资宣传，能吸引到最多的用户购买商品是极其重要的，这个问题可以通过估算 OSN 中所有用户对之间的平均相似性来衡量。

(2) **商品营销中的捆绑销售策略**：将多个商品捆绑在一起打折销售也是一种常见的营销策略。但是，具体选择哪些商品放在一起捆绑销售能带来最大的销售额，可以通过估算每个商品在用户之间的兴趣分布，捆绑有相似分布的商品来决策。

随着网络图数据的快速发展及普及，服务于各个行业的图分析算法及应用也不断涌现。例如，对网页链接图的分析用于网页排序，服务于搜索引擎给用户更精准的网页推荐，对电商网络图的分析用于活跃消费者的购物偏好，服务于电商平台对用户个性化的产品推荐等。

3. 图应用场景下的挑战

(1) **图数据规模大**：随着移动终端的普及以及人类社会活动的不断发展，各类网络平台产生的图数据的规模不断增大。例如，很多网页链接图已经达到数十亿个顶点和数千亿条边[87]。Facebook 在 2021 年 1 月份发布的数据显示，截止到 2020 年第四季度，其社交网络的月活跃用户已经接近 28 亿人。这些用户之间通过好友关系构成的连接边已突破万亿条[88,89]。阿里巴巴电商平台中的图数据也包含数十亿个顶点和数万亿条边[90]。这样大规模的图数据带来的存储开销非常大，如一个包含数千亿条边的图数据，仅仅是存储点边关系的图结构数据，即使采用压缩的存储方式，最少也需要数百 GB 的存储空间。再加上图分析过程中产生的元数据信息或与点边关联的属性信息，存储开销甚至可能达到 TB 级别。这样大的存储开销远远大于目前单机的内存容量。此时就需要借助分布式集群或者单机的外存来存储这些图数据，然后通过机器间的通信，内外存的 I/O 调度来实现图数据的分析处理，加剧了大规模图数据分析的挑战。

(2) **图结构动态变化**：除了图数据规模逐渐增大带来的挑战，图结构数据通常也在不断动态变化，其中包括顶点和边数据的更新变化，如社交网络中注册新用户、用户发布博客，用户之间添加新的好友关系、用户在博客之间相互的评论点赞等，众多场景都会带来图结构数据的更新[91]。一方面，图结构的动态变化给图结构数据的存储带来挑战。为了压缩图数据存储空间，大图的存储往往基于某种压缩格式。在压缩格式存储下，动态图的存储更新开销很大。另一方面，动态图往往面对的是在线实时处理场景，需要实时处理请求，及时返回处理信息。因此，动态图场景下图处理的性能需要得到保证。

(3) **图数据属性丰富**：现实应用场景中的图数据往往都是属性图，即图中的节点和边往往也都关联着丰富的属性信息。这些属性信息往往都是非结构化的数据，数据结构不规范、数据模式不固定，属性图数据的处理场景进一步加剧了图分析的挑战。

现有的图处理系统中大多采用压缩稀疏行（compressed sparse row，CSR）的格式来存储图数据，如图 6.1 所示。基于 CSR 格式的图存储大大降低了存储开销，非常适合静态图的存储。在动态图场景下，当有新的节点或边数据插入或者删除时，CSR 需要重构 CSR 序列和 beg_pos 序列的存储内容。而当不断有增量数据插入时，重构的开销就非常大，无法应对动态图的实时分析场景。现在的图处理系统中往往采用一种快照的方式，将静态图数据与动态插入的增量图数据分开存储。这种方式虽然能很快地插入图数据的更新信息，但是在进行图分析计算时，需要分别访问静态图数据以及动态增量图数据，造成额外的查询开销，影响分析计算的性能。而且随着增量图数据的不断增加，增量图数据维护成本也逐渐增加，存储和计算开销都将变得越来越大。而基于键值的图结构数据存储通用性和适配性强，正成为一种典型的动态属性图的存储管理方式。

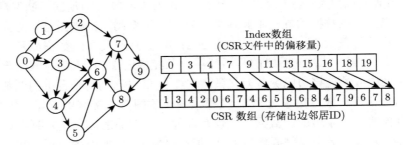

图 6.1　CSR 存储格式

6.2.2　基于键值的图存储管理

近年来，传统的关系型数据库已经无法满足日益复杂的关联数据信息的分析需求。因此，一种重点描述数据之间关系的数据库——图数据库应运而生，图数据库适用于高效处理大量、复杂、互连、多变的数据，计算效率远远高于传统的关系型数据库。现有的图数据库有 Neo4j、Titan、ArangoDB、OrientDB 和 GUN 等。这些图数据库在底层对图数据的存储大致可以分为两类：① 原生图存储，如 Neo4j 采用一种双向链表来存储图数据，将一个节点的所有边数据通过链表索引，从而加速图查询的效率；② 基于通用数据库的图表达，如最主流的方式就是基于键值数据的图存储，即将不同类型的节点和边分别存储为一个集合，每个集合采用键值的方式进行存储。这些图数据库可以很好地支持动态图场景下，节点和边数据的插入，即向对应的集合中增加条目。

资源描述框架（resource description framework，RDF）是一种描述 Web 资源特性及资源之间关系的模型框架。很多现实世界的数据集都使用 RDF 格式来表述，如谷歌的知识图谱和一些公共知识库，包括 DBpedia、Probase、PubChem-RDF 和 Bio2RDF 等。基于 RDF 的图表达是将数据集表示为三元组 ⟨subject, predicate, object⟩ 的集合，这些三元组的集合可以描述成一个带标记的有向图。图 6.2 是根据 LUBM 数据集简化的一个 RDF 图的示例，表示一所大学中的一些关系图。

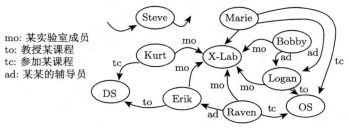

图 6.2　基于 RDF 的图表达

其中，一个圆圈代表一个实体，不同类型的圈表示实体的不同标签，如课题组、课程、学生和教授等。实体间的连接线表示它们的关联关系，如 ⟨Kurt, tc, DS⟩ 表示"学生 Kurt 参加了 DS 课程的学习"，⟨Erik, to, DS⟩ 表示"Erik 教授是 DS 课程的老师"。RDF 图的存储可以有很多存储结构，如关系表存储、三元组存储、基于磁盘的键值存储等，为了更好地结合图计算场景下图数据的访问模式，Trinity.RDF [92] 提出一种基于原生图数据的建模存储，将每个 RDF 实体表示为具有唯一 ID 的图节点，并将其以键值对的形式存储在一个分布式内存键值存储系统中，如图 6.3 所示。键值对由节点 ID 作为键、节点的邻接表作为值组成。邻接表分为两个表，一个是该节点关联的入边的邻接表，一个是该节点关联的出边的邻接表。邻接表中的每个元素都是一个 ⟨谓词，节点 – ID⟩ 对，记录该条边上的邻居的 ID 和对应的谓词。这样在进行图查询时，给定一个节点 ID，就可以找到它任意一个邻居节点的 ID 以及它们之间的关联关系。

但是，在执行图查询时，Trinity.RDF 依赖最终的集中连接，来过滤掉不匹配的结果。例如，在图 6.2 中，查询"参加了 Logan 所教授课程的同学及其导师"，在图探索阶段分别探索了三个三元组模式后，需要一个最终的连接操作来过滤掉不匹配的结果项，即 ⟨Logan, to, OS⟩、⟨OS, tc, Raven⟩、⟨Raven, ad, Eric⟩。已有工作表明，最终的连接操作是系统性能的一个潜在瓶颈，特别是对于具有循环或大型中间结果的查询更为明显。针对这个问题，WuKong [93] 通过创造一些索引节点的方式来辅助查询，分别是谓词索引节点和类型索引节点，如图 6.4 所示。为了避免混淆，这里使用普通顶点来指代主体 (subject)/客体 (object) 顶点。

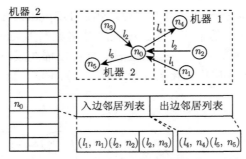

图 6.3　Trinity 的图建模存储

(a) 谓词索引　　ty: 类型　　　　　　(b) 类型索引
　　　　　　　to: 某课程老师
　　　　　　　Prof: 教授

图 6.4　WuKong 中的索引节点

对于带有某个特定谓词的查询模式，如 {?Y teacherOf ?Z}，WuKong 提出使用谓词索引 (P-idx) 来维护某特定谓词的所有主体 (subject) 和客体 (object)，即把谓词当作顶点，主体和客体作为谓词顶点的入边和出边邻居。例如，图 6.4(a) 中，一个谓词索引 teacherOf(to) 链接到所有包含标签 to 的主体 (Erik 和 Logan) 以及客体 (DS 和 OS)，分别作为谓词 to 的入边和出边邻居。这对应于三元组存储方法中的 PSO 和 POS 索引。某些查询中使用特殊谓词类型 (ty) 将属于某一类型的顶点分组，如 {?X type Prof}，WuKong 将此类谓词的客体视为类型索引 (T-idx)。例如，图 6.4(b) 中的类型索引 "Prof" 维护所有教授类型的普通顶点。WuKong 将索引顶点视为 RDF 图的基本部分，并将这些索引节点综合到图的划分和存储当中。这样做有两点好处：① 可以直接从一个索引节点开始探索，使用图探索进行查询的过程变得简单；② 可以高效地将这些索引节点分布到多个服务器上，并行加速搜索。

WuKong 采用一种更细粒度的顶点分解和键值结构设计，在 Key 中加入谓词 (或类型) 和方向。即键值对中的键为 ⟨vid, p/tid, d⟩，值为邻居节点 ID 列表或谓词 (类型)ID 列表。这种细粒度的顶点分解方式不仅能够减少大量的计算和网络开销，还可以构建本地谓词索引，这可以对应于三元组存储方法中的 PSO 和 POS 索引。为了统一存储普通顶点和索引顶点，并采用不同的分区策略，WuKong 将顶点 ID (vid) 和谓词 / 类型 ID (p/tid) 的 ID 映射分离开。vid 的 ID 0 保留给索引顶点，而 p/tid 的 ID 0 和 1 分别保留给谓词和类型索引。图 6.5 展示了部分图结构的存储方式。

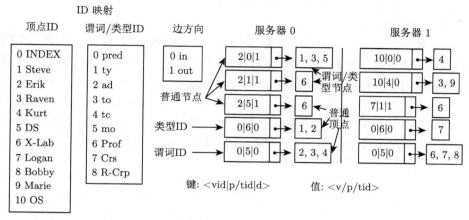

图 6.5 WuKong 中基于谓词的键值存储

该存储格式中，需要根据键中 p/tid 的取值来判断对应的值的意义：① 如果 p/tid = 0，则对应的值为一个谓词 ID 列表；② 如果 p/tid = 1，则对应的值为一个节点类型 ID 列表；③ 否则，对应的值为一个具有特定谓词 p/tid 的普通邻居节点 ID 列表，而某个普通顶点则连接到该列表中的每个节点。

6.3 分布式数据库

因为在关系模型、强事务保证和 SQL 接口方面的优势，关系数据库管理系统 (RDBMS) 广泛应用于传统的应用程序。但是，传统的关系型数据库不具有高可扩展性。因此，在 21 世纪初，互联网应用程序在实际业务中主要采用 NoSQL 系统，如谷歌的 Bigtable [94] 和亚马逊的 DynamoDB [10]。NoSQL 系统放宽了一致性要求，并提供了高可扩展性和可替代的数据模型，如键值数据模型、图和文档数据模型。然而，许多应用程序仍然需要强大的事务处理、数据一致性和 SQL 接口支持，因此 NewSQL 系统开始走上舞台。如 Spanner [95]、CockroachDB [96] 和 TiDB [97] 等 NewSQL 系统能支持在线事务处理 (OLTP) 的读写工作负载和提供事务的 ACID 保证，并且仍保留了 NoSQL 的高可扩展性。本节以 TiDB 为例介绍设计思路。

主流的 NewSQL 系统都采用分层结构设计，最上层是 SQL 计算层，用于提供 SQL 支持，通常兼容主流的 MySQL 协议或 PostgreSQL 协议，以方便用户从传统的关系型数据库中无缝迁移到该系统中。NewSQL 系统下层，通常采用分布式键值存储系统作为底层的存储引擎。以 TiDB 为例，如图 6.6 所示，其系统主要包含三种组件：TiDB、TiKV 和 PD。其中同名的 TiDB 组件是负责处理 SQL 计算的组件，TiKV 组件以键值数据模型存储系统中的数据，PD 组件负责管理集群的状态和数据放置。

为了便于扩展，许多分布式系统采用了 shared-nothing 的设计架构，即系统中的每个节点都是一个配备了独立的 CPU、内存和存储资源的物理节点，每个节点通过网络互联。与其相对的是采用 shared-disk 的设计架构，即所有节点共享相同的中心化数据资源，这种存储系统的优点是能够保证数据的一致性，上层不需要关注数据在底层是如何放置的。但是，这种架构会使得系统的扩展性依赖于底层的数据存储层。TiDB 基于前一类架构所设计，本书主要关注其存储层。

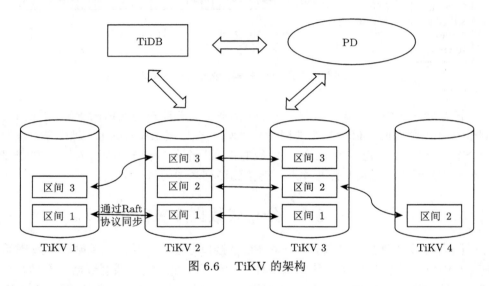

图 6.6　TiKV 的架构

TiKV 是一个分布式的事务型键值存储系统。不同于单机的存储引擎，如 LevelDB[28]、RocksDB[29] 等，其主要关注数据如何分散存放在不同节点上，并且能够实现高可扩展和高可靠，图 6.6 展示了 TiKV 的系统架构。为了便于扩展，TiKV 将键值数据按照键的取值分成多个范围区间（region），region 包含的键范围和其所在节点信息记录在 TiKV 的元数据节点 PD (placement driver) 中，客户端可以通过在 PD 中查找数据所在 region 对应的 TiKV 节点信息，然后再与对应的 TiKV 节点进行交互。每个 region 的大小有限，若超过设定的阈值，就会触发分裂操作，TiKV 中这个值设置为 96MB，而 CockroachDB 中则是 64MB，这个值的设置依据是：一方面要使得每个 region 足够小，从而便于数据能够快速在节点间迁移；另一方面 region 也要足够大，从而保证数据的访问局部性。系统初始时只有几个 region，随着数据不断写入，region 会不断分裂，因此系统中的 region 个数增加。TiKV 将 region 均匀分散到不同节点上，避免某些节点存放过多数据，从而保证系统存储容量能够实现水平扩展。为了保证数据的可靠性，TiKV 为每个 region 生成多个副本，存放在不同的节点上，并且同一个 region 的不同副本构成一个 raft group，通过 Raft 协议[98]保证数据的一致性。region 中的一个副本会被选举为 leader，用于响应读写请求，其他副本作为 follower，用于同步从 leader 发来的数据。

每个 TiKV 节点内的 region 数据存放到底层的单机存储引擎中。TiKV 基于 WiscKey[16]的键-值分离思想，在 RocksDB 基础上，设计了高性能单机键值存储引擎插件 Titan，用于存放节点内的数据。当键值数据的值较大时，Titan 在写、更新和点查询等场景下的性能都优于 RocksDB。但与此同时，Titan 会占用更多外存空间，也会损失范围查询的部分性能。但随着 SSD 价格的降低，不断部署在存储系统中，其支持高并发访问，访问带宽高，延迟短，使得 Titan 的优势更加明显。

PD 是负责管理 TiKV 集群的组件，除了负责保存集群中的元数据信息，还负责定期检查集群的状态，并且根据系统负载，对集群中的副本放置进行调整。为了能够监控集群，PD 定期收集节点和每个 region 的 leader 状态信息，如前一个周期内用户请求的吞吐量信息等。当发现某个节点的吞吐量超出所有节点平均吞吐量的一定阈值时，PD 尝试将该节点的部分 region 迁移到其他节点，从而改善系统的不均衡状态。

6.4　本章小结

本章主要结合一些典型的开源系统介绍了键值存储的典型应用。具体而言，本章首先简要介绍了键值存储引擎自身的开源系统，包括单机的键值存储引擎 LevelDB 和 RocksDB 等，以及分布式键值存储系统 Cassandra 和 TiKV 等。然后针对图处理和数据库这两类典型应用，分别介绍了键值存储的具体应用。针对图处理系统，首先介绍了图分析的场景与图存储的挑战，然后介绍了如何采用键值模型管理图数据的存储结构；针对分布式数据库系统，主要结合 TiKV 介绍了当前主流 NewSQL 数据库的底层键值存储引擎设计。

第 2 篇
基于纠删码的容错存储

第 7 章　容错存储系统

7.1　海量数据存储

7.1.1　数据规模

随着信息技术在经济社会中的广泛应用，人们的网络购物、上传照片视频、更新社交网络、移动支付等行为每时每刻都在产生大量数据。特别是近年来，数据呈现指数型增长。以天猫双十一购物节[99]为例，自 2009 年启动以来，瞬时交易峰值每年都创出新高。2018 年 11 月 11 日零点时刻，交易创建峰值达到 49.1 万笔/秒，而 2009 年首个双十一的交易峰值仅为 400 笔/秒，十年增长了 1227 倍[100]。2016 年，在全球范围内采集、创建和复制的所有新数据总和为 16.1 ZB[101]，而 2018 年增长至 33 ZB[102]。国际著名数据公司 IDC 预测，2018~2025 年全球每年创建的数据量还将以 27% 的速度增长，2025 年将增至 175 ZB，如图 7.1 所示[102,103]。而我国的数据量增长最为迅速，平均每年的增长速度比全球快 3%。2018 年，中国新增数据占全球的 23.4%，预计到 2025 年将占全球新增数据的 27.8%，我国将成为全球最大的数据产地[104]。

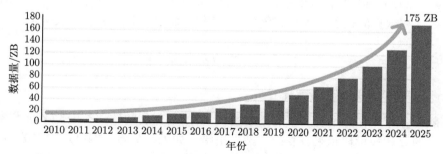

图 7.1　全球每年数据增量[103]

数据与国计民生息息相关，正日益对个人、企业、国家产生重要影响。2015 年国务院发布了《促进大数据发展行动纲要》[105]，将大数据上升为国家基础性战略资源。由此可见，数据驱动着创新发展，已成为重要资源。而存储系统是数据的载体，如何对海量数据进行高可靠的存储，以及高效的访问，都给当前存储系统带来了挑战，也成为科学研究与系统实现技术亟待解决的问题。

7.1.2 大规模数据存储系统

存储系统承载数据，是信息平台、网络信息安全的核心基础设施。随着数据的增长，存储系统的规模也不断扩大。用于大规模存储的系统主要包括磁盘阵列存储系统和分布式存储系统。

磁盘阵列存储系统：磁盘阵列（redundant array of independent disks, RAID）[106] 通过将多个独立的存储设备（机械硬盘、固态硬盘等）组织成一个逻辑上存储空间连续的磁盘组，相对单个磁盘而言，可提供给单机存储系统更大容量的存储空间，以及更高的并发访问带宽。目前，磁盘阵列技术广泛应用于存储服务器，典型的大容量磁盘阵列存储系统产品有华为 OceanStor 系列[107]、EMC VNX 系列[108] 和 NetApp DE6600[109] 等。国际数据公司 IDC 发布的报告[110] 显示，2018 年第三季度，全球企业存储系统市场规模达到 140 亿美金，同比增长 19.4%，总存储容量出货量同比大幅增长 57.3%，达到 113.9 EB（1 EB = 10×10^8 GB）。

分布式存储系统：在数据海量增长的背景下，单台存储服务器已不能满足大规模存储应用的需求。分布式存储系统（distributed storage system）以网络技术为基础，将数据分布在多个独立的机器（也称为节点）上，实现更大规模的存储。在数据中心、云服务存储等场景下，分布式存储系统得到了广泛的应用。2017 年全球仅云存储市场规模已达 307 亿美元，国际市场研究机构 MarketsandMarkets 预测，2022 年将增长至 889.1 亿美元[111]。常见的分布式存储系统有 HDFS[112]、Azure[113] 和 Ceph[114] 等。以典型的分布式存储系统 HDFS 为例，系统包含一个主节点（namenode）和多个数据节点（datanode）。主节点存储管理文件操作的元数据（如数据的位置、大小、创建时间等），而数据节点则存储数据。

7.2 容错存储系统

7.2.1 存储系统容错的重要性

随着分布式存储系统规模的不断增大，其所需部署的软件和硬件不断堆叠,存储系统的设计和管理越来越复杂，部件出错（如磁盘故障、网络连接失效和软件崩溃）成为常态。例如，Sathiamoorthy 等[115] 研究了 Facebook 公司中一个具有 3000 个节点的集群在一个月内的节点失效事件，如图 7.2 所示，发现节点失效每天都在发生，并且一天最多有近 110 个节点发生故障。

存储系统出错将造成巨大的经济损失以及社会负面效应。例如，2017 年 2 月 28 日，AWS 的 S3 云存储服务因操作失误宕机 4 小时[116]，导致 Git-Hub、Adobe、Quora 等无法正常提供服务[117]，造成的损失达 1.5 亿美元[118]。根据 EMC 公司的报告[119,120]，2018 年，全球有 41% 的组织遭受过计划外系统宕机，平均每次宕机持续 20 小时，造成 52.6 万美元的损失；28% 的组织遭受过数据丢失，平均每次丢失 2.13 TB 数据，造成 99.5 万美元的损失。而 2018 年我国 29% 的组织经历过宕机，平均代价 86.3 万美元，26% 的组织经历过数据丢失，平均代价 126.9 万美元[121]。因此，存储系统必须提供可靠性保障，以保证在出现故障时数据不丢失，且服务不能中断。可靠性保障是存储系统最基本的要求，研究存储系统的可靠性技术与容错机制，对于构建大规模存储系统有着重要的意义。

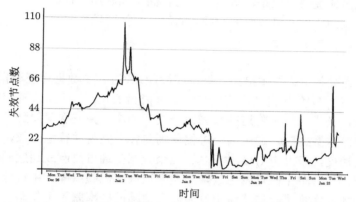

图 7.2 由 3000 个节点组成的 Facebook 集群一个月内失效节点数统计[115]

7.2.2 容错存储技术概要

为保证存储系统的可靠性，需要对数据进行容错。数据容错的核心思想是利用原始数据生成冗余数据，将原始数据与冗余数据共同存储在系统中，使得系统在发生故障的情况下，可以利用原始数据与冗余数据来恢复丢失的数据。在实际存储系统中，数据容错策略的选择，如如何利用原始数据生产冗余数据、如何放置数据及其冗余、如何利用所存储的数据恢复丢失的数据等，将直接影响系统的存储开销、数据可靠性、故障修复代价、访问延迟及带宽等性能指标。容错存储的主要方法有多副本（replication）[122]、纠删码（erasure codes，EC）[123] 和再生码 (regenerating code, RC)[124]。而在实际存储系统中实现的基本是多副本和纠删码。

7.3 主流容错存储技术简介

7.3.1 多副本

副本是最简单的产生冗余数据的方式。当用户写入数据时，存储系统在保存数据的同时，会往不同的磁盘写入一份或多份该数据的副本。一个冗余度为 c 的复制策略是将原始文件复制成 c 个副本，分发到 c 个不同的存储节点中，每个节点保存一个备份。当某个磁盘发生故障时，系统一方面可以从存活节点上读取数据，服务用户请求；另一方面可以将存活节点上的数据复制到其他节点来保证数据的可靠性。对于单个数据中心，通常以三副本存储策略作为容错标准，即将数据复制三份，分别存放在三个不同的磁盘（或节点）上。采用三副本的方式能容任意两个磁盘（或节点）故障，具有较高的数据可靠性。同时，所有副本都能够支持 I/O 并发访问。因此，基于副本策略的容错存储系统数据访问性能高，而且故障数据恢复速度快。但是，副本容错的存储空间利用率低。以三副本策略为例，空间利用率仅为 1/3，即增加了 200% 的额外存储开销。

7.3.2　RAID

RAID 通过条带化技术提高数据访问性能，通过冗余数据保证数据可靠性。条带化是一种将 I/O 负载自动均衡到多个物理磁盘的技术。当某段连续的数据存入磁盘阵列时，条带化技术将这些数据切分成多个块，并依次存储到多个物理磁盘中。当访问这些数据时，通过多个进程分别向各个磁盘并行地读取，可极大地加快数据访问速度，即提高 I/O 并行性。冗余数据是通过复制或纠删码编码等方式产生的数据。尽管单个磁盘发生故障的概率很低，但磁盘阵列中可能有成百上千个磁盘，在如此大规模存储系统中发生磁盘故障的概率就不可忽略。因此磁盘阵列通常会额外存储冗余数据，通过牺牲用户的正常存储空间，来换取数据的可靠性，从而提高存储系统可靠性。

在 RAID 中增加冗余数据有几种不同的方法，构成了不同的 RAID 级别。下面分别介绍 RAID 各个级别的一些技术细节。

（1）**RAID 0**：在所有 RAID 级别中，RAID 0 数据组织结构最为简单。它只采用了条带化技术，将连续的数据切分为多个块，依次存储到磁盘组中。访问数据时，利用多个进程并行地访问多个磁盘，加快了数据的访问速度，显著地提高了整个存储系统的读写性能。然而，RAID 0 并没有保存冗余数据。磁盘组中任何磁盘发生故障，其中的数据都无法得到恢复。因此，尽管 RAID 0 空间利用率最高，却没有数据容错能力，部署在磁盘阵列中是极度不可靠的。在对数据可靠性有较高要求的应用场景中，需要部署更高的 RAID 级别。图 7.3 是 RAID 0 的示例。

（2）**RAID 1**：RAID 1 通过数据镜像的方式产生冗余数据，即当任何一块数据写入磁盘时，都会将该数据同时写入它的镜像磁盘中。当某个磁盘发生故障时，通过读取相应的镜像磁盘的数据，可修复该故障磁盘。因此，RAID 1 具有较高的数据可靠性。RAID 1 系统中的磁盘两两一组，互为镜像，存储空间利用率只有 50%，在所有 RAID 级别中，其存储空间利用率是最低的。RAID 1 没有采用条带化技术，但 RAID 1 的每一份数据都保存在了两个磁盘中，当用户密集访问时，两个磁盘可同时响应用户请求，因此 RAID 1 具有较高的访问性能。总之，RAID 1 适合部署在对数据可靠性要求较高、存储空间较为充足的应用场景中。图 7.4 是 RAID 1 的示例。

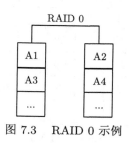

图 7.3 RAID 0 示例

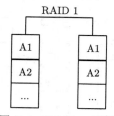

图 7.4 RAID 1 示例

（3）**RAID 2**: RAID 2 与 RAID 0 类似，实现了条带化技术，但它将数据按位或者按字节进行分割，因此条带化的粒度更细。同时，RAID 2 引入了汉明码（Hamming Code），提供了一定的错误检查和故障修复能力。但由于汉明码本身的特点，RAID 2 在实际部署时较为复杂，且空间利用率和读写性能都较为一般，已经逐渐被新的技术所取代。

（4）**RAID 3**: RAID 3 与 RAID 2 采用了相同的条带化粒度，即按位或字节对连续的数据进行分割，并分别存储到磁盘组中。与 RAID 2 不同，RAID 3 采用更为简单的奇偶校验，代替了较为复杂的汉明校验。尽管校验的计算更为简单，但它将校验数据全部存储在单个校验磁盘上。由于每个写操作都会引起校验数据的更新，校验盘会成为整个存储系统的瓶颈，因此 RAID 3 已很少部署到商业存储系统中。

（5）**RAID 4**: RAID 4 是在 RAID 3 基础上的一种改进技术。RAID 4 在条带化时采用了更粗的粒度，它按照块的方式对连续数据进行分割，1 个块通常包含 512 或 512 的整数倍字节。更粗的条带化粒度增加了读写的连续性，减少了磁盘寻道时间，因此读写性能更好。但 RAID 4 的校验数据同样只保存在单个校验盘中，并没有解决校验盘成为性能瓶颈这一问题。图 7.5 是 RAID 4 的示例。

（6）**RAID 5**: RAID 5 以块为单位进行条带化，提高了 I/O 并行性，且单个磁盘连续读写的性能较好。RAID 5 通过奇偶校验的方式计算校验数据，提供了一定的容错能力。为了解决校验盘成为性能瓶颈这一问题，RAID 5 通过轮转的方式，将校验块依次存入各个磁盘，维持了校验数据读写的负载均衡。与 RAID 0 相比，RAID 5 由于存储了校验数据，空间利用率更低，但增强了数据可靠性。与 RAID 1 相比，RAID 5 的访问性能更低，但空间利用率大大提高。与 RAID 2 相比，RAID 5 计算校验数据的方式更为简单高效。同时，RAID 5 解决了 RAID 3 和 RAID 4 都存在的校验盘瓶颈问题。因此，RAID 5 是在数据可靠性、读写性能和空

间利用率等指标中最为均衡的技术方案，得到了广泛的应用。图 7.6 是 RAID 5 的
示例。

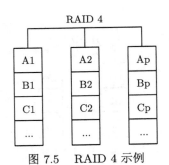

图 7.5   RAID 4 示例

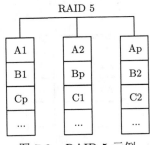

图 7.6   RAID 5 示例

（7）**RAID 01**：RAID 01 同时结合了 RAID 0 和 RAID 1 两种技术。整个
RAID 系统分为两层结构，内层采用 RAID 0 技术，通过条带化增强了系统的读
写性能；外层采用了 RAID 1 技术，通过数据镜像的方式保证了数据的可靠性。
RAID 01 的空间利用率同样只有 50%，使用成本较高。同时，RAID 01 的可扩展
性较差，适合部署在小规模磁盘阵列系统中。图 7.7 是 RAID 01 的示例。

（8）**RAID 6**：上述 RAID 级别有的提供了一定的容错能力，但最多只能容
一个磁盘故障。当同时有两个磁盘发生故障时，数据将会永久地丢失。然而，随
着存储系统规模增大，两个磁盘同时故障是极有可能发生的。为了使系统能够容
忍两个磁盘出错，设计了 RAID 6。它包含了两组独立的奇偶校验码，当任意两个
磁盘发生故障时，数据依然可以恢复。RAID 6 的编码主要有 RDP、EVENODD
和 X-码，参见第 2 章。RAID 6 继承了 RAID 5 的许多优良性质，读写性能
高，空间利用率高，且数据可靠性更强，广泛地部署在商业存储系统中。图 7.8 是
RAID 6 的示例。

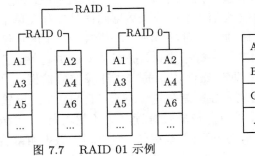

图 7.7   RAID 01 示例

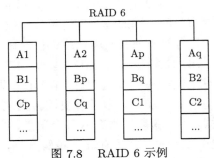

图 7.8   RAID 6 示例

目前，RAID 5、RAID 6、RAID 01 等级别都已经是十分成熟的技术方案，广
泛应用于工业界的 RAID 系统中。

  随着磁盘容量的飞速发展，当发生磁盘故障时，RAID 的重构时间越来越长。NetApp 公布的一份报告显示，空闲的存储系统重构一个 2TB SATA 7200-RPM 的磁盘需要花费 12.8 小时。当在线重构故障磁盘的数据时，由于需要同时响应前端应用的业务请求，重构时间会进一步增加。重构时间的增加会造成两个问题：一方面，对重构数据的访问需要使用降级读的方式，I/O 性能较低；另一方面，若在重构过程中再次发生磁盘故障，可能会造成数据的永久丢失。

  为了解决传统 RAID 技术重构速度慢和资源调度不灵活的缺点，提出了 RAID 2.0 架构。图 7.9给出了 RAID 2.0 的结构图。在 RAID 2.0 中，每个硬盘将物理地址按照固定大小划分成若干连续的存储空间，记作存储块（chunk，CK）。随机挑选来自不同磁盘的 CK，按照 RAID 策略（如 RAID 5、RAID 6 等）组成存储块组（chunk group，CKG）。在 CKG 中划分成若干小数据块（extent），来自不同 CKG 的 extent 构成一个存储单元（LUN），可以直接映射给主机读写。当发生磁盘故障时，RAID 2.0 以 CK 为粒度进行数据重构，CK 的大小一般不小于 64MB。同时，RAID 2.0 不会额外设置一些空白的磁盘作为热备盘，而是在每个磁盘上预留一些 CK 作为热备空间。重构故障数据时，RAID 2.0 可以并行地从所有存活磁盘上读取数据，并将重构数据并行写到多个存活磁盘的热备空间。而传统 RAID 则是从固定的几个磁盘上读取数据，将重构数据全部写到一个热备盘。相较于传统方式，RAID 2.0 提高了重构任务的并行度，极大地缩短了重构时间。

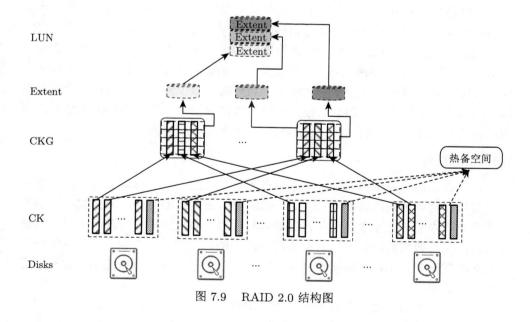

图 7.9 RAID 2.0 结构图

7.3.3 纠删码

纠删码将一些原始数据块编码生成额外的校验数据块,由此产生冗余数据,达到数据容错的目的。具体而言,(k, m)-纠删码对 k 个原始数据块进行编码,生成 m 个校验数据块,$k + m$ 个原始数据块和校验数据块形成一个条带,$k + m$ 称为条带的宽度。同一个条带中的数据块被分散到 $k + m$ 个存储节点中,每个节点保存 1 个块。当数据块丢失时,可以读取同一条带中的数据块,解码出丢失的数据块。(k, m)-纠删码的数据冗余度为 $(k + m)/k$。在达到相同容错能力的前提下,纠删码比副本策略大大节省了存储空间,但其存储方式更为复杂,编解码过程会产生计算开销,同时修复过程会产生大量的网络传输开销。因此,基于纠删码的容错存储系统发生故障时,前端应用的响应性能稍差,且故障数据恢复速度慢。

若一个 (k, m)-纠删码满足:可以通过同一个条带中的任意 k 个数据块,解码出该条带中的任何一个数据块,则称此纠删码为最大距离可分码 (maximum distance separable code,MDS 码)。MDS 码在同等存储开销下,具有最强的容错能力,目前部署应用最为广泛的 Reed-Solomon(RS)编码便是 MDS 码的一种,它在节省存储开销的同时,具有相对简单的编解码流程以及高容错性。目前包括 Hadoop、Ceph 等在内的分布式系统都使用 RS 码作为一种冗余存储策略,RS 码也在通信系统、光盘设计等其他方面有一定的应用价值。

非 MDS 的纠删码相对于 MDS 码存储开销更大,容错性能更差,但在其他方面的性能有所提升,如具有更少的修复数据传输、更快速的解码计算等。此类纠删码中典型的例子是局部可修复编码(locally repairable codes,LRC)。LRC 将校验数据块分为全局校验块和局部校验块,当系统出现单个磁盘或单个存储节点故障时,LRC 可以仅使用局部校验块和较少的数据块来完成修复。因为存储系统的故障大多为单磁盘(或节点)故障,这样通过减少修复所需的数据块数量以降低网络传输的数据量。而全局校验块则在多故障情形下参与解码,保证系统仍有较强的容错性。微软的 Azure 系统便是 LRC 的应用实例之一。

7.3.4 再生码

再生码 (regenerating code, RC) 是纠删码中一类特殊的编码方案,其概念源于计算机网络中的网络编码 (network coding)。在网络编码中,除去发送节点和接收节点,中间节点在承担路由任务的同时,也会对数据进行编解码,以达到最小化网络传输数据量的目的。通过将网络编码的理论应用在纠删码上,再生码可以在编码的存储开销以及编码的网络传输开销之间进行权衡,以选出符合不同需求的编码方案。

目前,主要的再生码大致分为两类:①编码在最小化存储开销的同时,尽可能降低修复流程的网络传输开销,这类纠删码称为最小存储再生码 (minimumstorage regenerating code, MSR 码)；②编码在最小化修复流程网络传输开销的同时，尽可能降低存储开销，这类纠删码称为最小带宽再生码 (minimum-bandwidth regenerating code, MBR 码)。再生码能够在存储和网络带宽开销上取得优于一般冗余策略的性能。再生码编码复杂度高，在系统中部署相对复杂。目前有关再生码的研究成果不少，但鲜见在实际存储系统中有部署。所以，本书不介绍此方面的成果。

7.4 本 章 小 结

本章主要介绍了容错存储的基础知识，并对相关的研究工作进行了总结。具体而言，本章首先介绍了数据增长对存储系统发展的影响，尤其是海量数据的高可靠存储和高效访问对存储系统可靠性所带来的挑战。为了保证大规模存储系统的可靠性，本章介绍了当前主流的数据容错存储技术、多副本、RAID 技术、纠删码和再生码。从冗余数据的产生方式、存储开销、容错能力、故障修复性能和访问延迟等方面对这些容错技术进行了归纳总结，概述了近年来容错存储相关的研究工作。

第 8 章　RDP 编码单磁盘故障修复过程优化

RDP 码是一种最为常用的 RAID 6 编码，它通过编码产生两类不同的校验数据，从而保证在不超过两个磁盘同时故障时，数据不会丢失。然而，在实际的阵列存储系统中，单个磁盘发生故障的概率要远大于两个磁盘同时故障的概率。针对 RDP 码的单盘故障，传统故障修复算法仅利用单类校验数据进行修复，需要读取系统中几乎所有存活磁盘中的数据。本章提出了一种混合修复方法 RDOR-RDP，该方法综合利用 RDP 码的两类校验数据，共同修复单个故障盘中的数据，通过最大化修复过程中重复读取的数据块，来最小化读取的数据量，加快恢复速度。本章证明了 RDOR-RDP 达到了单个故障磁盘修复过程中，数据读取量的理论下界和负载均衡。数值分析表明，相比于传统单盘故障修复算法，RDOR-RDP 算法在修复过程中所需的数据读取量减少了近 25%。模拟实验结果表明，相比于传统的单盘修复算法，平均磁盘访问时间减少了 15.16% ~ 22.60%，总修复时间减少了 5.72% ~ 12.60%[125]。

本章的方法为加快基于纠删码容错存储中故障恢复提供了崭新的思路，本章提供的实验结果是基于磁盘构成的 RAID 6 系统完成的，修复时间减少的比例比 25% 小很多的原因有：①RDOR-RDP 破坏了访问磁盘的连续性；② 向单个备份盘上写重构数据与传统方法相同；③ 在 RAID 系统中，数据传输延迟很小。在后续研究中，将本章方法应用于由网络连接的数据中心，外存设备换成固态硬盘，并采用多盘写入重构数据的环境下，实验结果表明，RDOR-RDP 可以将重构时间缩短 20% 以上。

8.1　RDP 码简介

RDP 码的编码算法基于一个大小为 $(p-1) \times (p+1)$ 的编码阵列 (即为存储系统中的一个条带)，其中 p 为大于 2 的素数。编码阵列中的一列可视为阵列存储系统中的一个磁盘，其中前 $p-1$ 列为数据列，用于存放原始数据；后两列为校验列，用于存放冗余校验数据，阵列中的两列校验列分别称为行校验列和对角线校验列。参见图 8.1，用符号 $d_{i,j}$ 来表示阵列中第 j 列的第 i 块数据，行校验列 (即第 $p-1$ 列) 中存放的行校验块 $d_{i,p-1}$ 是第 i 行中所有原始数据块的异或；对角线校验列 (即第 p 列) 的对角线校验块 $d_{i,p}$ 是对角线 i 上所有原始数据块和行校验块 $d_{r,j}$(即满足 $r+j \equiv i \bmod p$) 的异或。RDP 码的行校验块和对角线校验块的具体构造如公式 (8.1) 所示，其中 $<i+j>_p$ 定义为一个整数 r，使得 $0 \leqslant r \leqslant p-1$ 且 $r+j \equiv i \bmod p$。

$$d_{i,p-1} = \bigoplus_{j=0}^{p-2} d_{i,j}, \quad d_{i,p} = \bigoplus_{j=0}^{p-1} d_{<i+j>_p,j} \tag{8.1}$$

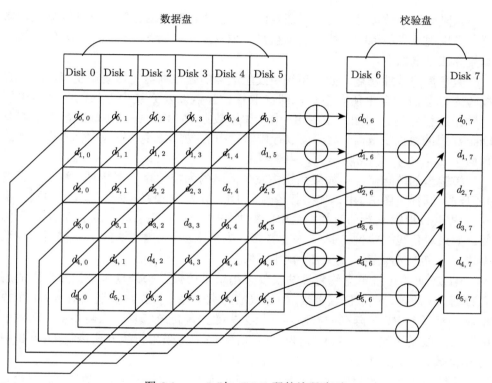

图 8.1　$p=7$ 时，RDP 码的编码阵列

图 8.1 显示了 $p=7$ 时，RDP 码的编码阵列。在图 8.1中，前 6 个磁盘 Disk 0 到 Disk 5 为数据盘。Disk 6 为行校验盘，用于存放行校验块，例如，$d_{0,6}$ 是第 0 行所有的原始数据块 $d_{0,0}, d_{0,1}, \cdots, d_{0,5}$ 的异或。Disk 7 为对角线校验盘，用于存放对角线校验块，例如，$d_{0,7}$ 是对角线 0 ($d_{i,j} | i + j \equiv 0 \bmod 7$) 上的所有数据 $d_{0,0}, d_{5,2}, d_{4,3}, d_{3,4}, d_{2,5}, d_{1,6}$ 的异或。

由 RDP 码的编码方式可知，对角线 $p-1$ 上的数据块 $d_{i,j}$(即满足 $i + j \equiv (p-1) \bmod p$) 没有参与生成对角线校验块，下面称该条对角线为 "缺失对角线"。例如，在图 8.1 中，对角线 6 上的数据块为 $d_{0,6}, d_{1,5}, d_{2,4}, d_{3,3}, d_{4,2}, d_{5,1}$，这些数据块没有参与生成对角线校验块。RDP 编码通过在系统中存放行校验数据和对角线校验数据，来保证两个磁盘同时发生故障时，可以成功重构出故障盘中的所有数据块。此外，RDP 编码在编解码计算复杂度、数据更新计算复杂度以及存储效率上均达到了理论最优。

8.2　RDP 码传统的单盘故障恢复方法

当磁盘发生故障时，为了保证数据不被丢失，需要对故障盘中的数据进行修复。当出现单盘故障时，按照故障盘是数据盘还是校验盘，传统的 RDP 码故障修复算法分别如下。

数据盘的故障修复：如果系统中发生故障的是数据盘，传统修复算法利用行校验来修复故障盘中所有数据，即读取行校验盘以及系统中存活的数据盘中所有数据进行修复。例如，在图 8.1 中，如果数据盘 Disk 0 发生故障，为了修复 Disk 0 中的数据块 $d_{0,0}$，需要读取行校验盘中的数据块 $d_{0,6}$ 以及存活数据盘中的数据块 $d_{0,1}, d_{0,2}, d_{0,3}, d_{0,4}, d_{0,5}$，用于修复。

校验盘的故障修复：如果系统中发生故障的为校验盘，则修复算法等同于编码算法。同样在图 8.1 中，如果行校验盘 Disk 6 发生故障，为了修复其中数据块 $d_{0,6}$，需要读取第 0 行所有数据盘中的数据块 $d_{0,0}, d_{0,1}, d_{0,2}, d_{0,3}, d_{0,4}, d_{0,5}$，用于修复；如果对角线校验盘 Disk 7 发生故障，为了修复其中数据块 $d_{0,7}$，需要读取数据块 $d_{0,0}, d_{5,2}, d_{4,3}, d_{3,4}, d_{2,5}, d_{1,6}$，用于修复。

RDP 码的传统单盘修复算法仅仅采用单个校验盘来修复单个故障盘中的所有数据。一般地，对于任意素数 p，修复故障盘中每个数据块需要读取 $p-1$ 个数据块，而每个 RDP 阵列中有 $p-1$ 块丢失数据，传统修复算法需要从存活磁盘中读取的数据块数为 $(p-1)^2$。例如，在图 8.1 中，采用传统方法修复 Disk 0 中的 6 个数据，则需要读 $(7-1)^2 = 36$ 块数据。

传统单盘故障恢复方法的不足：由 RDP 码的编码方式可知，数据盘和行校验盘中的数据块既参与行校验的编码，也参与对角线校验的编码，即这些数据块既可以通过行校验进行修复，也可以由对角线校验进行修复。以图 8.1 为例，数据盘 Disk 0 中的数据块 $d_{0,0}$ 既可以通过行校验修复，即读取原始数据块 $d_{0,1}, d_{0,2}, d_{0,3}, d_{0,4}, d_{0,5}$ 和行校验块 $d_{0,6}$ 进行修复；也可以通过对角线校验修复，即读取原始数据块 $d_{5,2}, d_{4,3}, d_{3,4}, d_{2,5}$、行校验块 $d_{1,6}$ 和对角线校验块 $d_{0,7}$ 进行修复。对于行校验盘 Disk 6 中的数据块 $d_{1,6}$ 既可以通过行校验来修复，即读取数据块 $d_{1,0}, d_{1,1}, d_{1,2}, d_{1,3}, d_{1,4}, d_{1,5}$ 进行修复，也可以通过对角线校验读取 $d_{0,0}, d_{5,2}, d_{4,3}, d_{3,4}, d_{2,5}, d_{0,7}$ 进行修复。

图 8.2 给出了另一种恢复故障盘 Disk 0 中 6 个数据块的方案，其中 $d_{0,0}, d_{1,0}, d_{2,0}$ 用行校验修复，$d_{3,0}, d_{4,0}, d_{5,0}$ 用对角线校验修复。选择行校验修复时，需要读取的数据块用"○"来表示，选择对角线校验修复时，需要读取的数据块用"□"

来表示。在图 8.2 中，有 9 个数据块 $d_{0,3}, d_{0,4}, d_{0,5}, d_{1,2}, d_{1,3}, d_{1,4}, d_{2,1}, d_{2,2}, d_{2,3}$ 同时标注 "○" 和 "□"，需要读取两次，如果这 9 块数据在第一次读取时，存放在内存中，则需要从存活磁盘中读取的数据块数目将为 $36 - 9 = 27$，而传统修复算法需要从存活磁盘中读取 36 块数据，该方法将需要从存活磁盘中读取的数据量减少了 1/4。由此可见，同时利用行校验与对角线校验来恢复单盘故障，可以大幅度降低故障恢复过程中从磁盘读取的数据量，缓解 I/O 压力，加快故障磁盘恢复速度。

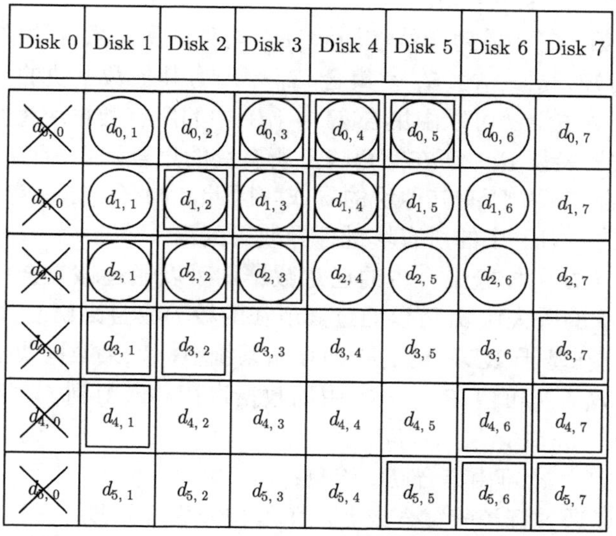

图 8.2 $p = 7$ 时，故障盘 Disk 0 的另一种恢复方法

8.3 行校验与对角线校验混合的单盘故障恢复方法

针对 RDP 编码中的单磁盘故障，本节介绍一种结合 RDP 码的两类校验的混合修复思想，目标在于减少修复过程中从存活磁盘读取的数据量。主要内容有：①理论上分析了单磁盘故障修复过程中，数据读取量的理论下界。②为了保证修复过程中各存活磁盘的负载均衡，理论上给出了修复过程中从各存活磁盘读取等量数据的充分条件。③介绍了一种新颖的混合修复算法：RDOR-RDP(row diagonal optimal recovery of RDP)，该算法在修复过程中的数据读取量达到理论下界，并且从各存活磁盘读取等量数据进行修复。

8.3.1 问题描述

前面指出，故障盘 (除对角线校验盘) 中的数据块既可以由行校验修复，也可以由对角线校验修复，为了便于描述这两种不同的修复方式，首先给出校验集合的定义。

定义 8.1　(1) 行校验集合 R_i：$R_i = \{d_{i,r}|0 \leqslant r \leqslant p-1\}(0 \leqslant i \leqslant p-2)$；(2) 对角线校验集合 D_j：$D_j = \{d_{i,r}|(i+r) \equiv j \bmod p, 0 \leqslant i \leqslant p-2, 0 \leqslant r \leqslant p\}(0 \leqslant i \leqslant p-2)$。

由定义 8.1可知，行校验集合 R_i 为行校验块 $d_{i,p-1}$ 以及所有参与生成 $d_{i,p-1}$ 的原始数据块所构成的集合；对角线校验集合 D_j 为对角线校验块 $d_{j,p}$ 以及所有参与生成 $d_{j,p}$ 的原始数据块所组成的集合。其中每个校验集合中有 p 个元素，即 $|R_i| = |D_j| = p(0 \leqslant i \leqslant p-2)$。

由于 R_i 为第 i 行中除对角线校验块 $d_{i,p}$ 之外的所有数据块的集合，由 RDP 码的编码方式可知，$d_{i,p-1} \in R_i$ 是集合 R_i 中所有其他数据块的异或。因此，给定任意数据块 $d \in R_i$，d 可以由集合 $R_i - \{d\}$ 中的所有数据块进行异或得到。同样 D_j 是对角线校验块 $d_{j,p}$ 所在对角线上所有块的集合，由 RDP 码的编码方式，$d_{j,p} \in D_j$ 是集合 D_j 中所有其他块的异或。因此，同样给定任意数据块 $d \in D_j$，d 可以由集合 $D_i - \{d\}$ 中的所有块进行异或得到。

由定义 8.1可知，校验集合中的任意数据均可以通过该集合中数据块进行修复，因此对于任意的丢失块 d，可以通过其所在的校验集合来修复，即引理 8.1成立。

引理 8.1　在基于 RDP 码的阵列存储系统中，如果数据块 d 丢失，

(1) 若 $d \in R_i$，d 可由 $R_i - \{d\}$ 中的数据进行异或得到 (以下简称 d 可由集合 R_i 修复)；

(2) 若 $d \in D_j$，d 可由集合 D_j 修复；

(3) d 仅可以通过行校验集合或者对角线校验集合修复。

以图 8.1为例，$p = 7$ 时，$R_0 = \{d_{0,0}, d_{0,1}, d_{0,2}, d_{0,3}, d_{0,4}, d_{0,5}, d_{0,6}\}$，$D_0 = \{d_{0,0}, d_{5,2}, d_{4,3}, d_{3,4}, d_{2,5}, d_{1,6}, d_{0,7}\}$。$d_{0,0} \in R_0$ 并且 $d_{0,0} \in D_0$，则 $d_{0,0}$ 既可以由行校验集合 R_0 修复，也可以由对角线校验集合 D_0 修复。$d_{0,6} \in R_0$ 但是 $d_{0,6} \notin D_j(0 \leqslant j \leqslant p-2)$，所以 $d_{0,6}$ 仅可以由行校验集合 R_0 修复。

任意磁盘的故障修复可能存在多种修复方式的组合，图 8.3给出了 $p = 7$ 时系统中任意丢失块的可选修复方式，图中采用一组数值对来表示该数据块所对应的校验集合，其中第一个数值为该数据块所属的行校验集合的下标，第二个数值为该数据块所属的对角线校验集合的下标。

由于对角线校验盘 Disk 7 中的对角线校验块只可以由对角线校验集合来修复，不能通过行校验集合修复，因此该磁盘中所有块的行校验集合下标标注为"n"；缺失对角线 $p-1$ 上的数据块只可以由行校验集合修复，因此该对角线上的数据块所对应的对角线集合下标同样标注为"n"。

在图 8.3中，处于第 3 行第 2 列的数值对 (2:3) 表示其所对应的数据块 $d_{2,1}$ 属于行校验集合 R_2 和对角线校验集合 D_3；处于第 2 行第 6 列的数值对 (1:n) 表

示其所对应的数据块 $d_{1,5}$ 仅属于行校验集合 R_1。可以看出，在图 8.3 中，修复磁盘 Disk 0 中的 6 块数据 $d_{i,0}(0 \leqslant i \leqslant 5)$，数据块 $d_{0,0}$ 所对应的数值对为 $(0{:}0)$，即 $d_{0,0} \in R_0$ 且 $d_{0,0} \in D_0$，因此 $d_{0,0}$ 可以由 R_0 或者 D_0 来修复，同理可得 $d_{1,0}$ 可以由 R_1 或者 D_1 来修复，$d_{2,0}$ 可以由 R_2 或者 D_2 来修复，以此类推，总共存在 $2^6 = 64$ 种修复组合。而传统修复算法 (R_0, R_1, R_2, R_3) 仅仅是这 64 种修复组合中的一种。

Disk 0	Disk 1	Disk 2	Disk 3	Disk 4	Disk 5	Disk 6	Disk 7
0:0	0:1	0:2	0:3	0:4	0:5	0:n	n:0
1:1	1:2	1:3	1:4	1:5	1:n	1:0	n:1
2:2	2:3	2:4	2:5	2:n	2:0	2:1	n:2
3:3	3:4	3:5	3:n	3:0	3:1	3:2	n:3
4:4	4:5	4:n	4:0	4:1	4:2	4:3	n:4
5:5	5:n	5:0	5:1	5:2	5:3	5:4	n:5

图 8.3 $p = 7$ 时，数据块所对应的行校验集合和对角线校验集合

由于数据盘和行校验盘中的数据块绝大多数都存在两种修复方式，行修复和对角线修复，则对于任意素数 p，修复故障数据盘中的 $p-1$ 块数据，修复方式的组合数为 2^{p-1}，修复故障行校验盘为 2^{p-2}（因为 $d_{0,p-1}$ 不参与对角线校验，只能用行校验恢复），而修复故障对角线校验盘则只有一种确定的方式。由此，提出以下的最优化恢复问题。

问题：在 RDP 码存储系统中，磁盘 $k(0 \leqslant k \leqslant p-1)$ 发生故障，磁盘 k 中的数据块 $d_{i,k}(0 \leqslant i \leqslant p-2)$ 需要修复，如何从 2^{p-1}（或 2^{p-2}）个可选修复组合中，找到一组 R_i，D_j，使得：

(1) 故障盘 k 中所有数据块可以成功修复；

(2) 修复过程中的数据读取量最少；

(3) 修复过程中，从各存活磁盘读取的数据量均衡。

8.3.2 数据读取量的理论下界

由图 8.2 可知，求得单盘故障修复过程中数据读取量的下界，等价于在所有的修复组合中求得修复过程中重复块数目最多的一种。基于引理 8.1，引理 8.2 给出

了任意故障盘 k 中数据块 $d_{i,k}(0 \leqslant i \leqslant p-2)$ 的所有可选修复方式。

引理 8.2　在 RDP 存储系统中，磁盘 $k(0 \leqslant k \leqslant p)$ 发生故障，

(1) 当 $0 \leqslant k \leqslant p-1$ 时，

①如果 $i \neq p-1-k$，$d_{i,k}$ 通过 R_i 或 $D_{<i+k>_p}$ 修复；

②如果 $i = p-1-k$，那么 $d_{p-1-k,k}$ 仅能由 R_{p-1-k} 修复。

(2) 当 $k = p$ 时，$d_{i,p}$ 仅可以由 D_i 修复。

证明：(1) 当 $0 \leqslant k \leqslant p-1$ 时，磁盘 k 不是对角线校验盘。此时若 $i \neq p-1-k$，即 $d_{i,k}$ 不在缺失对角线 $p-1$ 上，则有 $d_{i,k} \in R_i$，并且 $d_{i,k} \in D_{<i+k>_p}$，那么 $d_{i,k}$ 既可以由 R_i 修复，也可以由 $D_{<i+k>_p}$ 修复；若 $i = p-1-k$，即块 $d_{p-1-k,k}$ 在缺失对角线 $p-1$ 上，则 $d_{p-1-k,k}$ 仅参与了行校验的编码，因此仅有 $d_{p-1-k,k} \in R_{p-1-k}$，$d_{p-1-k,k}$ 仅能由 R_{p-1-k} 修复。

(2) 当 $k = p$ 时，即磁盘 k 为对角线校验盘，根据 RDP 码的编码方式可知，仅有 $d_{i,p} \in D_p$。因此，$d_{i,p}$ 仅可以由 D_p 进行修复。　　　　　证毕。

以图 8.1为例，数据盘 Disk 0 中的数据块 $d_{0,0}$ 不在对角线 $p-1$ 上，即 $d_{0,0} \notin \{d_{i,j}|i+j \equiv 6(\text{mod } p)\}$，$d_{0,0}$ 既可以选择由 R_0 修复，也可以选择由 D_0 修复，然而行校验盘 Disk 6 中数据块 $d_{0,6}$ 仅可以通过 R_0 修复，其原因在于存在 $d_{0,6} \in \{d_{i,j}|i+j \equiv 6(\text{mod } p)\}$。

基于引理 8.2，引理 8.3给出了修复组合中产生重复数据块的条件。

引理 8.3　对于任意校验集合 R_i，$D_j(0 \leqslant i,j \leqslant p-2)$，

(1) 任意一对行校验集合 R_i 和对角线校验集合 D_j 的交集不为空，且重复数据块为 $R_i \cap D_j = \{d_{i,<j-i>_p}\}$；

(2) 任意一对行校验集合 R_i 和 R_j，或者一对对角线校验集合 D_i 和 D_j 的交集都为空集，即 $R_i \cap R_j = \varnothing$ 并且 $D_i \cap D_j = \varnothing(i \neq j)$。

证明　(1) 对于任意一对行校验集合 $R_i = \{d_{i,r}|0 \leqslant r \leqslant p-1\}$ 和对角线校验集合 $D_j = \{d_{i,r}|(i+r) \equiv j \text{mod } p, 0 \leqslant i \leqslant p-2, 0 \leqslant r \leqslant p\}$，当 $r \equiv (j-i) \text{mod } p$ 时，可知：(a) $0 \leqslant r \leqslant p$ 时，有 $d_{i,<j-i>_p} \in R_i$；(b) $i+r \equiv i+(j-i) \equiv j \text{mod } p$，因此，$d_{i,<j-i>_p} \in D_j$。由 (a) 和 (b) 可知数据块 $d_{i,<j-i>_p} \in R_i \cap D_j$，即 $d_{i,<j-i>_p}$ 为重复块。另外，由于 p 是素数，因此有且仅有 $d_{i,<j-i>_p} \in R_i \cap D_j$ 成立，即任意一对行校验集合和对角线校验集合交集的元素个数为 1。

(2) 假设 $R_i \cap R_j \neq \varnothing$，$i \neq j$，不妨设数据块 $d \in R_i$ 且 $d \in R_j$，这表明 d 既在编码阵列的第 i 行，又在第 j 行，这不可能，矛盾。因此 $R_i \cap R_j = \varnothing$。同理可得，$D_i \cap D_j = \varnothing$。　　　　　证毕。

在图 8.2中，由引理 8.3可得 $R_0 \cap D_5 = \{d_{0,5}\}$，$R_1 \cap D_5 = \{d_{1,4}\}$，以此类推。根据引理 8.3，$R_i \cap R_j = \varnothing$ 且 $D_i \cap D_j = \varnothing(i \neq j)$，可知传统修复算法仅仅采用单个校验修复单个故障磁盘，修复过程中不存在重复读取的数据块，即

传统修复算法所对应的修复组合是一种数据读取量最多的修复组合。例如，在图 8.2 中，仅采用行校验集合修复故障盘 Disk 0 时不存在重复读取的数据块。当采用行校验和对角线校验共同参与修复单个故障盘时，可以通过增加修复过程中的重复块数目，来减少修复过程中数据的读取量，加快修复速度。接下来将给出在基于 RDP 码的阵列存储系统中，对于任意单个磁盘的故障修复，需要从系统中存活磁盘读取数据量的下界。

引理 8.3 给出了修复组合中产生重复块的条件，即需要行校验集合和对角线校验集合共同参与修复。求得修复时需要从存活磁盘读取数据量的下界等价于找到重复块数目最多的修复组合。在图 8.2 中，$p = 7$ 时，修复故障盘 Disk 0 中的 6 块数据，共有 64 种修复的组合。定理 8.1 给出了对于任意素数，任意磁盘发生故障时，数据读取量的理论下界。

定理 8.1 在 RDP 存储系统中，对于任意素数 p，若磁盘 Disk $k(0 \leqslant k \leqslant p)$ 故障，

(1) 当 $k = p$ 时，需要从存活磁盘读取 $(p-1)^2$ 个数据块，来修复故障盘 Disk p 中的 $p-1$ 块丢失数据块；

(2) 当 $k \neq p$ 时，修复时需要从存活磁盘中读取数据量的下界为 $3(p-1)^2/4$。

证明 (1) 当 $k = p$ 时，故障盘 Disk k 为对角线校验盘。由引理 8.2 可知，对角线校验盘中的数据修复方式是唯一的，即第 p 列中的数据只能通过不同的对角线校验集合来修复。又 $|D_j| = p(0 \leqslant j \leqslant p-2)$，可知修复故障盘 Disk p 中每一个数据块，需要从其他存活磁盘读取 $p-1$ 个数据块。由引理 8.3，$D_i \cap D_j = \varnothing$，可知修复过程中不存在被重复读取的数据块。因此，修复故障盘 Disk p 中的 $p-1$ 块数据需要从其他磁盘读取的数据块个数为 $(p-1)^2$。

(2) 当 $k \neq p$ 时，修复磁盘 Disk k 的 $p-1$ 块数据 $d_{i,k}(0 \leqslant j \leqslant p-2)$，任一数据块 $d_{i,k}$ 可由其所在的校验集合进行修复。由引理 8.2 可知，当 $d_{i,k}$ 不在对角线 $p-1$ 上时，可以采用行校验或者对角线校验来修复；当 $d_{i,k}$ 处于对角线 $p-1$ 时，仅可以采用行校验修复。假定一种修复组合选择用对角线校验集合来修复丢失数据中的任意 t 块（除去 $d_{p-1-k,k}$），剩下的 $p-1-t$ 块丢失数据采用行校验集合来修复。由引理 8.3，$|R_i \cap D_j| = 1$，可知该种修复组合下的重复块数目为 $t(p-1-t) = (p-1)t - t^2 = (p-1)^2/4 - [t - (p-1)/2]^2$。当 $t = (p-1)/2$ 时，修复组合中的重复块数目 $t(p-1-t)$ 取得最大值 $(p-1)^2/4$。即在修复过程中，需要从系统中存活磁盘读取的数据量的下界为 $(p-1)^2 - (p-1)^2/4 = 3(p-1)^2/4$。

证毕。

定理 8.2 给出了单盘故障修复时，数据读取量达到理论下界的修复组合应满足的条件。

定理 8.2 在 RDP 存储系统中，对于任意素数 p，若磁盘 $k(0 \leqslant k \leqslant p)$

故障,

(1) 当 $k = p$ 时, 故障盘 Disk p 中的所有丢失块均采用对角线校验集合修复时, 数据读取量达到理论下界 $(p-1)^2$;

(2) 当 $k \neq p$ 时, 当故障盘中的任意 $(p-1)/2$ 块数据 (包含 $d_{p-1-k,k}$) 采用行校验集合修复, 剩余 $(p-1)/2$ 块数据采用对角线校验集合修复时, 数据读取量达到理论下界 $3(p-1)^2/4$。

图 8.2给出了 $p = 7, k = 0$ 时, 修复故障盘 Disk 0 的一种达到数据读取量下界的修复组合 $(R_0, R_1, R_2, D_3, D_4, D_5)$, 即故障盘 Disk 0 中的前 3 块数据 $d_{0,0}, d_{1,0}, d_{2,0}$ 采用行校验集合修复, 后 3 块数据 $d_{3,0}, d_{4,0}, d_{5,0}$ 采用对角线校验集合修复。修复过程中, 有 9 块数据 $d_{0,3}, d_{0,4}, d_{0,5}, d_{1,2}, d_{1,3}, d_{1,4}, d_{2,1}, d_{2,2}, d_{2,3}$ 需要被读取两次, 需要从存活磁盘中读取的数据块数目为 $3(7-1)^2/4 = 27$。

8.3.3 修复过程中的负载均衡问题

由定理 8.2可知, 在基于 RDP 码的阵列存储系统中, 修复故障盘 $k(k \neq p)$ 时, 任意包含 $(p-1)/2$ 个行校验集合和 $(p-1)/2$ 个对角线校验集合的修复组合满足数据读取量达到理论下界。图 8.2所示即为一种数据读取量达到下界的修复组合 $(R_0, R_1, R_2, D_3, D_4, D_5)$。然而在图 8.2中, 该修复组合需要从系统中各个存活磁盘读取的数据量各不相同, 如需要从 Disk 1 和 Disk 6 中读取 5 块数据用于修复, 然而仅需要从 Disk 3 和 Disk 4 中读取 3 块数据用于修复。特别地, 对于任意的素数 $p(p > 2)$, 修复过程中从各存活磁盘读取的数据块数目最多会相差 $(p-1)/2$。

图 8.4显示了 $p = 7$ 时, 故障盘 Disk 0 的另一种达到数据读取量下界的修复组合 $(D_0, D_1, R_2, D_3, R_4, R_5)$, 即故障盘 Disk 0 中的数据块 $d_{2,0}, d_{4,0}, d_{5,0}$ 采用行校验集合修复, 数据块 $d_{0,0}, d_{1,0}, d_{3,0}$ 采用对角线校验集合修复。注意, 图 8.4省略了数据块的编号。该修复组合的重复块数目同样为 $(7-1)^2/4 = 9$, 修复时需要从系统中读取的数据量为 $(7-1)^2 - 9 = 27$。然而, 在图 8.4 中, 修复故障盘 Disk 0 时需要从 Disk 1 到 Disk 6 中读取的数据块的数目均为 4, 即该修复组合在修复过程中从各个存活磁盘读取相同数量的数据块, 从而保证了修复时各个磁盘的负载均衡。

由于在存储系统的故障修复过程中, 读取数据量最多的存活磁盘会成为整个修复过程的瓶颈, 拖慢修复速度。为了缩短修复时间, 需要找到一种修复组合, 使得其在修复过程中读取的数据量最少, 同时满足在修复时从系统中其他存活磁盘读取等量的数据, 从而保证修复过程中各存活磁盘的负载均衡。

由定理 8.2可知, 在恢复一个故障盘中的 $p - 1$ 个数据块时, 其中 $(p-1)/2$ 个数据块用行校验, 余下 $(p-1)/2$ 个数据块用对角线校验, 则需要从磁盘读取的数据量最少。这个数据读取量最少的修复组合共有 $C(p-1,(p-1)/2)$ 种可能,即 $p-1$ 中取 $(p-1)/2$ 的组合数。当 $p=7$ 时,修复故障盘 Disk 0 的数据读取量最少的修复组合的个数为 $C(6,3)=20$,本小节主要考虑如何在所有 $C(p-1,(p-1)/2)$ 个数据读取量最少的修复组合中找到一组均衡修复组合,使得修复过程中从各个存活磁盘读取的数据块数目基本相同,达到尽可能的均衡。

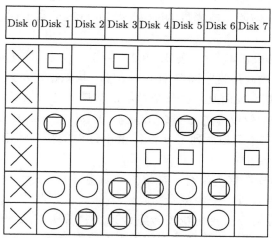

图 8.4 $p=7$ 时,同时满足数据读取量最优和负载均衡的修复组合

首先给出均衡修复组合的定义,然后给出某个修复组合为均衡修复组合的充分条件。

定义 8.2 在 RDP 码的单盘故障修复过程中,满足如下条件的一组修复组合称为修复故障盘 k 的均衡修复组合:

(1) 故障盘 k 上的所有数据能够成功修复;

(2) 需要从存活磁盘读取的数据量达到理论下界;

(3) 除故障盘 k 及对角线校验盘 p 外,需要从剩余的 $p-1$ 个存活磁盘中读取的数据块数目相差最多为 1。

对于任意的素数 $p>2$,在由 $p+1$ 个磁盘构成的 RDP 存储系统中,假设磁盘 $k(0 \leqslant k \leqslant p-1)$ 发生故障,由定理 8.1可知,在故障修复时读取数据量的下界为 $3(p-1)^2/4$,又由于数据读取量最优的修复组合总是包含 $(p-1)/2$ 个行校验集合和 $(p-1)/2$ 个对角线校验集合,因此修复时总是需要从对角线校验盘中读取 $(p-1)/2$ 块数据。例如,图 8.4所示的修复组合需要从对角线校验盘(Disk 7)读取的数据块个数为 3。为了保证修复过程中从各个存活磁盘读取的数据量基本相同,只需要考虑如何保证修复时从系统剩余的磁盘(除了故障盘 Disk k 和对角线校验盘 Disk p)中读取的数据量均衡,其中需要从每个磁盘读取的数据块平均数目为

$$\frac{3(p-1)^2/4-(p-1)/2}{p-1}=(3p-5)/4 \tag{8.2}$$

对于任意的素数 $p>2$, 分别针对 $p\equiv3\pmod 4$ 以及 $p\equiv1\pmod 4$ 这两种情况进行考虑。

(1) 当 $p\equiv3\pmod 4$ 时, 公式 (8.2) 中 $3p-5$ 可以被 4 整除, 即均衡修复组合需要从每个剩余磁盘 (除了故障盘 Disk k 和对角线校验盘 Disk p) 读取 $(3p-5)/4$ 块数据用于修复。

(2) 当 $p\equiv1\pmod 4$ 时, 公式 (8.2) 中 $3p-5$ 不能被 4 整除, 即均衡修复组合需要从部分剩余磁盘中读取 $\lfloor(3p-5)/4\rfloor$ 块数据, 从余下存活磁盘中读取 $\lceil(3p-5)/4\rceil$ 块数据, 此时从这些磁盘读取的数据量之差最多为 1。

在以下的分析中仅仅考虑 $p\equiv3\pmod 4$ 的情况, $p\equiv1\pmod 4$ 时的分析类似可得。因此, 仅在本节最后列出 $p\equiv1\pmod 4$ 时的相关结论, 省略其中间的分析过程。

为了便于描述均衡修复组合, 在修复故障盘 Disk k 中的数据 $d_{i,k}(0\leqslant i\leqslant p-2)$ 时, 首先引入以下一组变量 $x_0,x_1,\cdots,x_{p-2}$, 其中 $x_i=0$ 或者 1, 分别表示选择行校验集合和对角线校验集合来修复其所对应的数据块 $d_{i,k}$。变量 $x_0,x_1,\cdots,x_{p-2}$ 的一组 0,1 取值, 构成的 0-1 序列 $x_0x_1\cdots x_{p-2}$ 对应着故障盘 k 的一组修复组合, 因此任意一组修复组合可以完全由一组修复序列 $x_0x_1\cdots x_{p-2}$ 表示。例如, 图 8.4所示的修复组合 $(D_0,D_1,R_2,D_3,R_4,R_5)$ 所对应的 0, 1 修复序列为 $x_0x_1x_2x_3x_4x_5=110100$。

在编码阵列的最后一行之后增加一行全为 0 的数据行, 即 $d_{p-1,j}=0(0\leqslant j\leqslant p)$, 使得 RDP 码编码阵列增加到 p 行, 编号从 0 到 $p-1$, 构成有限域 F_p 中的所有元素。此时, RDP 码编码阵列的大小为 $p\times(p+1)$。由于增加的第 $p-1$ 行中的所有块 $d_{p-1,j}(0\leqslant j\leqslant p)$ 均为 0, 因此第 $p-1$ 行中的丢失块 $d_{p-1,k}$ 可视为采用行校验集合进行修复, 即有 $x_{p-1}=0$。此外, 由于缺失对角线 $p-1$ 上的数据块 $d_{p-1-k,k}$ 仅能通过行校验集合进行修复, 因此有 $x_{p-1-k}=0$。此时故障盘 k 的修复序列为 $x_0x_1\cdots x_{p-2}x_{p-1}$, 其中 $x_{p-1-k}=0$, $x_{p-1}=0$。在增加第 $p-1$ 行之后, 图 8.4所示的修复组合变为 $(D_0,D_1,R_2,D_3,R_4,R_5,R_6)$, 其所对应的 0, 1 修复序列为 $x_0x_1x_2x_3x_4x_5x_6=1101000$。

由于均衡修复组合需要从系统中各个磁盘读取等量的数据, 对任意的素数 $p>2$, 修复故障盘 Disk k 时, 若修复序列 $\{x_i\}_{0\leqslant i\leqslant p-1}=x_0x_1\cdots x_{p-2}x_{p-1}$ 的取值所对应的修复组合为均衡组合, 则称该修复序列 $\{x_i\}_{0\leqslant i\leqslant p-1}$ 为关于素数 p 修复故障盘 k 的均衡修复序列。以下分析当修复序列 $\{x_i\}_{0\leqslant i\leqslant p-1}$ 为均衡序列时, 需要满足的充分条件。

给定任意的修复序列 $\{x_i\}_{0\leqslant i\leqslant p-1}$，引理 8.4给出了该修复序列对应的修复组合在修复过程中，不需要从磁盘 Disk $j(j\neq k,p)$ 中读取的数据块数目。

引理 8.4　给定任意修复序列 $\{x_i\}_{0\leqslant i\leqslant p-1}$，假定其所对应的修复组合用于修复故障盘 Disk $k(0\leqslant k\leqslant p-1)$，则在修复过程中不需要从磁盘 Disk $j(j\neq k,p)$ 中读取的数据块数目为 $\sum_{i=0}^{p-1}x_i - \sum_{i=0}^{p-1}x_i x_{<i+j-k>_p}$。

证明　略。参见文献 [125]。

根据引理 8.4，定理 8.3给出了均衡修复组合需要满足的充分条件。

定理 8.3　当修复序列 $\{x_i\}_{0\leqslant i\leqslant p-1}$ 满足以下三个条件时，所对应的修复组合为修复故障盘 $k(0\leqslant k\leqslant p-1)$ 的均衡修复组合：

(1) $x_0 + x_1 + \cdots + x_{p-2} + x_{p-1} = (p-1)/2$；

(2) $x_{p-1-k} = x_{p-1} = 0$；

(3) $\forall t, 1\leqslant t\leqslant p-1, \sum_{i=0}^{p-1}x_i x_{<i+t>_p} = (p-3)/4$。

图 8.4所示的修复组合 $(D_0, D_1, R_2, D_3, R_4, R_5, R_6)$ 即为 $p = 7$，$k = 0$ 时，修复故障盘 Disk 0 的均衡修复组合，该修复组合所对应的修复序列 $\{x_i\}_{0\leqslant i\leqslant 6} = 1101000$ 满足定理 8.3的三个条件：

(1) $x_0 + x_1 + \cdots + x_5 + x_5 = 1+1+0+1+0+0+0 = 3$；

(2) $x_6 = x_6 = 0$；

(3) $\forall t, 1\leqslant t\leqslant 6, \sum_{i=0}^{6}x_i x_{<i+t>_7} = 1$。

接下来将给出对于任意素数 p，找到修复故障盘 $k(0\leqslant k\leqslant p-1)$ 的均衡修复组合的方法。首先引入多重集合和差集的概念，以及它们的一些重要性质。

定义 8.3　给定含有 n 个不同元素的多重集合 M，每个元素在 M 中出现的次数称为该元素的重数。多重集合可表示为 $M = \{k_1\times a_1, k_2\times a_2, \cdots, k_n\times a_n\}$，其中 $a_1, a_2, \cdots, a_n$ 为 M 中的 n 个不同元素，k_i 为元素 $a_i(1\leqslant i\leqslant n)$ 的重数。

定义 8.4　给定修复序列 $\{x_i\}_{0\leqslant i\leqslant p-1}$，定义集合 $A = \{i|x_i = 1, 0\leqslant i\leqslant p-1\}$ 以及多重集合 $M_A = \{(a_1 - a_2)\bmod p, |a_1, a_2\in A, a_1\neq a_2\}$。

以图 8.4所示的修复组合 $(D_0, D_1, R_2, D_3, R_4, R_5, R_6)$ 为例，该修复组合对应的修复序列为 $\{x_i\}_{0\leqslant i\leqslant 6} = \{1101000\}$。根据定义 8.4，$A = \{0,1,3\}$，$M_A = \{(0-1)\bmod 7, (0-3)\bmod 7, (1-0)\bmod 7, (1-3)\bmod 7, (3-0)\bmod 7, (3-1)\bmod 7\} = \{6,4,1,5,3,2\}$。

由定理 8.3可知，若修复序列 $\{x_i\}_{0\leqslant i\leqslant p-1}$ 为均衡修复序列，则对于任意 $t(1\leqslant t\leqslant p-1)$，都满足 $\sum_{i=0}^{p-1}x_i x_{<i+t>_p} = (p-3)/4$。因为当且仅当 $x_i = 1$ 且 $x_{<i+t>_p} = 1$ 时，$x_i x_{<i+t>_p} = 1$。所以，有以下引理成立。

引理 8.5　给定修复序列 $\{x_i\}_{0\leqslant i\leqslant p-1}$，对于任意 $t(1\leqslant t\leqslant p-1)$，公式 $\sum_{i=0}^{p-1}x_i x_{<i+t>_p} = (p-3)/4$ 等价于集合 $A = \{i|x_i = 1, 0\leqslant i\leqslant p-1\}$ 所对应的多重集合 $M_A = \{[(p-3)/4]\times 1, [(p-3)/4]\times 2, \cdots, [(p-3)/4]\times(p-1)\}$，即对

于任意 $t(1 \leqslant t \leqslant p-1)$，$t$ 在 M_A 中的重数为 $(p-3)/4$。

　　证明　略。参见文献 [125]。

　　考虑图 8.4 中 $p=7$，修复故障盘 Disk 0 的例子，$(D_0, D_1, R_2, D_3, R_4, R_5, R_6)$ 是一组均衡修复组合，其所对应的修复序列 $\{x_i\}_{0 \leqslant i \leqslant 6} = \{1101000\}$。由定义 8.4 可知，$A = \{0, 1, 3\}$，并且 $M_A = \{(a_1 - a_2)\bmod 7 | a_1, a_2 \in A, a_1 \neq a_2\} = \{1 \times 1, 1 \times 2, 1 \times 3, 1 \times 4, 1 \times 5, 1 \times 6\}$，其中，$M_A$ 满足对于任意元素 $t \in M_A (1 \leqslant t \leqslant p-1)$，$t$ 的重数为 $(p-3)/4 = 1$。

　　定义 8.5　设 G 是一个 v 阶的加法群，集合 S 为包含 G 中 k 个元素的子集。如果集合 S 满足，对于任意的非零元素 $g \in G$，元素 g 在多重集合 $M_S = \{s_1 - s_2 | s_1, s_2 \in S, s_1 \neq s_2\}$ 中的重数为 λ，则称集合 S 为 G 的参数为 (v, k, λ) 的差集。

　　定义 8.6　p 为素数，集合 $S_p = \{i^2 \bmod p | 1 \leqslant i \leqslant p-1\}$ 称为 F_p 的非 0 平方元素集合，集合 $S'_p = F_p \backslash (S_p \cup \{0\})$ 称为 F_p 的非平方元素集合。

　　定理 8.4　当 p 为素数且 $p \equiv 3 (\bmod 4)$，集合 S_p 和 S'_p 均为 F_p 的参数为 $(p, (p-1)/2, (p-3)/4)$ 的差集。

　　由于 $(p-i)^2 \equiv (p^2 - 2pi + i^2) \equiv i^2 (\bmod p)$，因此 F_p 的非 0 平方元素集合 $S_p = \{i^2 \bmod p | 1 \leqslant i \leqslant p-1\} = \{i^2 \bmod p | 1 \leqslant i \leqslant (p-1)/2\}$。定理 8.5 给出了 $p \equiv 3 (\bmod 4)$ 时，任意故障盘 Disk $k(k \neq p)$ 的均衡修复序列 $\{x_i\}_{0 \leqslant i \leqslant p-1}$。

　　定理 8.5　对于素数 p，$p \equiv 3 (\bmod 4)$，设 S_p 和 S'_p 分别为 F_p 上的非 0 平方元素集合和非平方元素集合，则

$$A = \begin{cases} S'_p - (k+1), & k \in S_p \\ S_p - (k+1), & k \notin S_p \end{cases}$$

对应一组修复故障盘 Disk $k(k \neq p)$ 的均衡修复序列 $\{x_i\}_{0 \leqslant i \leqslant p-1}$。其中 $S'_p - (k+1) = \{s - (k+1) | s \in S'_p\}$ 且 $S_p - (k+1) = \{s - (k+1) | s \in S_p\}$。

　　证明　略。参见文献 [125]。

　　根据定理 8.5，当 $p \equiv 3 (\bmod 4)$ 时，给出找到修复故障盘 Disk $k(k \neq p)$ 的均衡修复组合的步骤如下。

　　(1) 对于任意素数 p，$p \equiv 3 (\bmod 4)$，计算出有限域 F_p 上的非 0 平方元素集合 S_p 以及非平方元素集合 S'_p；

　　(2) 如果 $k \in S_p$，令集合 $A = S'_p - (k+1)$；如果 $k \notin S_p$，则令集合 $A = S_p - (k+1)$；

　　(3) 对于故障盘 Disk $k(k \neq p)$，均衡修复组合即对应于步骤 (2) 中所求得的集合 A，即当 $i \in A$ 时，数据块 $d_{i,k}$ 采用对角线校验集合修复；当 $i \notin A$ 时，数据块 $d_{i,k}$ 采用行校验集合修复。

接下来具体说明如何求得 $p \equiv 3 \pmod 4$ 时，故障盘 Disk $k (k \neq p)$ 的均衡修复组合序列。假设 $p = 7$，按照步骤 (1)，可以求得集合 $S_7 = \{i^2 \bmod 7 | 1 \leqslant i \leqslant (7-1)/2\} = \{1^2 \bmod 7, 2^2 \bmod 7, 3^2 \bmod 7\} = \{1, 2, 4\}$，以及集合 $S_7' = F_7 \backslash (S_7 \cup \{0\}) = \{3, 5, 6\}$。

若 Disk 1 发生故障，$k = 1$，按照上述步骤 (2) 可知，由于 $k = 1 \in S_7$，根据定理 8.5，集合 $A = S_7' - (k+1) = S_7' - (1+1) = \{(s-2) \bmod 7 | s \in S_7'\} = \{1, 3, 4\}$，则集合 A 所对应的修复序列 $\{x_i\}_{0 \leqslant i \leqslant 6} = \{0101100\}$。因此，故障盘 Disk 1 的均衡修复组合可描述如下：采用行校验集合来修复数据块 $d_{0,1}, d_{2,1}, d_{5,1}$，采用对角线校验集合来修复数据块 $d_{1,1}, d_{3,1}, d_{4,1}$。图 8.5 给出了 $p = 7, k = 1$ 时，修复故障盘 Disk 1 的均衡修复组合 $(R_0, D_2, R_2, D_4, D_5, R_5)$。

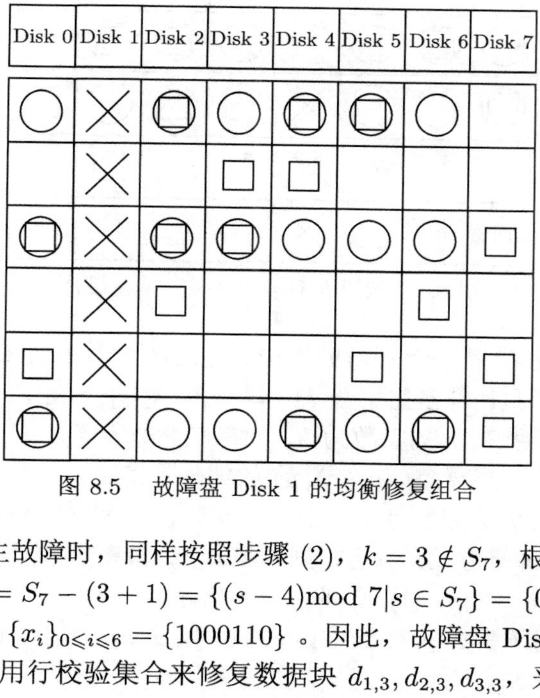

图 8.5 故障盘 Disk 1 的均衡修复组合

当 Disk 3 发生故障时，同样按照步骤 (2)，$k = 3 \notin S_7$，根据定理 8.5，集合 $A = S_7 - (k+1) = S_7 - (3+1) = \{(s-4) \bmod 7 | s \in S_7\} = \{0, 4, 5\}$，则集合 A 所对应的修复序列 $\{x_i\}_{0 \leqslant i \leqslant 6} = \{1000110\}$。因此，故障盘 Disk 3 的均衡修复组合可描述如下：采用行校验集合来修复数据块 $d_{1,3}, d_{2,3}, d_{3,3}$，采用对角线校验集合来修复数据块 $d_{0,3}, d_{4,3}, d_{5,3}$。图 8.6 给出了 $p = 7, k = 3$ 时，修复故障盘 Disk 3 的均衡修复组合 $(D_3, R_1, R_2, R_3, D_0, D_1)$。

定理 8.6～定理 8.8 给出了当 $p \equiv 1 \pmod 4$ 时，修复故障盘 $k (k \neq p)$ 的均衡修复序列的一些相关定理与相应的序列的构造方法。所有理论与构造方法与 $p \equiv 3 \pmod 4$ 的情况类似。参见文献 [125]。

定理 8.6 p 为素数且 $p \equiv 1 \pmod 4$。如果修复序列 $\{x_i\}_{0 \leqslant i \leqslant p-1}$ 所对应的修复组合为修复故障盘 Disk $k (0 \leqslant k \leqslant p-1)$ 的均衡修复组合，当且仅当

$\{x_i\}_{0 \leqslant i \leqslant p-1}$ 满足:

(1) $x_0 + x_1 + \cdots + x_{p-2} + x_{p-1} = (p-1)/2$;

(2) $x_{p-1-k} = x_{p-1} = 0$;

(3) $\forall t, 1 \leqslant t \leqslant p-1, \sum_{i=0}^{p-1} x_i x_{<i+t>_p} = (p-1)/4$ 或者 $\sum_{i=0}^{p-1} x_i x_{<i+t>_p} = (p-5)/4$。

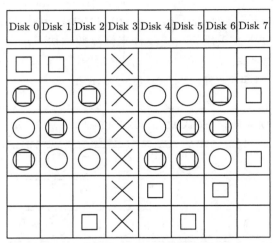

图 8.6　故障盘 Disk 3 的均衡修复组合

定义 8.7　设 G 是一个 v 阶的加法群，集合 S 为包含 G 中 k 个元素的子集，如果集合 S 满足，在多重集合 $M_S = \{s_1 - s_2 | s_1, s_2 \in S, s_1 \neq s_2\}$ 中，对于任意的非零元素 $s \in S$，s 的重数为 λ，对应任意非零元素 $s' \in G \backslash S$，s' 的重数为 μ，则称 S 为 G 的参数为 (v, k, λ, μ) 的部分差集。

定理 8.7　当 p 为素数且 $p \equiv 1 \pmod 4$，S_p，S_p' 分别为有限域 F_p 上的非 0 平方元素集合和非平方元素集合，则有集合 S_p 和集合 S_p' 均为 F_p 上的参数为 $(p, (p-1)/2, (p-5)/4, (p-1)/4)$ 的部分差集。

定理 8.8　对于素数 p，$p \equiv 1 \pmod 4$，以及 F_p 上的非 0 平方元素集合 S_p 和非平方元素集合 S_p'，有

$$
A = \begin{cases} S_p' - (k+1), & k \in S_p \\ S_p - (k+1), & k \notin S_p \end{cases}
$$

对应一组修复故障盘 Disk $k(k \neq p)$ 的均衡修复序列 $\{x_i\}_{0 \leqslant i \leqslant p-1}$。其中 $S_p' - (k+1) = \{s - (k+1) | s \in S_p'\}$ 且 $S_p - (k+1) = \{s - (k+1) | s \in S_p\}$。

8.4 RDP 码的单盘故障混合修复算法

本节介绍基于 RDP 码的单盘故障修复算法 row-diagonal optimal recovery-RDP (RDOR-RDP)。该算法在修复过程中，从系统存活磁盘中读取的数据量达到理论下界，并且从各个存活磁盘读取的数据量均衡。

对于任意素数 p，磁盘 Disk k 发生故障。当 $k = p$ 时，对角线校验盘只可以通过对角线校验集合进行修复，此时 RDOR-RDP 等同于传统修复算法，即读取数据盘以及行校验盘中的相应数据重构出故障盘 Disk p 中的信息；当 $k \neq p$ 时，RDOR-RDP 算法选择磁盘 Disk k 的均衡修复组合进行修复，即由定理 8.5和定理 8.8 计算出集合 A，对于丢失数据块 $d_{i,k}$，若 $i \in A$，则 $d_{i,k}$ 由对角线校验集合修复；若 $i \notin A$，$d_{i,k}$ 由行校验集合修复。

RDOR-RDP 算法大致描述如下，首先采用行校验集合来修复 $(p-1)/2$ 块数据 $d_{j,k}(j \notin A, 0 \leqslant j \leqslant p-2)$；再采用对角线校验集合修复剩余的 $(p-1)/2$ 块数据 $d_{j,k}(j \in A, 0 \leqslant j \leqslant p-2)$。修复过程中，在内存中分配 $(p-1)/2$ 个存储单元存放重复数据块，具体算法流程如下。

RDOR-RDP 算法:

(1) 根据 p，k，求得 A，其中 A 对应于故障盘 Disk $k(k \neq p, p+1)$ 的均衡修复组合，对于任意 $i \in A$，令 $d_i = 0$。

(2) 读取行校验集合 R_j 中的剩余数据用于修复 $d_{j,k}(j \notin A, 0 \leqslant j \leqslant p-2)$，修复过程中，对于任意数据块 $d \in R_j$，如果 $d \in D_{<i+k>_p}$，即数据块 d 之后将用于修复数据 $d_{i,k}(i \in A)$，令 $d_i \leftarrow d_i \oplus d$。

(3) 采用对角线校验集合 $d \in D_{<i+k>_p}$ 修复数据块 $d_{i,k}$:

① 修复数据块 $d_{i,k}(i \in A)$ 时，对于所有数据块 $d \in D_{<i+k>_p}$，如果 d 不为重复块，从存活磁盘读取 d 并将其与 d_i 进行异或;

② $d_i(i \in A)$ 即为重构出的 $d_{i,k}(i \in A)$。

(4) 一旦 $p-1$ 块丢失数据被完全成功修复，按照上述步骤 (2)~(3) 继续修复下一组 $p-1$ 块数据。

由 RDOR-RDP 算法可知，当算法结束后，故障盘中的 $p-1$ 块数据被成功修复，此外故障修复时从系统中其他磁盘读取的数据量达到理论下界，修复过程中系统中各个磁盘的负载相对均衡。

在基于 RDP 码的存储系统中，RDOR-RDP 算法同传统修复算法均可以用于单故障盘的修复，本节从以下三个方面对 RDOR-RDP 算法以及传统修复算法的性能进行分析比较。

(1) 数据读取量：当对角线校验盘发生故障时，RDOR-RDP 同传统修复算

法均需要读取 $(p-1)^2$ 块数据。当磁盘 $k(k \neq p)$ 发生故障时，传统修复算法仍需要读取 $(p-1)^2$ 块数据，而 RDOR-RDP 仅仅需要读取 $3(p-1)^2/4$ 块数据。RDOR-RDP 在修复过程中需要从存活磁盘读取的数据量比传统修复算法减少了 25%。

(2) 负载均衡：在修复过程中，RDOR-RDP 算法以及传统修复算法在修复过程中均实现了从各存活磁盘读取等量数据，保证了系统中各磁盘的负载均衡。

(3) 计算复杂度：修复算法的计算复杂度是由算法在修复过程中所需要的异或操作次数决定的。基于 RDP 码的编码方式，任意校验集合包含 p 个数据块，因此修复任意的丢失数据块不论采用何种校验集合进行修复（行校验或者对角线校验集合），修复时总需要 $p-2$ 次异或操作。因此 RDOR-RDP 算法在修复过程中所需要的异或操作次数不会多于传统修复算法，即混合修复算法的计算复杂度不高于传统修复算法。

8.5　实　验　结　果

本节通过模拟实验来衡量 RDOR-RDP 算法同传统修复算法的修复性能。实验采用 DiskSim 模拟基于 RDP 码的存储系统，模拟的存储系统由 $p+1$ 个磁盘组成，其中包括 $p-1$ 个数据盘和 2 个冗余校验盘。实验选择在离线模式下进行，即修复过程中，系统只处理修复请求，没有用户服务请求的干扰。

RDOR-RDP 算法与传统修复算法均处于相同的模拟环境下。修复过程以条带为单位执行，即在故障修复过程中，RDOR-RDP 算法同传统修复算法均一次性将某个条带中所需要的数据块全部读入内存中，一旦丢失的数据块被全部重构出，这些数据会被立即写入一个新的磁盘中。由于存储系统中，数据块大小和磁盘的个数对修复性能有一定影响，因此分别比较在不同数据块大小、不同磁盘个数下传统算法同 RDOR-RDP 算法的修复性能，实验主要衡量两个修复性能参数，即修复时间以及磁盘的平均访问时间。实验所选择的模拟磁盘的参数取自一企业级的硬盘，具体参数在表 8.1 中列出。

表 8.1　磁盘模拟参数

参数	I/O 总线带宽	XOR 运算带宽	磁盘容量	持续磁盘传输速率	旋转速率	单磁道寻道时间	全程访问时间
值	512Mbit/s	1Gbit/s	146.8GB	99Mbit/s	15000r/min	0.3ms	7.2ms

8.5.1　数据块大小的影响

为了比较不同数据块大小下，RDOR-RDP 算法与传统修复算法的修复性能，设定实验中的数据块大小从 32KB 增长到 1024KB，同时磁盘的个数分别固定为

$p + 1 = 8$, 14 和 20。

    RDOR-RDP 算法通过减少故障修复过程中从各个磁盘读取的数据量来减少磁盘访问时间,提高磁盘的访问效率。图 8.7 显示了 RDOR-RDP 算法与传统修复算法的平均磁盘访问时间的比值。在图 8.7 中,当块从 32KB 增长到 1024KB 时,RDOR-RDP 算法的平均磁盘访问时间比传统修复算法减少了 15.16%~22.60%,即 RDOR-RDP 算法减少了修复过程中的磁盘访问时间。随着数据块大小的增加,平均磁盘访问时间的比值没有呈现出明显的趋势。

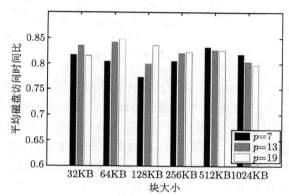

图 8.7　平均磁盘访问时间比值图

    RDOR-RDP 算法减少了修复过程中需要从磁盘中读取的数据量,但是相比于传统修复算法,磁盘的随机读写性较差。传统修复算法在修复过程中的磁盘访问模式为完全顺序读写,如在图 8.2 中,传统修复算法可以一次读取 Disk 1 中的 6 块数据用于修复;然而 RDOR-RDP 算法却存在着较多的随机读写操作,如在图 8.4 中,读取 Disk 1 中的 4 块数据,RDOR-RDP 算法却需要 3 次读操作才可以完成。

    由于 RDOR-RDP 算法磁盘访问时有不连续性,因此在修复过程中具有额外的磁盘寻址定位的操作。在实际系统中,RDOR-RDP 算法对平均磁盘访问时间的改进低于理论值 25%。

    图 8.8 显示了 RDOR-RDP 算法同传统修复算法的总修复时间的比值,从中可以看出当数据块大小从 32KB 增长到 1024KB 时,RDOR-RDP 算法的修复时间总是少于传统修复算法。例如,当 $p=7$ 时,RDOR-RDP 算法的总修复时间相比于传统修复算法减少了 5.72% ~ 12.60%。当 $p=7$,数据块大小为 256KB 时,RDOR-RDP 算法和传统修复算法的总修复时间分别为 6272.62s 和 6652.92s。当 $p=7$,数据块大小为 1024KB 时,RDOR-RDP 算法和传统修复算法的总修复时间分别为 5337.87s 和 5746.12s。

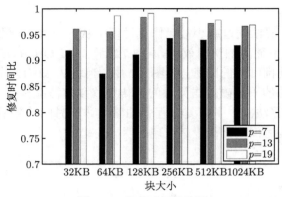

图 8.8   修复时间比值图

然而在图 8.8中，RDOR-RDP 算法同传统修复算法的总修复时间的比值多大于 0.9，而 RDOR-RDP 算法的平均磁盘访问时间比传统修复算法减少了 15.16% ~ 22.60%，即 RDOR-RDP 算法在修复时间上的改进程度小于磁盘访问时间上的改进程度。其主要原因在于，尽管 RDOR-RDP 算法能够在修复过程中减少 25% 的数据读取量，但是总的修复时间不仅仅同磁盘的访问时间有关，还与故障盘的写入操作有关。由于 RDOR-RDP 算法和传统修复算法均需要向新盘中写入等量的数据，因此平均磁盘访问时间的减少量并不能直接转化为等量的修复时间的减少量。

当存储系统处于在线的故障修复模式下，即在修复过程中系统仍然需要处理用户的读、写等请求时，一旦发生磁盘故障，为了保证用户的服务质量不受影响，修复请求的优先级通常低于用户请求的优先级。在这种情况下，一方面故障盘写入操作对修复时间的影响将会减少；另一方面，用户的请求与故障恢复相互干扰，使得读盘的连续性不好，RDOR-RDP 算法的优势会更明显。所以在线修复模式下，RDOR-RDP 算法具有更好的修复性能。

8.5.2   磁盘个数的影响

接下来分析系统中不同的磁盘个数对修复性能的影响，在实验中设置磁盘个数从 8 增加到 20，并且数据块大小设定为 64KB、256KB 和 1024KB。

从图 8.9可以看出，当数据块大小为 64KB、256KB 和 1024KB 时，随着磁盘个数从 8 增加到 20，RDOR-RDP 算法同传统修复算法的平均磁盘访问时间比的变化很小，即 RDOR-RDP 算法可以很好地适应于不同规模大小的磁盘阵列存储系统。特别地，当数据块大小为 1024KB 时，RDOR-RDP 算法的平均磁盘访问时间相比于传统修复算法减少了 18.13%~20.17%。

从图 8.10可以看出，RDOR-RDP 算法同传统修复算法的总修复时间的比值随着磁盘个数的增加而增加。例如，当数据块大小为 1024KB 时，随着磁盘的个数从 8 增加到 20，修复时间的比值从 0.929 增加到 0.971。其主要原因在于，RDOR-RDP 算法在修复时各个磁盘的访问顺序性不完全相同，并且故障盘的写入操作需要等待全部数据被重构出才可以执行。因此，当磁盘数目较多时，RDOR-RDP 算法相比于传统修复算法可能需要花费更多的时间在同步和等待上。由此可知，RDOR-RDP 算法在磁盘数目较多时，在修复时间上的改进相对较小。

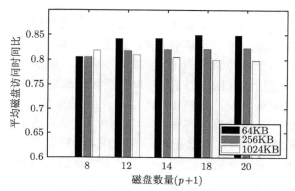

图 8.9　平均磁盘访问时间比值图

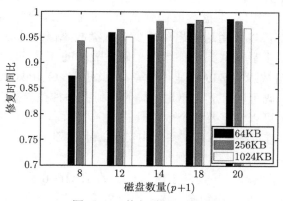

图 8.10　修复时间比值图

上述实验结果表明：① 采用 RDOR-RDP 算法时，单个磁盘的平均访问时间相比于传统修复算法减少了 15.16% ~ 22.60%。磁盘的平均访问时间的减少意味着在在线的故障修复模式下 RDOR-RDP 算法可以降低系统的负载，处理更多的用户请求，提高系统的服务质量。此外，还可以进一步加快修复速度，提高整个系统的可靠性；② RDOR-RDP 算法在数据分块大小从 32KB 增大到 1024KB，磁盘个数从 8 增加到 20 时，修复时间总是小于传统修复算法，表明 RDOR-RDP

算法的扩展性较好，可以应用于阵列存储系统中来减少单盘故障修复时的故障修复时间。③ 随着磁盘个数的增加，单个磁盘的平均访问时间的比值基本相同，修复时间的比值逐渐增加，其主要原因在于，当磁盘数目较多时，RDOR-RDP 算法相比于传统修复算法可能需要花费更多的时间在同步和等待上。

8.6　本章小结

RDP 码是 RAID 6 的代表性编码，它有行校验码与对角线校验码，可以容两个磁盘同时发生故障，保证数据不丢失。然而，在实际系统中，单磁盘故障的概率要大很多，要占到故障总数的 90% 以上。因此，单磁盘故障的数据修复速度是 RAID 6 的重要性能。传统的 RDP 单磁盘故障修复方法仅使用一种校验码，读取数据量大，恢复速度慢。针对 RDP 编码，RDOR-RDP 算法创新性地同时使用两种校验码进行单磁盘故障的修复，将故障修复从磁盘读取的数据量减少了 25%，加快了故障修复速度。本章证明了 RDOR-RDP 算法达到了修复单盘故障所需读取数据量的下界，并给出达到各磁盘负载均衡的理论基础与构造方法，还提供了 RDOR-RDP 算法的模拟性能。

针对本章介绍的 RDOR-RDP 算法，做如下总结。

(1) RDOR-RDP 算法首次提出用多类校验数据参与单磁盘故障的恢复，旨在减少故障修复过程中从磁盘读取的数据量，加快故障修复速度。任何容多磁盘故障的编码，都可以采用这种思路减少单磁盘故障修复从磁盘读取的数据量。在此方面已经有很多后续成果，如容两个磁盘故障的 EVENODD 码[126] 和 X-码[127]，容三个磁盘故障的 STAR 码[128] 等。由此思路，Gollakota 等设计了 Zigzag 码[129]，当 Zigzag 码可以容 r 个磁盘故障时，利用 r 种校验数据同时参与单磁盘故障恢复，理论上可以仅需要整个数据量的 $1/r$。然而，当 r 增大时，理论上要求的编码域太大，难以在实际存储系统中实现。针对 Zigzag 码，后续也有很多改进工作。

(2) 本章提供的实验结果是基于磁盘构成的 RAID 6 系统完成的，实验中修复时间减少的比例比 25% 小很多。这主要有以下三方面的原因：① RDOR-RDP 算法破坏了访问磁盘的连续性，造成数据读延迟增加。但是，对于固态硬盘来说，其随机访问性能与连续访问性能相差很少，所以 RDOR-RDP 算法在固态硬盘上的实验效果好很多；② 实验中，写修复数据是向单个备份盘上写的，与传统方法相同，占用了一半的 I/O 时间。在 RAID 2.0 中，是在多个盘上预留存储空间，用以存储修复数据，当向多个盘上的预留空间写入修复数据时，数据写入就不是瓶颈，会大大加速数据写入，RDOR-RDP 算法的优势就更大；③ 在 RAID 系统中，数据传输延迟很小，RDOR-RDP 算法的优势就不是很明显。若将 RDOR-RDP

算法应用于由网络连接的数据中心，网络带宽受限，网络延迟增加，RDOR-RDP 算法会节省数据传输，优势就更明显。

(3) 尽管 RDOR-RDP 算法是针对 RAID 6 磁盘阵列系统提出的，但该思想可以拓展到分布式存储系统。

第 9 章　故障修复任务的分批优化调度

在基于纠删码的容错存储中，如 HDFS，往往随机分布数据块/校验块，在故障修复过程中随机选择源数据节点和替换节点。在大规模的存储系统中，存有大量的数据，这种随机分布的方法可以达到数据的均匀分布与负载均衡。但是，由于内存容量、网络带宽、CPU 计算能力等方面的限制，故障盘中数据的修复过程是分批次执行的。现有的修复方法将序列号连续的一些待修复的数据打包成一个批次，且随机选择源节点和替换节点，造成在每个批次内故障恢复的负载严重不均衡，影响故障恢复速度。本章提出二分图模型和批处理算法，将修复任务打包成批处理，并在一个批次确定性选择源节点，平衡节点之间的上游修复流量；然后使用另一个二分图模型和最大匹配算法，来选择替换节点以平衡其下游修复流量和解码负载。据此，提出了故障恢复方法 SelectiveEC，并且在 HDFS 3 中加以实现。实验结果表明，在同构环境中，与 HDFS 相比，SelectiveEC 将修复吞吐量提高了 30.68%，与使用最先进的优化故障恢复方法的 CAR、ECPipe 和 PPR 相比，修复吞吐量提高了 20% 以上。在异构网络环境下，与 HDFS 相比，SelectiveEC 甚至可以实现高达 14.63 倍的平均修复吞吐量[130]。

9.1　故障分批修复的负载不均衡问题

在基于纠删码的存储系统中，修复故障数据会导致磁盘 I/O、网络传输和解码等方面都有很高的开销，故障数据修复时间长。特别是，随着单个节点的容量和分布式存储系统中存储设备数量的不断增加，整体故障数据修复时间也在不断增加。例如，分布式存储系统盘古，由超过一万个节点组成，每个节点存有多达 72TB 的数据。因此，需要为基于纠删码的分布式存储系统设计高效的故障数据修复方法，以减少不可用数据的停机时长，并满足各种应用程序对延迟、可用性和持久性的严格要求。

假定系统部署的是一个 (k, m)-MDS 纠删码，从系统可靠性角度考虑，同一个条带中的 $k + m$ 个数据块/校验块分别存储在 $k + m$ 个不同的节点中，每个节点存一个块。在大多数实际部署的基于纠删码分布式存储系统中，数据块/校验块在节点之间随机分布。当系统出现故障时，对每一个丢失的块，从同一个条带中随机挑选 k 个存活的块；从存有这 k 个块的节点 (称为源节点) 中读取这些块；重构出丢失的块；然后写到一个随机选择的存活节点 (称为替换节点，替换节点不能存有该条带中的块)。

现有方法随机分布数据块/校验块，在故障修复过程中随机选择源节点和替换节点。一方面，实现简单；另一方面，分布式存储系统中有大量的数据块/校验块，从统计的角度可以达到节点之间数据分布和工作负载的均衡。但由于内存容量、网络带宽、CPU 计算能力等方面的限制，故障盘中数据的修复过程是分批次执行的。现有的修复方法将序列号连续的一些待修复的数据打包成一个批次。因为每个批次中待修复的数据量有限，随机分布数据块/校验块会导致每批次内各节点负载严重不均衡，而随机选择源节点和替换节点则会加剧这种不均衡性。此外，异构的存储系统环境、动态变化的工作负载和流量也会对此产生影响，最终这种不均衡会明显拖慢修复过程。

出于成本的考虑，分布式存储系统中机架和节点间的网络通常配置为 1Gbit/s 或 10Gbit/s 的以太网，这显著低于节点内的磁盘 I/O 带宽。系统还需要保留足够的网络带宽来服务在线应用程序，如 MapReduce 任务和数据查询。所以在分布式存储系统中，数据修复工作仅能使用有限的网络带宽，如在盘古系统中修复带宽的默认设置为 30MB/s。尽管部署 Infiniband 等高速网络可以加快网络传输过程，但不同节点上用于故障修复的工作量是不均衡的，这仍然会减慢整体修复。本章将介绍以下方法来平衡节点上的故障修复工作负载：①不采用将连续序列号的多个条带打包到一个批次的方式，而是从大量待修复的数据中挑选一些，将这些条带打包到一个批次，结合对源节点的确定性选择算法，达到从各个节点读取源数据的均衡。②确定性地选择替换节点，使得各个节点间解码的工作量与写入已经修复的数据量达到均衡。基于上述两种方法，本章提出了一个平衡调度模块 SelectiveEC，用于在分布式存储系统中进行有效的故障修复。本章方法可用于修复多节点故障，在异构环境以及网络和磁盘 I/O 带宽等资源动态变化的情况下同样适用。

9.2 分批修复故障数据的性能瓶颈分析

纠删码有很多的种类，其中 MDS 码具有最小的存储冗余，在当前的系统中应用最为广泛，因此本章介绍的算法是针对满足 MDS 限制的纠删码。尽管其存储效率高，但纠删码在故障修复过程中会引入大量 I/O 负载、网络流量和 CPU 开销，还会导致对故障数据块的降级读，干扰对存活数据的正常访问。因此，在基于纠删码的分布式存储系统中提供快速故障修复方法，缩小不可用数据的时间窗口，并满足各种应用程序严格的延迟、可用性和持久性要求至关重要。

9.2.1 故障修复的网络瓶颈

针对满足 MDS 性质的纠删码，重构某个故障数据块的过程如下。首先，选择一个替换节点。基于可靠性的需求，替换节点不能存有与待修复的数据块在同一个条带的某个数据块或校验块。然后，从 $k+m-1$ 个源节点中读取与待修复的数据块在同一条带中的 k 个块，通过解码修复丢失的块，最后将解码生成的块写入替换节点的持久化存储。为了深入理解修复过程中的性能瓶颈，将单个故障数据块的重构时间分解为四个部分：① t_1 为从本地磁盘读取 k 个块到 NIC 在源节点的缓冲区的用时；② t_2 为将块从源节点传输到替换节点的用时；③ t_3 为解码用时；④ t_4 为替换节点上持久化存储修复块的用时。设块大小为 B，源节点 s 的读磁盘带宽为 $B_{\mathrm{I/O}}^s$，替换节点 r 的写磁盘带宽为 $B_{\mathrm{I/O}}^r$，网络带宽为 B_w。修复时间可以估计为 $t = t_1 + t_2 + t_3 + t_4 = \max\limits_{s}\left(\dfrac{B}{B_{\mathrm{I/O}}^s}\right) + \dfrac{kB}{B_w} + t_{\mathrm{decoding}} + \dfrac{B}{B_{\mathrm{I/O}}^r}$。

为了了解在实际系统中每个步骤的运行时间，在一个由 18 个节点组成的分布式存储系统上进行了实验分析，其中每个节点配有两个 Xeon(R) E5-2650 CPU、64GB 的 DRAM 和一个 500GB 的 SSD 盘，并通过 10Gbit/s 网络互连。所部署的系统为 HDFS3.1.2，使用 RS 码作为编码方案，块大小设置为 HDFS 默认的 128MB，修复的网络带宽设置为盘古建议的最低配置 30MB/s。表 9.1 给出了配置不同 RS 码时的修复时间，其中第三列的百分比为网络传输时长占重建总时长的比例。这四个步骤中，传输时间 t_2 在总修复时间的占比最大，约为 92%，而 $t_1 + t_4$ 与纠删码参数几乎无关，比 t_2 小两个数量级。此外，当数据块的数量 k 变大时，t_2 和 t_3 都会增加，这是因为 k 变大时，修复一个数据块会导致更多的网络流量，以及更高的重构解码计算复杂度。而不论 k 如何取值，总修复时长中 t_2 的占比几乎是恒定的。这可以解释如下：如果 k 增加 α 倍，则网络传输时间与总修复时间的比例约为 $\dfrac{\alpha t_2}{t_1 + \alpha t_2 + \alpha t_3 + t_4} \approx \dfrac{\alpha t_2}{\alpha t_2 + \alpha t_3} = \dfrac{t_2}{t_2 + t_3} \approx \dfrac{t_2}{t_1 + t_2 + t_3 + t_4}$。因此，从源节点到替换节点的数据传输时间 t_2 占整个修复过程的绝大部分时间，修复过程面临的瓶颈主要是网络传输。

表 9.1   使用 RS 码和 30MB/s 修复带宽重构一个块的时间成本

(k, m)	t_1/ms	t_2/ms	t_3/ms	t_4/ms
(3, 2)	30	12375(91.80%)	648	427
(6, 3)	51	25907(93.26%)	1367	454
(10, 4)	68	43431(92.56%)	2828	596

9.2.2 修复批次内数据非均匀分布

在故障数据修复过程中，为了保证对前端请求的服务质量，分布式存储系统通常分配有限的修复带宽用于故障数据修复，并且分批次修复丢失的数据，在每个批次里，待修复的故障数据有限。例如，HDFS 的默认批次大小是存活数据节点数的两倍。为了验证分批修复的必要性，在上述 HDFS 系统中分 15 批修复 512个 128MB 的数据块 (共 60GB)，一个故障块对应一个修复任务，并与不分批的处理方式进行性能比较。图 9.1 反映了系统随时间的推移完成的修复任务数，不分批修复的总用时比分批处理长 14.49%。这是因为不分批修复的过程中有过多的修复任务并发运行，导致严重的资源竞争，其中一些修复任务在超时后会重新启动，被视为新任务，从而多次执行，致使系统引入了 12.30% 的额外修复任务。因此，分批修复是一个有效的设计策略。

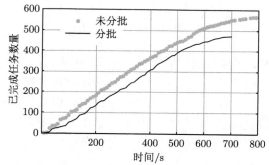

图 9.1 (6,3)-RS 码和 150MB/s 带宽设置下的分批修复与不分批修复完成修复任务的时间比较

然而，分批修复策略面临着严重的修复负载不均衡的问题，在一个批次的修复过程中，往往会出现部分节点的网络流量和解码计算负载过重，而其他节点的修复带宽没有得到充分利用，从而降低了修复速率。为了分析分批修复的负载不均衡程度，本节给出 HDFS 系统中每个修复批次在各个节点上负载情况的实验分析。实验中采用 HDFS 常用的分布方式，将数据块/校验块随机分布到各个物理节点，所有的条带均采用 (6,3)-RS 编码。默认情况下，HDFS 用于修复的批次大小是活跃数据节点数的两倍。在实验用的 18 节点集群中，除去 1 个主节点，有17 个数据节点作为数据存储节点，因此批次的默认大小为 34。对于一批修复任务，理论上将有 $(6+3) \times 34 = 306$ 个块随机分布在 17 个存储节点上，平均每个节点有 18 个块。然而，如图 9.2(a) 所示，实际上各节点保存的块数量并不均匀。大约 70% 的节点存有 $15 \sim 21$ 个块。存储块数最多的节点有 25 个块，而最少的节点仅有 12 个块，两者有 2.08 倍的存储量差距。批次内不均匀的数据分布是导

致修复负载严重不均衡问题的主要原因。

接下来用变异系数 (简记为 CV), 即标准差与均值的比值, 对上述数据布局不均匀现象进行理论分析。假设将 $2n$ 个条带中的 $2n \times (k+m)$ 个块随机分布到 n 个节点。则一个块分配给某个节点的概率为 $p = (k+m)/n$。一个节点上存储的块数满足具有相同概率 p 的 $2n$ 个事件的二项分布。因此,

$$\mathrm{CV} = \frac{\sqrt{2np(1-p)}}{2np} = \sqrt{\frac{1 - \dfrac{k+m}{n}}{2(k+m)}} \tag{9.1}$$

在大规模分布式存储系统中, 系统节点数 n 的值往往大于数百, 因此 $k+m \ll n$。所以有

$$\mathrm{CV} = \sqrt{\frac{1 - \dfrac{k+m}{n}}{2(k+m)}} \approx \sqrt{\frac{1}{2(k+m)}} \tag{9.2}$$

当系统规模足够大时, 变异系数 CV 近似由 k 和 m 决定, 与分布式存储系统规模 n 基本无关。图 9.2(b) 呈现了 (6,3)-RS 码一个批次内数据分布的 CV 与系统规模的关系图。从图中可以看出, 本书模型估计的 CV 值与实验数据基本匹配。CV 值随着集群规模的扩展而增加, 当系统有不少于 100 个节点时, CV 趋于稳定。对于 (6,3)-RS 码, 稳定后的 CV 恰好是按二项分布估计的值 $\sqrt{1/18} \approx 0.2357$。

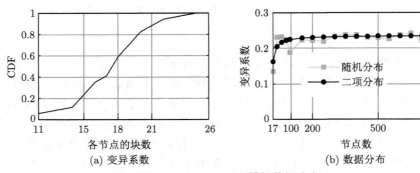

(a) 变异系数　　　　　　　　　(b) 数据分布

图 9.2　(6,3)-RS 码模拟数据分布

综上所述, SelectiveEC 的目标是从大量的待修复数据中, 选出一些数据, 将其打包在一个批次中, 使得一个批次待修复数据对应条带中的数据块/校验块分布均衡, 最终实现修复负载均衡。因为各个节点上都存有大量的数据块/校验块, 所以有可能挑选出一批次的待修复数据, 达到批次内负载均衡。

9.3 分批修复模型

本节介绍如何用二分图模型来刻画一批待修复数据的源节点和替换节点之间的映射关系，由此计算这一批修复任务引起的网络流量和修复负载的分布情况。为了便于理解，假设分布式存储系统的网络是同构的，即所有节点的下行和上行带宽都相同。进一步假设只有一个节点发生故障并且分布式存储系统部署了 (k, m)-MDS 纠删码，因此每个条带中最多丢失一个块。称一个丢失块的修复是一个修复任务 (有时简称为任务，用 T 表示)。将 n 个存活节点的集合表示为 $\mathbb{N} = \{N_1, N_2, \cdots, N_n\}$。后面将扩展此模型，使其适用于异构网络和多节点故障的情形。

9.3.1 替换节点图

给定一个批次中的 n 个修复任务集合 $\mathbb{T} = \{T_1, T_2, \cdots, T_n\}$，将替换节点的选择方式建模为一个二分图 $G_r = (\mathbb{T}, \Delta, \mathbb{N})$。在图 G_r 中，每个 $T_i \in \mathbb{T}$ 代表一个任务顶点，每个 $N_j \in \mathbb{N}$ 代表存活顶点，而边 (T_i, N_j) 表示存活节点 N_j 可以作为任务 T_i 的替换节点。称这样的图 G_r 为替换节点图。

若图 G_r 中存在完美匹配，则所有 n 个修复任务可以平均分配给 n 个存活节点，每个节点执行一个修复任务。此时在相对应的这批修复过程中，所有存活节点之间的下行网络流量和解码负载是均衡的。图 9.3 展示了在部署 $(3, 2)$-纠删码并包含七个存活节点的分布式存储系统中，应用替换节点图 G_r 和源节点图 G_s(参见 9.3.2 节) 调度七个修复任务的示例，图的上半部说明了具有完美匹配的示例 G_r。每个任务 T_i 有三条边。例如，(T_1, N_1)、(T_1, N_6) 和 (T_1, N_7) 表示三个节点 N_1、N_6 和 N_7 中的任意一个都可以作为任务 T_1 的替换节点。在图 9.3 中，灰边表示可能的选择，黑边对应于一个平衡调度的完美匹配，其中每个存活节点都执行一个修复任务。

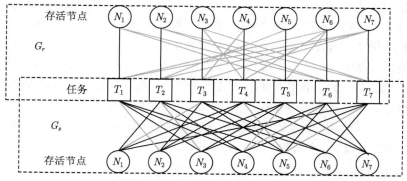

图 9.3 修复任务的调度示例

每个条带中有 $k + m$ 个数据块/校验块，同一个条带中的两个块不能存储在同一个节点上，因此系统中有 $k+m$ 个节点存储了某个条带中的块，其余节点没有存储该条带中的块。当一个节点发生故障时，每个被修复的数据块不能与同一个条带中的块存储于同一个节点，因此系统中有 $n-(k+m-1)$ 个节点可以作为一个被修复数据块的替换节点，每个任务顶点 T_i 的度数为 $n-(k+m-1)$。对于大规模分布式存储系统来说，$k+m \ll n$，所以 G_r 是一个密集图，在绝大多数情况下 G_r 中都存在完美匹配 (参见表 9.2 的结果)。值得一提的是，虽然绝大多数情况下图 G_r 中存在完美匹配，但仍会出现极少数没有完美匹配的情形。此时可以使用最大匹配和一些优化方法来优化替换节点的选择。

9.3.2　源节点图

与替换节点图类似，定义另一个二分图 $G_s = (\mathbb{T}, \Delta, \mathbb{N})$ 称为源节点图，对源节点的选择方案建立模型。在 G_s 中，每个 $T_i \in \mathbb{T}$ 代表一个任务顶点，每个 $N_j \in \mathbb{N}$ 代表一个源数据顶点，而边 (T_i, N_j) 表示 N_j 是 T_i 的源节点，即 N_j 中存储了一个数据块，而该数据块与 T_i 对应的故障数据块在同一个条带中，可以参与修复对应的故障数据块。如果在 G_s 中找到一个 k-正则生成子图，那么每个任务可以读取 k 个存活块进行修复，并且每个存储节点可以为 k 个任务提供 k 个块，故而每个节点的上行修复流量达到均衡。图 9.3 的下半部分给出了一个示例图 G_s。以 T_1 为例，它有四条边，即 (T_1, N_2)、(T_1, N_3)、(T_1, N_4) 和 (T_1, N_5)。这意味着 N_2、N_3、N_4 和 N_5 中的每一个存活节点都可以为任务 T_1 提供数据块，用于故障数据修复。在图 9.3 中，黑边表示 G_s 的一个 3-正则生成子图，这意味着每个任务可以接收三个块进行故障数据修复，并且每个存活节点贡献三个块，用于故障数据修复，达到上行修复流量的均衡。

当一个块丢失时，有 $k+m-1$ 个可用块来修复它。这表明在 G_s 中，每个任务顶点都连接到 $k+m-1$ 个源数据顶点。因此，源节点的选择等价于找到 G_s 的一个生成子图 H_s，使得在 H_s 中所有任务顶点都具有相同的度数 k，而源数据顶点的度数等于从对应源节点读取的块数。为了平衡存活节点之间的上行流量，需要最小化各源数据顶点之间的度数差异。显然，如果所有源数据顶点的度数都是 k，则达到了完全均衡。然而，由于每个批次内的数据布局不均匀，很难在 G_s 中找到 k-正则子图表 9.2 给出了基于 (3,2)-纠删码的存储系统中，源节点图存在 k-正则子图以及替换节点图中存在完美匹配的概率。幸运的是，由于当前分布式存储系统中节点的存储容量巨大，可以从其足够长的待处理修复任务队列中选择 n 个任务，使得源节点的上行流量达到 (近似的) 完全平衡。下面介绍一批修复任务的选择算法。

9.3.3　一批修复任务选择算法

对于一个批次中的 n 个修复任务，若在 G_r 中找到完美匹配，并且 G_s 中找到 k-正则生成子图，就可以为每个修复任务分配 1 个替换节点和 k 个源节点，使得该批次的修复流量与解码负载在所有存活节点中达到均衡。本节介绍如何选择 n 个修复任务，将其打包成一个批次，达到修复流量与解码负载的均衡。

由于在 G_s 中找到 k-正则生成子图比在 G_r 中找到完美匹配更困难，按照以下思路来选择 n 个修复任务，将其打包到同一个批次。首先，找到 n 个修复任务，使得 G_s 中存在 k-正则生成子图；然后由这 n 个任务构造 G_r，并且在 G_r 中为这 n 个修复任务确定一个完美匹配。需要说明的是，并不是永远都能够在 G_r 中找到完美匹配，并且在 G_s 中找到 k-正则生成子图。为了克服这个问题，本节设计了一个批处理算法，并使用最大匹配算法来最大限度地均衡修复负载。事实上，分布式存储系统的容量很大，其中有非常多的待修复数据，在实验中，在绝大多数的批次中，都可以在 G_r 中找到完美匹配，并且在 G_s 中有 30% 的批次可以找到 k-正则生成子图 (远大于表 9.2的概率)。余下的 70% 批次的修复负载也可以几乎达到均衡。

表 9.2　基于 (3,2)-纠删码的存储系统中，源节点图中存在 k-正则子图以及替换节点图中存在完美匹配的概率

节点数量	7	10	13	16	19
替换节点图	0.85	1	1	1	1
源节点图	0.43	0.13	0.03	0	0

在修复过程中，理论上每批次的大小 (即其中待修复任务数) 没有限制。为了负载均衡，每个批次的大小应该是存活节点数的整数倍。可以通过使用上述模型进行 l 次负载均衡，将每 $l \times n$ 个修复任务打包到一个批次。但是，修复性能受批次大小的影响，最优的批次大小会受到并发任务资源冲突、超时参数等多种因素的影响，与存储系统的配置密切相关。9.6 节将通过实验详细讨论批次大小对修复性能的影响。另外，尽管前面介绍的模型假定分布式存储系统环境为同构的，但可以在 G_r 和 G_s 中设定权值，扩展 G_r 和 G_s，使它们可以应用于异构环境。

9.4　SelectiveEC 的设计

基于 9.3 节介绍的模型，图 9.4概要描述了故障修复的调度方法 SelectiveEC。在发生故障时，分布式存储系统中有许多丢失的块需要修复，这些待修复的块存放于修复任务队列中。SelectiveEC 从队列中选择 n 个修复任务，将其打包到一个批次中，而不是通过 FIFO 的简单分批方式，以达成网络流量和修复负载的均衡。

SelectiveEC 由以下三个步骤组成。

(1) 通过批处理算法找到 n 个修复任务的集合 $\mathbb{T}$，使得对应的 G_s 中存在一个 k-正则生成子图 H_s。如果找到，则上行修复流量完全平衡。否则，批处理算法

找到一组任务，其中存活节点之间的上行修复流量的差异最小。

(2) 基于 $\mathbb{T}$，构造 G_r，在 G_r 中找到最大匹配 $\mathbb{M}$。如果 $\mathbb{M}$ 是完美匹配，则下行修复流量和解码负载完全均衡；否则，为近似平衡。

(3) 将 $\mathbb{T}$ 中的任务打包成一个批次，然后根据步骤 (2) 中的匹配 $\mathbb{M}$ 和步骤 (1) 中的子图 H_s 分配替换节点和源节点，最后执行该批次的修复任务。

以上三个步骤仅仅概述了 SelectiveEC 的基本思想，后面介绍 SelectiveEC 的详细流程。

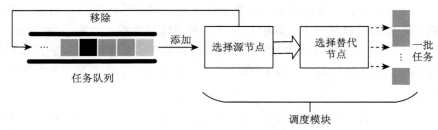

图 9.4 SelectiveEC 概要

9.4.1 单节点故障修复

本小节将针对同构分布式存储系统中单节点故障的修复问题，介绍 SelectiveEC 的详细流程，后面再讨论如何扩展到多节点故障与异构存储系统的情形。

给定一组 n 个修复任务的集合 $\mathbb{T}$，构建一个源节点图 G_s。基于 G_s，构造流图 F_{G_s} 如下：① 在 G_s 上添加一个顶点 s，作为 F_{G_s} 的 source，并且从 s 到 G_s 中每个任务顶点添加一条有向边，容量为 k；② 添加另一个顶点 t，作为 F_{G_s} 的 sink，并且从每个源数据顶点向 t 添加一条有向边，容量为 k；③ 将 G_s 中所有的无向边转换为从任务顶点到源数据顶点的有向边，容量设置为 1。图 9.5(a) 示例了流图的构造。

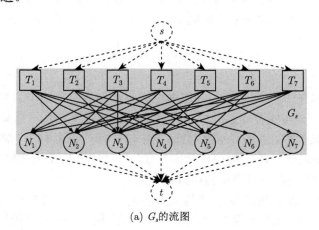

(a) G_s的流图

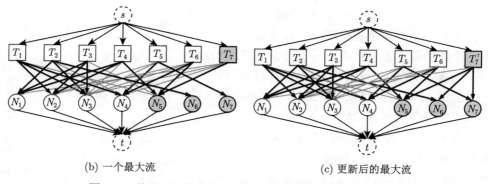

(b) 一个最大流　　　　　　　　(c) 更新后的最大流

图 9.5　基于 G_s 的分布式存储系统中修复任务的分批示例

对于 F_{G_s} 的一个流函数 f，如果某任务顶点流出的流量是 k，表示该顶点对应的修复任务能够读到 k 个可用块来完成修复任务，即可以修复对应的丢失块。在这种情况下，称这个任务顶点是饱和的。此外，流进每个源数据顶点的流量最多为 k，所以一个批次中的所有修复任务从一个源节点最多读 k 个块。目标是找到一个流图 F_{G_s}，具有最大流 f，使得所有任务顶点都饱和，并且所有源数据顶点都具有相同的流进流量 k(也称此类源数据顶点是饱和的)，使得从每个存活节点都读取 k 个块用于故障数据的修复，在存活节点间达到上行修复流量的均衡。期望 f 的流函数值是 kn，这样就可以构造一个 G_s 的 k-正则生成子图 H_s，其中，H_s 的边对应于 F_{G_s} 中流值为 1 的有向边。

接下来介绍一种近似最优的一批修复任务的选择算法，将 n 个修复任务打包成一个批次，并为每个任务选择源节点与替换节点。

修复任务选择算法:

(1) 任选 n 个任务，组成 $\mathbb{T}$。例如，可以从任务队列中顺序选择 n 个任务。

(2) 根据 $\mathbb{T}$ 构造 G_s 和 F_{G_s}。

(3) 找出 F_{G_s} 的最大流 f。

(4) 如果流 f 的流量为 nk，则 G_s 中存在 k-正则生成子图，转步骤 (5)。否则，在 G_s 中找出流出流量最小的任务顶点，设为 $T_i \in \mathbb{T}$。从剩余任务队列中选择另一个任务 $T \notin \mathbb{T}$，使得 T 的不饱和源数据顶点比 T_i 的多。用 T 替换 $\mathbb{T}$ 中的 T_i，即令 $\mathbb{T} \leftarrow (\mathbb{T} - \{T_i\}) \cup \{T\}$，转到步骤 (2)。如果找不到这样的 T，则转到步骤 (5)。

(5) 根据流 f 构造 H_s。停止。

图 9.5(b) 显示了图 9.5(a) 的最大流，其流量为 $17 < 3 \times 7 = 21$。选择流出流量最小的任务顶点 T_7(其流量为 1)，将作为备选任务从 $\mathbb{T}$ 中换出。T_7 仅仅与一个源数据顶点 N_5 相连，在为 T_7 找到源数据顶点之前，N_5 是不饱和的，即 T_7

只连接了一个不饱和源数据顶点 N_5。由算法的步骤 (4)，找到一个新任务 T_7'，它连接了三个不饱和源数据顶点，即 N_5、N_6 和 N_7。用 T_7' 代替 T_7，更新流图并找到一个新的最大流，其流量增加 2(见图 9.5(c))。

定理 9.1说明了修复任务选择算法的正确性。

定理 9.1　　经过修复任务选择算法的每一轮迭代，最大流的值至少增加 1。因此修复任务选择算法将正确终止。

证明　　在修复任务选择算法的每一轮迭代中，在步骤 (3) 计算当前流图 F_{G_s} 的最大流 f(如用 Ford-Fulkerson 算法)，其值为 $\mathrm{Val}(f)$。如果 $\mathrm{Val}(f) < nk$，则 F_{G_s} 中存在不饱和任务顶点。设流出任务顶点 T 的流量最小，显然 T 是不饱和任务顶点。设 T 与 $f_T < k$ 个不饱和源数据顶点相连。如果在步骤 (4) 找到一个任务 T'，用 T' 替换 T，算法将执行下一轮迭代，并将 F_{G_s} 更新为 $F_{G_s'}$。根据步骤 (4) 中的替换规则，假设 T' 与 l 个不饱和源数据顶点相连，则有 $l > f_T$ (参见图 9.5(b) 和 (c))。基于 $F_{G_s} - T$ 中的最大流，$F_{G_s'}$ 中至少存在 l 条可增广路径，因此 G_s' 中最大流 f' 的值满足 $\mathrm{Val}(f') \geqslant \mathrm{Val}(f) - f_T + l \geqslant \mathrm{Val}(f) + 1 > \mathrm{Val}(f)$。所以在每次迭代中，最大流的值至少增加 1。否则，算法将会终止。　　证毕。

下面介绍替换节点的选择。替换节点的选择决定了一个批次修复任务的执行过程中，系统中节点的下行修复流量和解码负载的均衡程度。针对上述修复任务选择算法生成的一批修复任务，构建一个替换节点图 G_r，用最大匹配算法 (如匈牙利算法) 在 G_r 中找到一个最大匹配，并据此选择每个任务的替换节点。如果最大匹配是 G_r 中的完美匹配，则修复的并行度最大，且下行修复流量和解码负载达到完全均衡。事实上，由于在大型或中等规模的分布式存储系统中有很多节点，通常 $k + m \ll n$，二分图 G_r 中每个顶点的度数都很大。因此，在实际系统中，G_r 基本上都满足存在完美匹配的霍尔定理，这意味着通常都可以找到用于选择替换节点的完美匹配 (见表 9.2)。定理 9.2 验证了这一点。

定理 9.2　　设分布式存储系统中有 n 个存活节点，采用 (k, m)-纠删码。在发生单节点故障的情况下，给定一组 n 个修复任务的集合 $\mathbb{T}$，G_r 中存在一个完美匹配的概率 $P \geqslant 1 - e^{-\frac{1}{2p}(p - \frac{1}{2})^2 n}$，其中 $p = \dfrac{1}{n - (k + m - 1)}$。例如，当 $n \geqslant 100$，采用 $(6, 3)$-纠删码时，$P > 99\%$。

证明　　由霍尔定理可知，如果 G_r 中顶点的最小度数大于等于 $n/2$，则存在完美匹配。通过检查 G_r 中每个顶点的度数来给出证明。一方面，在发生单节点故障的情况下，每个任务顶点的度数为 $n - (k + m - 1)$，当 $n \geqslant 2(k + m - 1)$ 时，每个任务顶点的度数大于 $n/2$。在大规模或中等规模的分布式存储系统中，$k + m \ll n$，所以 $n - (k + m - 1) \geqslant n/2$ 自然成立。另一方面，对于每个存活节点来说，该节点作为任务的替换节点的事件是独立的，概率为 $p =$

$\dfrac{1}{n-(k+m-1)}$。所以每个替换顶点的度数，即对应的存活节点上可以执行的修复任务的数量，遵循参数为 n 和 p 的二项分布。根据切尔诺夫界，满足 $P = \Pr[X > n/2] \geqslant 1 - \mathrm{e}^{-\frac{1}{2p}n(p-\frac{1}{2})^2}$。随着 n 的增加，P 接近于 1。例如，当 $n \geqslant 100$ 时，采用 $(6,3)$-纠删码时，$P > 99\%$。所以在大型或中等规模的分布式存储系统中，G_r 中通常都存在完美匹配。

SelectiveEC 的时间复杂度：SelectiveEC 的计算时间主要来自对源节点和替换节点的选择。在修复任务选择算法的每次迭代中，步骤 (1)~(3) 的主要运行时间是在 G_s 中找最大流。假定使用 Ford-Fulkerson 算法，其时间复杂度为 $O(2n^2(k+m-1))$。步骤 (4) 是在 $\mathbb{T}$ 中找到一个具有最小流出流量的任务 T，使得 T 连接到的不饱和源数据顶点最少；步骤 (4) 还需要从长度为 L 的待处理任务队列中找到一个新任务来替换 $\mathbb{T}$，其时间复杂度是 $O(n+n+(n+(k+m-1))L)$。由定理 9.1 知，修复任务选择算法每迭代一轮，对应的最大流的值至少增加 1。而且，在算法的执行过程中，初始批次的修复任务对应的最大流的值至少是 $k(k+m-1)$；而算法结束时，一个批次修复任务的最大流的值最大为 kn，所以修复任务选择算法最多迭代运行 $kn-k(k+m-1)$ 轮。故 SelectiveEC 的时间复杂度为 $O(2n^3k^2+kn^2L)$。

SelectiveEC 的时间复杂度随着待处理修复任务队列的长度 L 或集群规模 n 的增加而增加，从而影响整个修复速度。以下是一些优化措施，以减少 SelectiveEC 在大规模分布式存储系统中的调度开销。

大规模分布式存储系统：在实际部署中，大规模分布式存储系统通常划分成区域 (region)、分区 (zone) 或机架 (rack)，然后将数据存储到分布式存储系统的某个子集群中。因此，SelectiveEC 一般运行在节点数量有限的子集群中，避免 n 过大，导致时间复杂度过高。

长任务队列：若某个"胖节点"上存有数百万个块，一旦该节点发生故障，待修复任务队列中会有大量的修复任务，增加算法的时间复杂度。因为 $L > n^2$，将任务分成多个组，在每个组内 L 变小，降低修复任务选择算法的时间复杂度。另外，分批调度算法的执行时间远比故障数据修复时间短，可以通过流水线方式将其隐藏在上一批次的修复过程中。

在本章的性能分析中，实验结果表明，在具有 18 个节点的真实 HDFS 系统中，修复任务队列长度约为 1600，SelectiveEC 仅使用 100 个批次进行故障修复，就可以达到很好的修复性能 (参见图 9.9)。更进一步，模拟实验表明，即使在 700 个节点的大规模分布式存储系统中，SelectiveEC 的调度成本也可以完美隐藏在调度-修复的流水线执行过程中 (见图 9.12(b))。

虽然 SelectiveEC 尽量均衡地分配了修复工作量，但在某些情况下，一个批次中仍存在不饱和顶点。为此，本节设计了启发式算法，进一步提高修复速度。

任务顶点不饱和：批处理算法可能找不到最大流 f，使得所有任务顶点都饱和，尤其是在修复过程接近尾声，待修复任务不多，从中寻找替换任务的可选择性不大；或者系统规模很小的时候。若任务顶点不饱和，则读不到 k 块源数据，导致故障数据无法修复。在这种情况下，放宽从每个源数据顶点读取不超过 k 块的限制 (此前从源顶点到 t 的有向边的容量都是 k)。对于批处理算法尾期的不饱和任务，启动了一种启发式算法，该算法逐一检查不饱和任务顶点，并为其补充源数据节点。对于每个不饱和任务顶点 T，从 T 潜在的源数据顶点中选择负载最轻的顶点，将其更新为 T 选择的源数据顶点，直到 T 连接 k 个源数据顶点。

不存在完美匹配：在调度替换节点时也可能找不到完美的匹配。类似地，放宽了每个存活节点在一个批次的修复中最多修复一个任务的限制，对没有指定替换节点的每个任务，从其替换节点的候选中选择负载最轻的节点来执行。

启发式算法的时间复杂度来自两个方面：扫描每个节点的流值，时间复杂度为 $O(n)$；根据源数据顶点/替换顶点的流入流量/流出流量进行排序，选择不饱和任务顶点和没有安排替换节点的任务顶点，时间复杂度为 $O(n \log n)$。与调度开销相比，启发式算法的时间复杂度可以忽略不计。

9.4.2　异构环境

在实际的分布式存储系统中，存储设备通常是异构的，网络带宽是动态变化的。为了将 SelectiveEC 应用到异构环境中，可以通过将可用带宽的权重添加到流图中，对 SelectiveEC 进行扩展。以调度修复任务的源节点为例。设 B_{out}^i 为从节点 N_i 实时收集的可用上行带宽，其平均值为 $\overline{B}_{\text{out}} = \sum_i B_{\text{out}}^i / n$。显然，从带宽更高的源节点读取更多的块，可以加快故障修复过程。将连接源顶点 N_i 到 t 的边的容量设置为 $\left\lceil k \dfrac{B_{\text{out}}^i}{\overline{B}_{\text{out}}} \right\rceil$。此时，该加权流图中的最大流仍对应一批修复任务及其源数节点的选择，而且可以有效地使用带宽，加快修复速度。替换节点的选择与此类似。

9.4.3　多节点故障修复

SelectiveEC 同时支持多节点故障修复。当多个节点故障时，待修复的条带要么只丢失 1 个块，要么丢失多个块。对于丢失了多个块的待修复条带，由一个主节点专门执行修复任务，修复完成后在主节点本地存储一个被修复的块，并将其他被修复的块迁移到辅助替换节点。此时，除了平衡修复下行流量及解码负载，还需要平衡迁移被修复块的工作负载。所以调度过程可以分为两个步骤。①SelectiveEC 执行类似于单节点故障修复的调度，以达到源节点和主替换节点的平衡选择。②SelectiveEC 通过寻找最大匹配或最大流来均衡地将被修复块从主替换节点分配到辅助替换节点上。

9.5 实 现

SelectiveEC 内置于 HDFS 3.1.2，具有 3500 行 JAVA 代码。

2014 年，纠删码引入 HDFS 中，用于存储容错，之后有很多优化的成果。在节点发生故障的情况下，故障条带的修复任务存入 NameNode 中的待处理任务队列。NameNode 上的 ECManager 协调修复任务。默认设置下，ECManager 将修复任务分批处理，每批 $2n$ 个修复任务，然后为每个修复任务选择一个替换节点，最后将任务分发到对应的 DataNode 上。关于修复任务的源节点选择，HDFS 为 NameNode 中的候选源节点维护一个列表 BlockIndices，并通过 RPC 将其发送到替换节点，其中前 k 个节点将参与修复。将 SelectiveEC 嵌入 ECManager 中，将 n 个任务打包成一个批次，在各个节点间均衡修复流量和解码负载。

为避免多个批次之间过多修复任务的重叠，NameNode 在 HDFS 中默认设置连续批次发放的时间间隔为 3 秒。因为一个批次的修复任务完成时间取决于纠删码的参数、分布式存储系统的配置和前端工作量，而且变化很大。例如，在实验中，(3,2)-RS 码, (6,3)-RS 码和 (10,4)-RS 码的网络传输用时分别为 1.7 秒，3.2 秒和 5.8 秒。对于 (10,4)-RS 码来说，3 秒显然无法完成一个批次任务的修复，所以设置固定的批次间的时间间隔长度是不合理的。

为了解决这个问题，把时间间隔设置为 $\dfrac{kB}{B_w}$(称为 time$_{\text{slot}}$)，即传输 k 个源数据块到替换节点的用时。通过这种可调的批次间时间间隔，可以明显地消除由于从 ECManager 发送一批任务太快或太慢而导致的性能下降。为了能够真正体现 SelectiveEC 的优势，在实验分析部分，将所有的故障修复方法都按照这种方式进行了优化。

SelectiveEC 重用了 HDFS 中的主要元数据结构，包括 DataNode 和纠删码块组的信息，几乎不会引入额外的 RPC 和元数据开销。

9.6 性 能 评 估

首先在本地的 18 个节点集群上部署 SelectiveEC，其中每个节点有 2 个 Intel(R) E5-2650 V4 CPU、64GB 内存、10GE 以太网网卡和 500GB SSD，运行 CentOS 7.8.2003 操作系统。此外，在 Amazon EC2 测试平台上也对其进行了评估，该测试平台由美国东部 (俄亥俄州) 地区的 50 个 m5.lar-ge 实例组成。每个实例有两个 vCPU 和 8GB RAM，以及 10Gbit/s 的峰值网络带宽。

为 HDFS 3 配置 1 个 NameNode 和 17 个 DataNode。为了模拟节点故障，随机选择 DataNode，并人为地终止它们的进程。系统以及修复的默认配置是 30MB/s 的同构修复网络带宽，(6,3)-RS 码，16MB 块大小，待修复任务分成 100 批执行，每批包含 16 个修复任务。为本地集群写入大约 286GB 数据 (AWS 上为 2.45TB)，单个故障节点会产生大约 30GB(AWS 为 84GB) 的故障数据。还在实验中改变了网络带宽、EC 参数和块大小。绘制了包括误差线在内的 5 次运行的平均结果。

在大规模分布式存储系统中通常采用随机数据布局，从而达到存储负载均衡。所以实验中比较的对象是 HDFS 默认配置，数据块和校验块随机分布，HDFS 随机选择源节点和替换节点参与修复。将 SelectiveEC 的性能分别与 HDFS 中的默认修复方案、来自 CAR 的负载均衡方案 Greedy1，以及来自 ECPipe 和 PPR 的 Greedy2 这两种当前最好的优化故障修复方案进行比较。Greedy1 从任务队列中依次初始化一批任务，逐一为每个任务选择源节点，以避免在有限的迭代中 (如 $n/2$ 次) 出现负载过重的节点。Greedy2 通过将任务一个一个地添加进来，选择当前 k 个负载最少的源节点，将任务打包成一个批次进行修复。通常仅对修复流量的负载均衡进行优化，如仅对源节点进行调度，或只是针对降级读等特定场景进行优化。SelectiveEC 通过结合源节点调度和替换节点调度来实现修复流量的负载均衡，以实现更好的网络利用率，同时支持单节点和多节点故障修复，并且适用于同构和异构的网络环境。

9.6.1　单节点故障修复

理想情况下，所有替换节点在 $\text{time}_{\text{slot}} = \dfrac{kB}{B_w}$ 时间内接收 k 个源数据块，可以同时批量执行丢失块的修复工作。令 $\#$ 是 $\text{time}_{\text{slot}}$ 内所有替换节点收到的块数。为了评估修复负载均衡的程度，定义一个平衡因子 $\lambda = \dfrac{\#}{nk}$。当 $\lambda = 1$ 时，就达到了理想情况，完全均衡。λ 越大，上下行带宽负载平衡程度越高。

图 9.6(a) 和图 9.6(b) 显示了 λ 在 100 个批次的 CDF 和平均值。SelectiveEC 的 λ 平均值为 0.95，而 HDFS 仅为 0.50，Greedy1 和 Greedy2 分别为 0.72 和 0.76，表明 SelectiveEC 实现了最佳负载均衡。

SelectiveEC 有少量几个批次的 $\lambda < 0.90$，这些批次只占总批次的 5% ∼ 10%，并且只出现在最后几批中，如图 9.6(a) 中黑色箭头所示。这是因为，在最后几批中，待选择修复任务队列中只剩下有限的修复任务来更新流图。但是，SelectiveEC 的 $\lambda > 0.85$ 始终成立，表明 SelectiveEC 的 λ 随着队列长度的减少而下降得非常缓慢，而将修复任务分成多个组的处理方式略微降低了 λ。

在本地集群上的实验中，首先写入大约 500GB 的数据，然后随机宕机一个具有约 100 批修复任务的存储数据节点，最后执行单节点故障修复。通过改变可用网络带宽、纠删码参数和块大小来评估修复吞吐量。

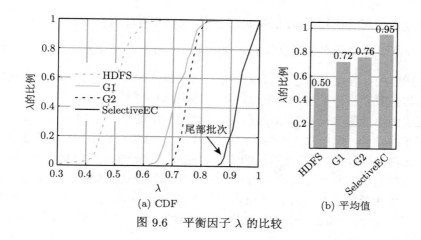

(a) CDF   (b) 平均值

图 9.6 平衡因子 λ 的比较

我们评估了不同修复带宽的性能，分别为 30MB/s、90MB/s 和 150MB/s（对应阿里云中的 Pangu-slow、Pangu-mid 和 Pangu-fast）。在图 9.7(a) 中，SelectiveEC 的修复吞吐量高于三个比较对象，在网络带宽为 30MB/s 时，平均值比 HDFS、Greedy1 和 Greedy2 分别高出 26.31%、23.08% 和 20.35%。三个比较对象和 SelectiveEC 的修复吞吐量都随着可用修复带宽的增加而增加。然而，当网络带宽为 90MB/s 和 150MB/s 时，SelectiveEC 相对于它们的优势会降低，因为高带宽时修复的网络传输用时减少，SelectiveEC 的优化策略对修复时间的相对贡献较小。

更高的网络带宽意味着网络瓶颈将得到缓解。但是 SelectiveEC 不仅在网络传输上，而且在磁盘 I/O、CPU 和内存使用上都有更好的负载均衡。因此，即使有 150MB/s 的带宽，SelectiveEC 的修复吞吐量仍然分别比 HDFS、Greedy1 和 Greedy2 高出 19.54%、17.64% 和 16.52%。

纠删码的影响：接下来评估不同纠删码配置下的修复性能，即 (3,2)-RS 码、(6,3)-RS 码 (Google 使用) 和 (10,4)-RS 码 (Facebook 使用)。由图 9.7(b) 可以发现，与 HDFS、Greedy1 和 Greedy2 相比，SelectiveEC 实现了最高的修复吞吐量，对 (3,2)-RS 码，分别提高 30.68%、29.27% 和 27.38%。原因是，在只有 $n = 16$ 个存活节点的小规模分布式存储系统中，用 (3,2)-RS 码比 (6,3)-RS 码和 (10,4)-RS 码更容易找到替换节点的完美匹配 (参考定理 9.2)。

虽然 RS 码是最常用的，但也有一些流行的纠删码，如 LRC 码和 MSR 码。因为用于修复的源节点的多样性和不确定性，SelectiveEC 现在不能直接应用于这些纠删码。LRC 码并不能够使用任意 k 块源数据来修复丢失的块。SelectiveEC 有可能通过调整源节点的选择来支持 LRC，需要独立设计算法。

块大小的影响：图 9.7(c) 展示了块大小设置为 4MB、16MB 和 64MB 时的修复吞吐量。所有比较对象和 SelectiveEC 的修复吞吐量在不同块大小下几乎没有变化，原因是在批次之间设置了一个可调整的时间间隔 $\left(\dfrac{kB}{B_w}\right)$。在当前批次的修复完成之前，便会预取下一批次任务的元数据，因此通过流水线，将元数据的管理过程隐藏在当前批次的修复中，不会影响修复时间。

批次大小的影响：图 9.7(d) 展示了批次大小设置分别为 $n(n = 16)$、$2n$ 和 $4n$ 时的修复吞吐量。当批次大小为 $l \times n(l > 1)$ 时，SelectiveEC 的恢复性能与批次大小为 n 时相似，其他三个算法的恢复性能则略差一些。这是因为 SelectiveEC 高效的调度保证了一个批次中每 n 个任务都能使网络带宽饱和，但是过多的修复任务会产生大量的重构线程，从而占用更多的内存和 CPU 内核，这会影响前端应用程序。因此，SelectiveEC 的批次大小可设置为 n，即分布式存储系统中存活节点的数量。

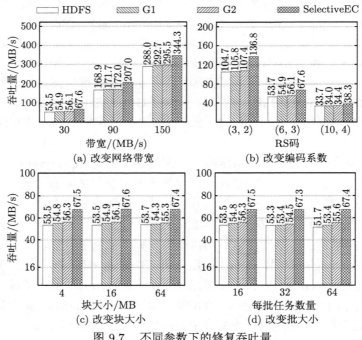

图 9.7　不同参数下的修复吞吐量

为了更好地理解 SelectiveEC 的优势，实验分析了其各个优化环节对性能优势的贡献，实验结果参见图 9.8。这组实验中，修复带宽设置为 30MB/s。将 SelectiveEC 模块拆分为仅源数据节点调度（+ S）和仅替换节点调度（+ R）。与 HDFS 相比，+S、+R 和 SelectiveEC 的修复吞吐量分别增加了 7.15%、12.81% 和 26.31%。由于更均衡的上行和下行修复流量，+S、+R 都比 HDFS 的修复性能好。一方面，+R 显示出比 +S 更高的修复吞吐量，因为均衡的替换节点调度不仅使下行流量平衡，同时也使解码块写入本地磁盘的磁盘 I/O 和用于解码的 CPU/内存使用更加均衡。另一方面，SelectiveEC 提高的性能大于 +S 和 +R 的总和。原因是网络连接的传输速度受限于上下行带宽的最小值。所以 SelectiveEC 不仅受益于单独的平衡源节点和替换节点调度，而且受益于它们的组合，体现出"1+1 > 2"的特性。另外，图中的虚线是基于网络传输的理论计算出的修复吞吐量上限，由 $\dfrac{nB}{\text{time}_{\text{slot}}} = \dfrac{nBw}{k} = \dfrac{16 \times 30}{6} = 80$ 计算得出。然而，网络传输占用了大约 92% 的修复时间，如表 9.1 所示，因此理想的修复吞吐量约为 $80 \times 0.92 = 73.6$。图 9.7(a) 显示，SelectiveEC 实现了 67.6 的吞吐量，即最佳吞吐量的 91.85%，说明 SelectiveEC 有很好的修复性能。

本节还实验评估了 ECManager 调度一个批次的用时。图 9.9 显示了 100 个批次的调度算法的平均运行时间，SelectiveEC、Greedy1 和 Greedy2 分别为 20.8ms、5.4ms 和 5.7ms。尽管 SelectiveEC 的调度时间明显长于其他两个算法，但与实现中的批次间间隔时间 (3.2s) 相比，可以忽略不计。因此，可以通过流水线方式隐藏在上一批的修复时间中。

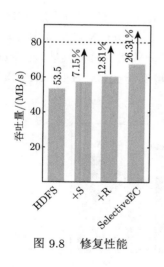

图 9.8　修复性能

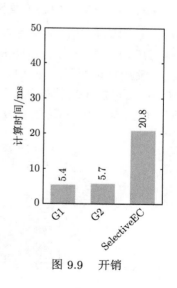

图 9.9　开销

9.6.2　多节点故障修复

本节运行实验来评估多节点故障的修复性能，在 18 个节点集群中部署 (6,3)-RS 码，然后随机宕机 1~3 个节点。以双节点故障为例。根据统计，当两个节点宕机时，有两个丢失块的条带数与丢失一个块的条带数比例为 45%:55%。SelectiveEC 分别为两种类型的条带调度修复任务，以最大化调度步骤 (2) 中的带宽利用率。虽然 SelectiveEC 在步骤 (1) 中实现了负载均衡，但在步骤 (2) 中只有部分主替换节点需要将被修复块分发给辅助替换节点，导致将被修复块传输到辅助替换节点的带宽利用率不均衡。上述分析也适用于三节点故障。如图 9.10所示，与 HDFS 相比，SelectiveEC 对于单节点、双节点和三节点故障的修复吞吐量分别提高了 26.31%、19.21% 和 18.86%。

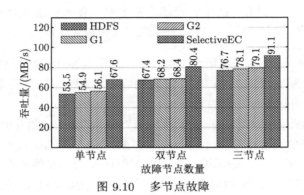

图 9.10   多节点故障

9.6.3   Amazon EC2 中的修复性能

使用 n 个虚拟实例，评估 SelectiveEC 在 Amazon EC2 中的同构单节点故障修复。将 HDFS 3 配置为 1 个 NameNode 和 $n-1$ 个 DataNode，其中 $n = 30$、40 和 50，并使用默认配置。图 9.11 显示了不同实例数量的修复性能。SelectiveEC 的修复性能可以随集群很好地扩展。与本地集群实验类似，SelectiveEC 相较于 HDFS 平均提高了 28.65% 的修复吞吐量。

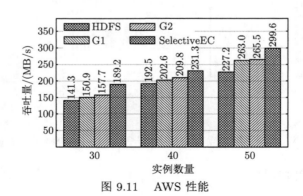

图 9.11   AWS 性能

9.6.4   模拟大规模分布式存储系统

最后，通过模拟来估计 λ，以此证明 SelectiveEC 在大规模分布式存储系统中的优势。图 9.12(a) 比较了 SelectiveEC 和其他算法的 λ，其中节点数从 100 增加到 4000。可以发现 SelectiveEC 的 λ 始终大于 0.91，在某些情况下甚至达到 1，而 HDFS 的 λ 约为 0.5。与 HDFS 相比，SelectiveEC 的 λ 平均提高了 95.19%。此外，HDFS 的 λ 值很稳定，原因是 HDFS 中一批条带中数据块/校验块分布的均匀程度基本上由纠删码的参数 k, m 决定，与存活节点的数量无关 (见 5.2.2 节)；在分布式存储系统中，由于源节点和替换节点的选择很难在少量的条带内实现负载均衡，因此在实验中，HDFS 的 λ 保持在较低水平。

为了研究集群大小 n 对调度开销的影响，图 9.12(b) 展示了不同规模的分布式存储系统中调度算法的时间成本。批次之间的时间间隔是 $\dfrac{kB}{B_w} = \dfrac{6 \times 128}{30} = 25.6\mathrm{s}$(采用谷歌默认的 (6,3)-RS 码，HDFS 默认的 128MB 块大小，以及盘古默认的修复带宽 30MB/s)，表示为图 9.12(b) 的虚线。可以观察到，对于具有 $n \leqslant 700$ 个节点的分布式存储系统，调度时间始终保持在该虚线以下，因此可以通过流水线将调度开销隐藏于上一个批次的修复时间。此外，对于集群大小超过 700 的分布式存储系统，可以通过 9.6.3 节讨论的方法来减少算法开销。根据实验和讨论结果，SelectiveEC 的调度开销可以通过流水线方式完美隐藏在修复过程中。

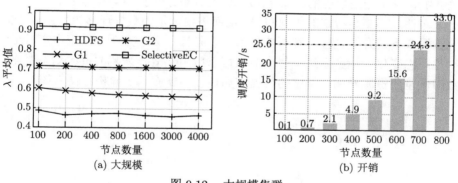

图 9.12　大规模集群

9.7　本　章　小　结

在基于纠删码的存储系统中，传统方法将数据块与校验块随机分布于各个节点中，而且在故障恢复过程中随机选择源数据节点与替换节点，这对于大规模的存储系统来说，可以达到数据块分布均匀，负载均衡。然而，在故障恢复的过程中，丢失数据块是分批次恢复的。在一个批次内，数据块数量有限，随机分布造成数据分布与负载严重不均衡，拖慢了故障恢复速度。本书提出了二分图模型，基于该模型，动态选择待恢复的故障数据，将其打包到一个批次，然后在一个批次内，为每个待恢复的故障数据，确定性地选择源数据节点与替换节点，在各个节点间达到了恢复负载的均衡，加快了恢复速度。实验结果表明，故障恢复吞吐量明显优于已有方法。

针对本章介绍的 SelectiveEC 算法，做如下总结。

(1) 针对数据块/校验块随机分布的纠删码存储系统，SelectiveEC 首次提出数学模型，刻画故障数据恢复过程中，一个批次内待恢复数据的选择，以及源数据节点和替换节点的选择问题，从而达到了故障数据恢复的负载均衡，加快故障数据恢复速度。

(2) SelectiveEC 不但适用于通过的分布式存储系统，而且适用于异构以及负载动态变化的分布式存储系统。这只要在相关的二分图模型中，加入边权函数与顶点权函数，就可以刻画系统的异构特性。另外，SelectiveEC 的设计思路也可以应用于多节点故障的恢复问题。

(3) 为了解决故障恢复的负载均衡问题，有一些优化工作采用组合设计的思想，设计特定的数据布局方式，达到数据分布与故障恢复负载的均衡。但是，与 SelectiveEC 相比，这些工作存储以下一些缺陷：① 已有的分布式存储系统随机分布数据块，若让这些系统的数据布局满足特定的布局要求，则要迁移系统中所有的数据，这是无法承受的；② 在故障恢复，或系统扩容等操作之后，系统中的数据分布往往不满足特定的数据布局，从而需要大量的数据迁移操作；③ 一方面，系统购置或系统升级过程中都可能导致系统异构；另一方面，系统中实时工作负载往往动态变化，导致系统中每个节点可以应用于故障恢复的资源动态变化，用于故障恢复的资源异构。特定的数据布局往往不能应用于异构存储系统。

第 10 章　多副本到纠删码的转换

写入数据中心的新数据往往是热数据，访问频率高。为了保证对用户请求的响应性和数据可靠性，数据中心通常将新写入的数据用三副本的方式存储。而长时间存储在数据中心的数据往往是冷数据，用户很少访问，可以采用纠删码的方式存储，保证数据可靠性，且节约存储成本。因此，数据中心需要将以三副本存储的数据转化为以纠删码存储。数据中心通常分成多个机架，每个机架内有多个存储节点，形成树形拓扑结构。由于每个机架内多个存储节点竞争机架间的网络带宽，分配到每个节点的机架间可用带宽通常比机架内的带宽小一个数量级，往往是存储节点间传输数据的瓶颈。本章介绍一种多副本数据到纠删码数据的转换方法，可以基本消除在转换过程中两个环节引起的跨机架数据传输，一个是传输编码所需要的数据块，另一个是编码后的数据块重新分布。实验结果表明，该方法在转换过程中几乎不会产生跨机架数据传输，明显加快了转换进程，同时也降低了对前台应用请求的影响[131]。

10.1　相关背景

为了综合利用多副本机制高访问性能与纠删码机制低数据冗余度的优势，分布式存储系统通常会采用异步编码技术，即在写入新数据时，系统采用多副本机制存储；在经过一段时间，数据访问频率降低，系统使用后台编码进程将这些数据从多副本机制存储转化为纠删码机制存储。在数据新写入系统时，通常访问频率高，是热数据，多副本既可以容错，又可以提供对数据的并发访问，访问性能好；而数据变冷之后，通过转换为纠删码，系统则可以降低保存这些数据所需要的存储空间，同时能够保证与多副本相同的容错性能。数据从多副本转换为纠删码通常需要以下四个步骤。

(1) **分发编码任务**：系统将需要执行编码操作的文件根据其逻辑地址切分为编码条带，并将这些编码条带分发到多个计算节点 (称为编码节点) 上进行编码。

(2) **编码生成校验数据**：每个编码节点对分配到该节点上的编码条带执行编码操作，它首先获取相应条带中所有的数据块，并编码生成校验块，上传到系统中。若编码所需要的数据块不是存储在编码节点本地，则编码节点会启动数据下载，从其他节点获取。

(3) 删除冗余副本：系统删除每个数据块的冗余副本。在删除副本时，尽可能使得同一个条带中剩余的副本分布在不同的节点上。

(4) 重新分布数据块：当同一条带内的数据块或者校验块分布在相同的机架或节点时，为了保证数据的可靠性，系统需要将数据块重新分布到其他节点或者机架上。

本章以 FacebookHadoop 发行版中集成的 HDFS-RAID 为例，分析异步编码的分布式系统架构设计。为了减少对 HDFS 的修改，HDFS-RAID 实现为 HDFS 上的一个间接层。如图 10.1所示，它主要由三个模块构成，一个绑定在 HDFS 上的过滤文件系统 DistributedRaidFileSystem(DRFS)；一个统筹执行编码任务的 RaidNode 模块；一个用户命令行工具 RaidShell。为了保证编码后数据的可靠性，HDFS-RAID 还修改了原系统中的 Placement Monitor 模块，使得同一编码条带中的数据块或校验块不能存储在同一个节点上。

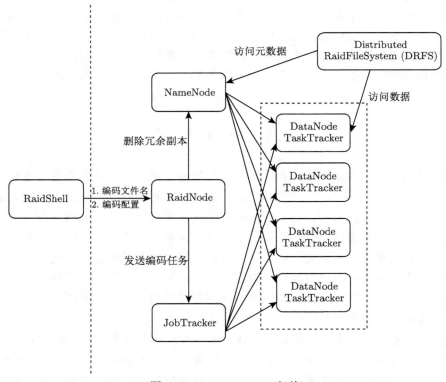

图 10.1　HDFS-RAID 架构

DRFS 是一个绑定在 HDFS-RAID 上的过滤器文件系统，为应用程序提供了访问 HDFS 中纠删码数据的接口。正常情况下，它将用户的请求传递给下层的

DFS 客户端来访问系统中的数据。但是当用户请求的数据块故障时，DRFS 会拦截系统的异常消息，并使用数据块所在的编码条带解码出故障数据块，然后发送给用户。DRFS 并不会将解码得到的故障数据块保存到系统中。所有故障数据块的修复由 RaidNode 模块中的 BlockFixer 线程完成，它完成故障数据块的解码修复，并重新存储到系统中。

RaidNode 是 HDFS-RAID 最重要的组成部分。它定期扫描系统配置信息中的编码设置，统计需要编码的文件，并执行编码任务 (编码任务也可以由 RaidShell 手动提交)。对于收集到的需要执行编码操作的文件，RaidNode 将编码任务作为 MapReduce 作业提交给 JobTracker。MapReduce 作业使用编码过程作为 Map 函数，并使用 EncodingCandidate 作为输入文件。EncodingCandidate 由 RaidNode 生成，是描述编码条带信息的结构，它包含条带的起始和结束块号以及编码配置等信息。每个 Map 任务所在的计算节点读取 EncodingCandidate 中的信息，并执行编码操作。编码节点生成的校验块保存到源文件对应的校验文件中。在整个编码任务完成之后，RaidNode 会对 HDFS 发送请求，以降低原始文件的备份数，删除冗余副本。BlockFixer 也是 RaidNode 一部分，它会定期扫描所有的已经编码的文件，当发现故障的数据块时，它会解码生成数据块，恢复故障数据，并将其保存到系统中。

RaidShell 是用户与 HDFS-RAID 进行信息交互的工具。用户通过 RaidShell 来查看编码文件的当前信息，重新解码故障数据块，对文件执行编码操作等命令。RaidShell 会解析命令的内容，并在必要的时候读取用户的配置文件，然后将这些消息通过远程过程调用 (RPC) 发送给 RaidNode。

PlacementMonitor 会定期扫描所有编码条带，找出不满足容错要求的编码条带，并将该条带上的数据块重新分布。

10.2　传统三副本到纠删码的静态转换方法问题分析

在分布式存储系统中，若系统使用多副本机制，则通常以三副本的方式将数据存储在整个集群中，并采用随机方式放置数据块，将数据块的一个副本存储在任意一个机架内，并把剩余的两个副本存储在另一个机架中两个独立的节点上。

图 10.2 示例了一个采用了三副本与随机放置策略的分布式存储系统。矩形表示系统中的机架，其中的正方形格子表示存储在机架上的数据块。在本示例中，有五个机架 $R_1, R_2, \cdots, R_5$。假设将八个数据块 $B_1, B_2, \cdots, B_8$ 的三个副本顺序写入系统，其放置信息如图 10.2 所示。例如，数据块 B_1 的一个副本存储在机架 R_3 上，另两个副本存储在机架 R_1 上。其他数据块的放置状态也与数据块 B_1 类似，不同数据块的存放位置完全独立，互不影响。

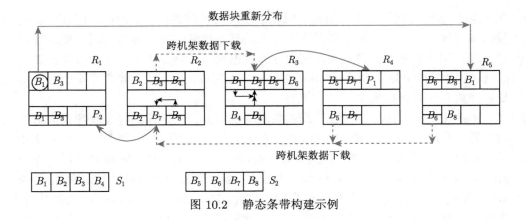

图 10.2　静态条带构建示例

　　在将三副本转换到纠删码的过程中，传统的方法是按照文件的偏移量将一些数据块组织在一个条带中，本章称为静态条带构建。下面先来分析静态条带构建的局限性。假设要将数据从三副本存储转化为 (4,1)- 纠删码存储，在图 10.2 中，将数据块 B_1、B_2、B_3、B_4 组织在一个条带 S_1 中，数据块 B_5、B_6、B_7、B_8 组织在另一个条带 S_2 中。假设条带 S_1 由机架 R_3 中的节点编码，条带 S_2 由机架 R_2 中的节点编码。由于数据块 B_1、B_2、B_4 都有副本存储在机架 R_3 中，所以编码节点可以直接在 R_3 中获取到这些数据块。而数据块 B_3 没有副本存储在机架 R_3 中，所以编码节点需要从机架 R_1 或 R_2 上跨机架读取数据块 B_3。同样，条带 S_2 的编码进程也必须通过跨机架下载来获取数据块 B_5 和 B_6。对于图 10.2 所示的分布式存储系统，很容易看出，无论选择哪个机架执行编码操作，跨机架的数据下载都是不可避免的。

　　在使用静态条带构建的编码过程中，跨机架的数据下载几乎是不可避免的。假设一个分布式存储系统由 R 个机架组成，当将数据使用三副本与随机放置策略写入系统时，每个机架包含的数据块副本的概率为 $\dfrac{2}{R}$。假设使用 (k,m)-MDS 码对数据块进行编码操作，那么对于每一个编码条带而言，其平均约有 $\dfrac{2k}{R}$ 个数据块存储在同一机架中。当在任意机架上选择一个节点作为构建条带的编码节点时，该节点需要从其他机架下载 $k - \dfrac{2k}{R}$ 个数据块来完成编码操作。对于当前分布式存储系统中 R 的常见设置，可以预期异步编码将在集群中引发大量的跨机架流量。

　　与此同时，在异步编码的过程中，数据的可用性也受到了一定程度的影响。如图 10.2 所示，假设使用之前所描述的编码方式构建编码条带 S_1 和 S_2。当系统将编码块的冗余副本删除时，属于条带 S_1 的数据块 B_1 和 B_3 都存储于同一个机架 R_1 中，如果机架 R_1 发生故障，那么数据块 B_1 和 B_3 将没有办法从其他数据块中恢复出来，不能保证机架故障时的数据可靠性。因此为了维持机架级的数据可靠性，分布式存储系统需要将数据块 B_1 或 B_3 重新分布到其他机架上。这一过程也引起了大量的跨机架流量。

从这个例子可以看出，现有基于静态条带构建的异步编码，将不可避免地引起跨机架的数据下载和数据块重新分布。这不仅降低了异步编码的执行速度，还影响了前台的任务进程。引起这一问题的主要原因是在异步编码的条带构建时，系统并没有考虑到当前的数据块布局信息。

10.3 动态条带构建技术

10.3.1 基本思路

将分布式存储系统从多副本存储转化为纠删码存储时，传统的静态条带构建方法将数据块按照文件中的偏移量来划分，并组成编码条带，这种构建条带的方式导致编码过程中大量的跨机架流量，以及编码后大量的跨机架数据块重新分布。然而，对于分布式存储系统而言，将哪些数据块分组到同一编码条带，对于数据本身的可用性与存储开销不会产生任何影响。由于在一个分布式存储系统存储了大量的数据块，若不坚持采用静态条带构建的思路，即不是严格按照文件中的偏移量来组织条带，而是从大量的数据块中选择一些数据块组织成一个条带，则可以消除编码过程引起的大量跨机架流量。称这种基于数据块放置信息来构建编码条带的方式为**动态条带构建**（DSC）。

假设将 k 个数据块 $B_0, B_1, \cdots, B_{k-1}$ 组成一个编码条带，并将这个条带按照 (k, m)-MDS 码生成冗余校验块 $P_0, P_1, \cdots, P_{m-1}$。为了使得在编码的过程中不会引入跨机架流量，并且在编码完成后不需要数据块的重新分布，则 $B_0, B_1, \cdots, B_{k-1}$ 的选择需要满足以下两个条件。

(1) 避免编码过程的跨机架流量：若 $B_0, B_1, \cdots, B_{k-1}$ 中的每个数据块至少有一个副本存储在同一机架中，则在该机架内执行本条带编码，就不会引起跨机架流量。

(2) 避免编码后跨机架数据块迁移：假设 $B_0, B_1, \cdots, B_{k-1}$ 组成的条带在机架 R 内某台机器上执行编码。若每个 B_i 在 R 之外的某个机架内存有副本，并且这些副本存储在不同的机架内，则编码之后就不需要对 $B_0, B_1, \cdots, B_{k-1}$ 进行迁移，来保证系统容忍 m 个机架故障。

为了使编码后的分布式存储系统可以容忍任意 m 个机架故障，数据块 $B_0, B_1, \cdots, B_{k-1}$ 与校验块 $P_0, P_1, \cdots, P_{m-1}$ 的单个副本应该存储在 $k+m$ 个机架中，并且每个机架中仅只有一个数据块或者校验块。因为生成校验块时，$P_0, P_1, \cdots, P_{m-1}$ 都存储在执行编码的机器上，为了保护编码后的任意 $m-1$ 个机架故障，需要在校验块生成后，将其中的 $m-1$ 个校验块迁移到另外 $m-1$ 个不同的机架上。所以，无法避免 $m-1$ 个校验块的迁移。

从以上条件可以看出，为了保证编码过程中没有跨机架间的数据流量，DSC 需要知道哪 k 个数据块存储在同一个机架中，同时为了避免编码后的数据块迁移，DSC 还应该知道这 k 个数据块的副本所存储的其他机架。所以 DSC 需要知道每一个数据块的副本所存储在的两个机架。而对于分布式存储系统而言，这些数据块的地址信息通常存放在系统的主节点上，可以通过查询主节点来搜集必要的信息，以完成 DSC 算法。

假设分布式存储系统中有 n 个机架 $R_0, R_1, \cdots, R_{n-1}$。当使用多副本方式存储数据时，为了容忍机架故障，每个数据块的 r 个副本应该存放在至少两个机架中。对于每个数据块 B 所存储的机架，从中选择两个机架，称为数据块 B 的 Resident，使用这些 Resident 中所存储的数据块 B 的副本来完成动态条带构建算法。

使用一组集合 $\text{Inter}_{i,j}(0 \leqslant i \neq j \leqslant n-1)$ 来记录数据块的存放位置。若一个数据块的副本存放在机架 R_i 和 R_j 内，则将该数据块信息记录在集合 $\text{Inter}_{i,j}$ 中。显然对任意 i, j，都满足 $\text{Inter}_{i,j} = \text{Inter}_{j,i}$，所以只需要针对 $0 \leqslant i < j \leqslant n-1$，记录集合 $\text{Inter}_{i,j}$ 即可。另外，由于每个数据块仅仅只有两个 Resident，所以任意两个集合 $\text{Inter}_{i,m}$ 和 $\text{Inter}_{i,n}$（$m \neq n$）都不会有公共元素，即在 $m \neq n$ 时，$\text{Inter}_{i,m} \bigcap \text{Inter}_{i,n} = \varnothing$。所以对于任意机架 R_i 上的集合 $\text{Inter}_{i,j}(0 \neq j \leqslant n-1)$，如果从 k 个不同的集合 $\text{Inter}_{i,j_0}, \text{Inter}_{i,j_1}, \cdots, \text{Inter}_{i,j_{k-1}}$ 中依次选择 k 个数据块 $B_{j_0}, B_{j_1}, \cdots, B_{j_{k-1}}$，其中数据块 B_{j_l} 来自集合 $\text{Inter}_{i,j_l}(0 \leqslant l \leqslant k-1)$，那么这 k 个数据块满足以下条件。

(1) 对于任意数据块 B_{j_l}，它有一个副本存储在机架 $R_{j_l}(0 \leqslant l \leqslant k-1)$ 上，并且这些数据块的另一个副本都存放在机架 R_i 上。

(2) 数据块 $B_{j_0}, B_{j_1}, \cdots, B_{j_{k-1}}$ 彼此不同，机架 $R_{j_0}, R_{j_1}, \cdots, R_{j_{k-1}}$ 彼此不同。

如果数据块 $B_{j_0}, B_{j_1}, \cdots, B_{j_{k-1}}$ 组建为一个编码条带，并且选择机架 R_i 上的节点运行编码进程，对该条带执行编码操作（此时称机架 R_i 为该编码条带的编码机架），那么该编码任务将不会引起跨机架的数据传输，因为数据块 $B_{j_0}, B_{j_1}, \cdots, B_{j_{k-1}}$ 在机架 R_i 上都存有副本。而在编码任务完成之后，如果在系统中保留机架 $R_{j_l}(0 \leqslant l \leqslant k-1)$ 中所存放的数据块 B_{j_l} 的副本，并删除该数据块的其他副本，那么这些数据块将会分布在不同的机架中，不需要对任何数据块进行迁移，就可以保证数据的可靠性。

10.3.2　示例

10.3.1 节介绍了动态构建条带的大致思路，现在通过一个例子来描述其具体过程。

如图 10.3所示，有八个数据块 $B_1, B_2, \cdots, B_8$，分别存储在五个机架 R_1, $R_2, \cdots, R_5$ 中，假定用 (4,1)-MDS 码进行编码。首先，从系统的主节点获取到数据块的放置信息，并使用这些信息来初始化集合 $\text{Inter}_{i,j}(1 \leqslant i \neq j \leqslant 5)$。可以得到 $\text{Inter}_{1,2} = \{B_3\}$，$\text{Inter}_{1,3} = \{B_1\}$，$\text{Inter}_{2,3} = \{B_2, B_4\}$，$\text{Inter}_{2,4} = \{B_7\}$，$\text{Inter}_{2,5} = \{B_8\}$，$\text{Inter}_{3,4} = \{B_5\}$，$\text{Inter}_{3,5} = \{B_6\}$，其他 $\text{Inter}_{i,j}$ 集合为空。首先，选择在机架 R_2 上构建编码条带，从集合 $\text{Inter}_{2,1}, \text{Inter}_{2,3}, \text{Inter}_{2,4}, \text{Inter}_{2,5}$ 中依次选择数据块 B_3, B_2, B_7, B_8，并使用它们构建编码条带 S_1'。若 R_2 内的某个节点执行此条带的编码，则编码任务可以从本机架内的节点上读取数据块 B_3, B_2, B_7, B_8。在删除冗余副本之后，可以保证数据块 B_3 的副本存储在 R_1，数据块 B_2 的副本存储在 R_3，数据块 B_7 的副本存储在 R_4，数据块 B_8 的副本存储在 R_5，此时数据的跨机架可靠性得以保证。使用相同的方法，可以在机架 R_3 使用数据块 B_1, B_4, B_5, B_6 构建一个编码条带 S_2'。此时，存储在此分布式系统中的所有数据块都可以执行编码操作，而无须任何跨机架的数据下载，并且可以在冗余副本被删除之后保证数据的可靠性。

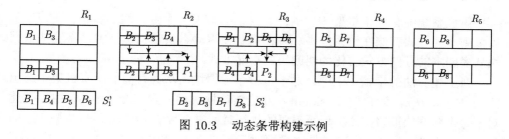

图 10.3 动态条带构建示例

10.4 动态条带构建算法

10.4.1 算法

下面介绍在分布式存储系统中构建动态编码条带的算法。整个算法分为如下九个步骤。

(1) 初始化集合 $\text{Inter}_{i,j} = \varnothing$，$0 \leqslant i < j \leqslant n-1$。

(2) 从存储系统的主节点获取数据块的存储信息。对于每一个数据块 B，找到该数据块所存储的两个机架，设为 R_i 和 R_j，则把数据块 B 添加到集合 $\text{Inter}_{i,j}$ 中。

(3) 统计每个集合 $\text{Inter}_{i,j}$ 中的元素个数，令 $\text{Num}(i,j) = |\text{Inter}_{i,j}|$。

(4) 设置 $\text{Non}(i) = |\{j|\text{Inter}_{i,j} \neq \varnothing\}|$，即对于 $0 \leqslant i < n-1$，$\text{Non}(i)$ 是所有集合 $\text{Inter}_{i,j}$ $(0 \leqslant j \neq i \leqslant n-1)$ 中不为空集合的个数。

(5) 选择 $\text{Non}(0), \text{Non}(1), \cdots, \text{Non}(n-1)$ 中的最大值，假设其为 $\text{Non}(i)$。如果存在多个集合 $\text{Non}(i)(0 \leqslant i \leqslant n-1)$ 拥有相同的最大值，那么选择拥有数据块

最多的那个机架 R_i。

(6) 将 Num$(i, 0)$，Num$(i, 1)$，$\cdots$，Num$(i, n-1)$ 按降序排序，假设其排序后的序列为 Num(i, j_0)，Num(i, j_1)，$\cdots$，Num(i, j_{n-1})。

(7) 从 Inter(i, j_0)，Inter(i, j_1)，$\cdots$，Inter(i, j_{k-1}) 中的每个集合中取出一个数据块组建编码条带，并将其从所属的集合中删除。如果 Inter(i, j_0)，Inter(i, j_1)，$\cdots$，Inter(i, j_{k-1}) 中的一些集合是空的，那么使用值为 0 的虚拟数据块加入该条带中。

(8) 选用 R_i 作为该编码条带的编码机架，使用以上步骤所选择的数据块编码生成校验块。数据块和编码产生的校验块一起构成了一个编码条带。

(9) 对于所有的 Num$(i, j_l)(0 \leqslant l \leqslant k-1)$，设置 Num$(i, j_l) = \max\{Num(i, j_l)-1, 0\}$。当任意集合 Inter$_{i,j}$ 变为空集时，令 Non$(i) \leftarrow$ Non$(i) - 1$，Non$(j) \leftarrow$ Non$(j) - 1$，跳转到步骤 (5)，重复执行以上步骤，直到所有的集合 Inter$_{i,j}$ 变为空集。

10.4.2　性能与实现复杂度分析

假设系统中有 n 个机架 $R_0, R_1, \cdots, R_{n-1}$，共有 r 个数据块 $B_0, B_1, \cdots, B_{r-1}$，以多副本的方式存储在该系统中。现在需要使用动态条带构建技术，将这些数据块从多副本的存储方式转化为纠删码的存储方式。

在上述算法的步骤 (2) 中，对于每一个数据块，从其存储的所有机架中选出两个 R_i 和 R_j 作为它的 Resident，并把该数据块添加到集合 Inter$_{i,j}$ 中。因此对于每个数据块而言，该步骤所需要的执行时间复杂度为 $O(1)$，所以步骤 (2) 的时间复杂度为 $O(r)$。构建条带的主要时间消耗在对 Num$(i, 0)$，Num$(i, 1)$，$\cdots$，Num$(i, n-1)$ 的排序上，每次排序需要 $O(n \log n)$ 的时间复杂度。因为共有 r 个数据块，每个条带中有 k 个数据块，m 个校验块，所以有 $\dfrac{r}{k}$ 个条带。因此，动态条带构建总的时间复杂度为 $O\left(\dfrac{r}{k} \times n \log n + r\right) = O\left(\dfrac{r}{k} \times n \log n\right)$。因为相对于系统中数据块的数量 r 来说，n 和 k 是较小的常量，所以动态条带构建的总时间复杂度为 $O(r)$。而且在实际运行的系统中，与编码时间相比，动态条带构建的执行时间完全可以忽略不计。所以从时间的复杂度来看，动态条带构建技术完全是可用的。

在动态条带构建算法运行的尾期，Non(i) 的值可能会小于 k。在这种情况下，当算法运行到步骤 (7) 时，其构建出来的编码条带中数据块数少于 k 个，此时可以在该条带中添加值为 0 的虚拟数据块，以完成该条带的编码 (这种编码条称为部分条带)。因此，与静态编码相比，动态条带构建方法可能会产生一些部分条带，所以它构造的编码条带数有可能高于静态条带构建所产生的条带数。由于机架中的数据块是随机分布的，所以数据块的数量足够大时，所有集合中的元素个数 $\mathrm{Num}(i,j)(0 \leqslant i < j \leqslant n-1)$ 在算法开始时近似相等。在这种情况下，当在拥有最大 $\mathrm{Non}(i)$ 值的机架 R_i 上构建动态条带，并从具有最多数据块的集合 $\mathrm{Inter}(i,j)$ 中取出数据块时，对于固定的 i，$\max\{\mathrm{Num}(i,j)\}$ 和 $\min\{\mathrm{Num}(i,j)\}$ 之间的差值将逐渐减少。直到所有的集合 $\mathrm{Inter}(i,j)$ 中的数据块数量的差距减小至不超过 2。因此在算法已经没办法构建完整条带时，集合 $\mathrm{Inter}_{i,j}$ 将包含仅仅不超过 2 个数据块。因此整个系统中所产生的部分条带数量非常少。后续的实验结果表明，因部分条带产生的额外存储开销非常少，可以忽略不计。

可以采取以下几种方法消除部分条带产生的额外存储开销。首先，由于分布式存储系统中的数据会处于持续增长的状态，所以系统中的异步编码往往会周期性地执行，因此本次没能组成完整条带的数据块可以等待下一次编码，从而消除了额外的存储开销。其次，对于不能构建为完整条带的数据块，可以从其他机架选择加入条带中，即通过一些少量的跨机架数据下载来构建编码条带，消除额外存储开销。因此，当文件数据不再增长时，可以采用第二种策略来避免额外存储开销，这种策略称为 DSC-CD(存在跨机架下载的动态条带构建)。最后，对于文件长度较小而不能有效地构建编码条带的文件，除了采用上述的 DSC-CD 策略，还可以采用文件间编码技术来消除额外的存储开销。由于分布式存储系统的存储容量很大，不能被构建入完整条带的数据块将非常少。因此，由 DSC-CD 引起的跨机架间流量将非常低，对编码性能的影响完全可以忽略不计。

分布式存储系统中的每个数据块通常较大，随机地分布在整个集群中，而且这些数据块的放置与存取都是相互独立的。因此，不同数据块间的访问并不存在访问局部性等问题，每个数据块的访问性能只与数据副本的个数和存放位置及系统的负载均衡等因素相关。所以，选择哪些数据块来组建编码条带并不会影响数据的访问性能。由于数据块的存放对于文件系统是完全透明的，数据块的放置和管理与其所属的文件并没有联系，组建编码条带时，异步编码进程可以选择单个或者多个文件的数据块来组建编码条带，不会影响系统中文件的访问性能。用户可以自主配置编码操作所涉及的文件。通常而言，只有针对非常小的文件时才使用文件间编码。与静态条带构建方法相比，动态条带构建方法在编码过程中与编码之后的数据块放置策略相同，因此其访问性能相同。

10.5 动态条带构建方法的系统集成

传统的静态条带构建使用 k 个逻辑地址连续的数据块组建编码条带，而动态条带构建则需要根据数据块在当前系统中的放置信息来构架编码条带。因此传统的编码流程并不能适应动态条带构建的需要，需要对分布式存储系统中的异步编码流程进行一些修改。修改后的异步编码流程包括以下四个步骤。

(1) 构建编码条带。从主节点获取需要执行编码操作的数据块的放置信息,并根据这些放置信息构建数据编码条带。

(2) 记录数据条带信息。条带信息包括该数据条带中数据块的详细信息和该条带的编码机架。这些信息不仅可以帮助数据块恢复进程,还可以指导数据块冗余副本的删除。

(3) 使用数据块编码生成校验块。将编码任务作为 MapReduce 作业提交。条带的编码任务分配给编码机架中的节点。该节点会下载数据块,使用数据块编码生成校验块,并将校验块保存在对应的校验块文件中。

(4) 删除冗余数据块。当编码任务完成后,根据编码条带的信息,删除所有数据块的冗余副本。

采用动态条带构建技术,系统的整体异步编码流程发生了变化。因此,为了将动态条带构建技术应用到系统中,需要对原有的系统架构进行一系列的修改。在原有系统中添加了两个模块 StripeConstructer 与 StripeStore,分别用来构建动态编码条带和存储条带相关信息。图 10.4 显示了修改之后的系统架构。

对于分布式存储系统中给定的数据块放置信息,StripeConstructer 使用前面所述的动态条带构建算法来构建动态条带。它使用数据块的放置信息作为输入信息,经过处理后输出一组 EncodingCandidate,表示构建完成的编码条带。每个 EncodingCandidate 由动态条带的必要信息构成,包括条带中数据块的详细信息和条带相关信息。数据块的详细信息包括这些数据块所属的文件 ID(fid),数据块所在文件中的偏移量,以及该数据块在条带中的次序。条带相关信息则包括编码的配置,该条带的编码机架,以及执行该条带编码任务的首选节点。

在编码完成之后,将编码条带信息存储在 StripeStore 中,供数据丢失时的数据恢复进程使用。因此 StripeStore 需要将已经编码的条带信息持久化存储起来,并且提供一个接口来返回给定数据块所属编码条带的信息。在实现中,使用系统中提供的 DBStripeStore 模块作为 StripeStore,并使用 mysql 作为该 StripeStore 的目标数据库。StripeStore 通常部署于 RaidNode 所在的节点或者作为 RaidNode 进程的一部分。

下面介绍修改之后的系统中编码操作的运行流程。用户通过预设的定时编码进程,使用 RaidShell 发起编码请求。RaidShell 搜集命令行以及配置文件等信息,并将它们作为完整的编码请求发送到 RaidNode 上。在收到来自 Raid-Shell 的文件编码请求后,RaidNode 首先向 NameNode 询问需要编码的文件中数据块的放置信息。收到 NameNode 的响应之后,RaidNode 将这些信息作为输入调用 StripeConstructor 模块,并获取一组 EncodingCandidate 信息作为输出。

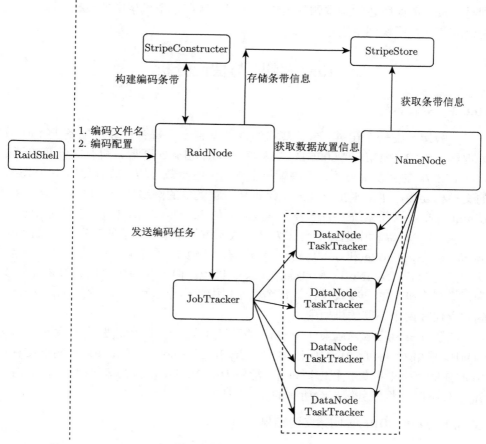

图 10.4   动态条带构建的系统架构

在 RaidNode 启动 MapReduce 作业来执行编码过程时，它会根据每个条带的首选编码节点对 EncodingCandidate 中的数据进行排序，并将具有相同首选编码节点的 EncodingCandidates 组合成一个编码任务，然后将这些任务信息发送给 JobTracker，以协调运行任务。JobTracker 将这些编码任务发送给对应机架上的节点，并监控它们的运行。当使用 MapReduce 模块的默认设置时，JobTracker 可能会将编码作业重新分配到其他节点，以实现系统的工作负载均衡，这一策略违背了动态条带构建的初衷。因此，需要对 MapReduce 模块进行相应的修改，使得对于特定类型的任务，JobTracker 不进行任务节点的重新分配 (称为非重分配任务)。通过对这些任务设置 NOREDISTRIBUTE 标志位，使得 JobTracker 可以识别这些任务。通过将编码任务设置为非重分配任务，保证了编码任务可以在指定节点运行。在编码任务执行完毕后，将条带的信息存储在 StripeStore 中，与此同时，按照前面所述的副本删除策略，保留分散在各个机架中的数据块副本，将剩余的其他数据块副本删除。

10.6　实验与性能分析

10.6.1　实验环境

实验运行在一个由 15 台计算机组成的集群上。每台计算机配备了 Intel i3 处理器，2GB RAM 和 500GB 转速为 7200r/min 的硬盘。所有的计算机通过 1000Mbit/s 的交换机连接，用来模拟正常的网络负载环境，或者使用 100Mbit/s 的交换机连接，用来模拟存在严重跨机架带宽竞争的网络环境。每台机器安装了 Ubuntu12.04 操作系统，并部署了修改之后的 Facebook Hadoop 分布式系统。

从 15 台计算机中选择一台作为分布式系统的主节点，并在该节点上运行 NameNode、RaidNode 和 JobTracker 等进程。其他 14 个节点用作从节点，在这些从节点上运行 DataNode 和 TaskTracker 进程。由于实验中可用计算机比较少，为了模拟多机架的分布式设计，每个机架仅配置一个节点，并且将数据块的两个副本存储在两个不同的机架中。

实验中采用 Facebook Hadoop 的默认配置，将每个数据块的大小设置为 64MB。采用 (3,1),(4,2),(10,4) 的 Cauchy Reed-Solomon(CRS) 编码对 20GB 和 100GB 的两个数据集执行编码操作。配置 RaidNode，使其在运行编码的 MapReduce 任务时，将任务发送给所有的 14 个从节点。

10.6.2　1000Mbit/s 网络实验结果

首先使用 1000Mbit/s 的交换机将节点互连，模拟正常的网络负载环境，在该系统中运行动态条带编码（DSC）、动态条带编码加上少量跨机架数据（DSC-CD）以及静态条带编码（SSC）算法，并比较三者的编码速度。系统的编码速度定义为进行编码的数据集大小与整个编码任务完成时间的比值。通过 RaidShell 将编码任务提交到系统中，并使用上述的编码配置和数据集来评估不同编码模式下的编码速度。结果参见图 10.5。

从图 10.5可以看出，在所有实验设置下，DSC 与 DSC-CD 两种编码模式的性能相近，并且明显优于 SSC 编码模式。在不同的配置情况下，动态条带编码 (DSC 和 DSC-CD) 模式下的编码速度比静态条带编码 (SSC) 模式下的编码速度快 23%~57%。与其他编码配置相比，在 (3,1)-CRS 编码配置环境下，动态条带编码相比静态条带编码的优势更明显。这是因为在 (3,1)-CRS 编码配置下，静态条带编码所引起的跨机架数据下载延迟在整个编码时间占比更高。与此同时，与其他编码配置相比，在 (3,1)-CRS 编码配置环境下，无论动态条带编码还是静态条带编码模式, 其编码速度都要更快一些, 这是因为在 (4,2) 和 (10,4)-CRS 编码配置环境下, 平均每个数据块会编码生成更多的校验块, 这降低了整个编码进程的运行速度。另外从图中还可以看出, 当其他条件一致时, 在较大的编码数据集 (100GB) 下, 异步编码的执行性能表现会更好一些。这主要是因为, 当数据集变大时, 数据块在机架上的分布会更加均衡, 这样每个机架上所执行的编码任务也会更加平均, 降低了少量节点成为任务完成瓶颈的可能性。

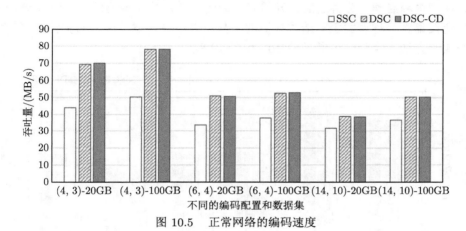

图 10.5 正常网络的编码速度

10.6.3 100Mbit/s 网络实验结果

接下来使用 100Mbit/s 交换机连接整个系统, 模拟网络负载重的分布式系统环境, 实验设置与前述实验相同。实验结果参见图 10.6。从图 10.6 可以看出, 在不同的编码配置下, DSC 与 DSC-CD 仍然表现出类似的性能, 而 DSC、DSC-CD 与 SSC 三种模式在网络带宽变小之后, 性能都有所下降。原因在于受带宽限制, 执行编码的 MapReduce 任务性能下降, 但是, 不同编码模式在配置变化下的性能变化趋势与图 10.5表现一致。值得注意的是, 在跨网络负载严重时, 动态条带编码方法 (DSC 和 DSC-CD) 相比静态条带编码方法性能提升更明显。例如, 在使用 (3,1)-CRS 码对 100GB 数据进行编码时, DSC 获得的性能提升甚至达到了 81%。根据之前的性能分析, 仅仅有非常少的数据块不能被编码成为完整的数据条带, DSC-CD 与 DSC 在相同配置下应该有着相同的性能表现, 实验结果也验证了这一点。因此, 在之后的实验中仅仅运行 DSC 算法, 来探究动态条带编码技术对分布式存储系统前台应用性能的影响。

10.6.4 编码转换对前台读写请求的影响

本组实验分析异步编码过程对分布式存储系统中前台读请求（或写请求）性能的影响。关于读请求性能的实验, 采用 1000Mbit/s 交换机, 首先在系统中写入 20 个共 40GB 的数据文件，然后在所有 14 个从节点中都启动一个进程，发起读请求以获取这些数据中的随机数据块。每个进程每隔 28 秒发送一个随机读请求，这样整个系统中平均每秒有 0.5 个读请求。每个请求会读取系统中的一个数据块，也就是 64MB 数据。使用 Linux 中的 at 命令在所有节点上同时启动读进程，每个机器上的读进程会延迟不同的等待时间，然后再以固定频率发送读请求，以避免读请求之间的互相影响。采用 (3,1)-CRS 码，在 20GB 的数据集上运行编码，在读进程启动一分钟之后，开始启动编码任务，并在编码任务完成 3 分钟之后关闭读请求进程。关于写请求性能的实验，采用与读请求性能的实验相同的设置与实验方法。实验结果参见图 10.7 和图 10.8。

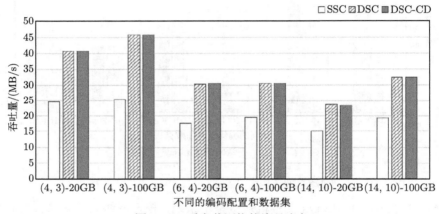

图 10.6　重负载网络的编码速度

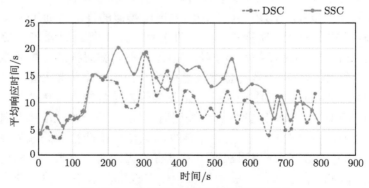

图 10.7　异步编码对前台读性能的影响

读性能：图 10.7 显示了每个时间间隔内所有读请求的平均响应时间。从图 10.7 可以看出，在编码任务启动之前，读请求的完成时间较短，平均完成时间约为 6.1 秒。当编码任务启动之后，无论是在静态条带构建的编码环境还是在动态条带构建的编码环境下，读请求的响应时间都有一定程度的增加。当采用静态条带构建的编码方式时，读请求的平均完成时间变为 15.6 秒，而使用动态条带构建的编码方式时，其平均完成时间则是 13.6 秒，减少了 14.7%。与此同时，静态条带构建编码过程的持续时间为 463 秒，而动态条带构建的编码过程则仅需要 216 秒，缩短了 55.3% 的运行时间。因此，动态条带构建的编码方式，不仅可以加快编码任务的运行速度，而且可以减少数据节点对前台读请求的响应时间。

　　写性能：图 10.8 显示了每个时间间隔内所有写请求的平均响应时间。从图 10.8 可以看出，在编码任务启动之前，写入请求的平均响应时间约为 12.3 秒，写请求的完成时间远远大于读请求的平均完成时间，产生这一现象的原因是，读请求往往仅需要访问系统中的一个副本，而对于写请求而言，在三副本的配置下，新写入的数据块需要写入系统中位于两个机架的三个节点上，因此与读请求相比，写请求需要更多的 I/O 操作和网络传输时间。而当编码任务启动时，相比静态条带构建环境，动态条带构建环境下的写请求响应时间缩短了约 36.9%。与此同时，整个编码任务的运行时间大大缩短。因此，相比传统的编码模式，动态条带构建的编码方式对编码任务的运行速度和前台写入请求的性能都有着很大的提升。

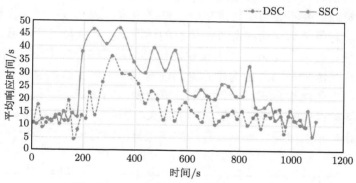

图 10.8　异步编码对前台写性能的影响

10.6.5　编码转换对前台应用的影响

　　最后给出异步编码过程对分布式存储系统中前台 MapReduce 任务性能的影响。在本组实验中，使用 FaceBook Hadoop 版本中集成的三个典型的 MapReduce 程序 pi、terasort 和 wordcount，作为系统中 MapReduce 进程运行的基准测试程序。其中，pi 用近似算法来求解圆周率，它所执行的运算次数越多，结果越精准。该程序在 Map 阶段将计算任务分发给每一个计算节点，并在 Reduce 阶段将计算结果汇总求平均，因此该程序跨机架间数据通信量很少，但 CPU 运算负载重，可以代表计算密集型的分布式任务。terasort 是一个分布式的排序算法，该

程序根据预先设计的规则，将输入数据分发到每个计算节点，并在 Map 过程的
Output 阶段和 Reduce 阶段对数据进行排序，因此该程序会引起很重的网络流量
和计算负载，可以代表网络负载与计算负载都很重的分布式任务。wordcount 是
一个统计文件中单词出现次数的程序，该程序在 Map 阶段将数据分发到各节点，
并在 Reduce 阶段对单词个数进行统计，因此该程序网络负载重，但 CPU 负载
轻，可以代表网络密集型的分布式任务。pi 程序在 10 个运算节点上运行，每个
节点上运行 1000000 次计算。terasort 程序使用 teragen(与 FaceBook Hadoop 一
起发布的工具) 生成 1000000000 个 64 位记录，这些记录作为 terasort 程序的输
入来进行排序。wordcount 程序对一个 2GB 的文本文档进行排序。实验中使用
1000Mbit/s 交换机，测试了三个应用程序在没有编码任务，执行静态条带构建的
编码任务，以及执行动态条带构建的编码任务这三种环境下的性能。实验结果参
见图 10.9。

从图 10.9可以看出，在执行编码任务时，三个 MapReduce 任务的性能都受
到了一定程度的影响，这是因为后台的编码任务与前台的 MapReduce 任务运行
在相同的节点上，相互竞争网络流量和运算资源。将三个程序的性能进行对比时
发现，在执行编码任务时，pi 任务的性能下降最小，这是因为 pi 任务运行时仅
仅需要计算资源，并不会与编码进程争夺网络带宽，因此该程序不仅性能下降最
小，而且在动态条带构建与静态条带构建的环境下，其性能几乎一致。但是，对
于 terasort 任务和 wordcount 任务来说，在动态条带构建的编码环境下，其性能
下降很小。这是因为动态条带构建的编码进程几乎不产生跨机架流量，不会与这
两个应用进程竞争网络带宽，仅仅竞争计算资源。当执行静态条带构建的编码任
务时，两个任务进程的完成时间都受到了很大的影响。与静态条带构建技术相比，
执行动态条带构建的编码任务时，存在网络流量的前台进程性能提升约 16.4%。

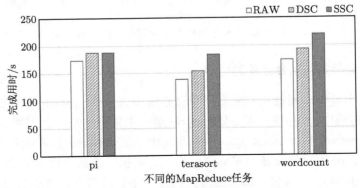

图 10.9   异步编码对前台 MapReduce 任务性能的影响

10.7　本 章 小 结

为了保证热数据的访问性能与可靠性，数据中心通常将热数据以三副本的方式存储。而为了保证冷数据的可靠性，而且节约存储成本，则可以采用纠删码的方式存储。所以，当热数据变冷之后，数据中心需要将三副本数据转化为纠删码存储。在转换过程中，需要传输数据到编码节点，完成编码，而且编码完成后，需要重新分布数据，以满足容错条件。数据中心中每个节点的可用跨机架带宽通常比机架内节点间可用带宽小一个数量级，本章提出的三副本到纠删码的转换方法，在转换过程中，基本不会引起跨机架的数据传输，这一方面明显加快了转换的进程，另一方面，也降低了对前台应用请求的影响。

针对本章介绍的三副本到纠删码的转换方法，做如下总结。

(1) 本章研究了数据中心三副本数据到纠删码存储的转换问题，首次探讨了转换过程中引起的跨机架数据传输对转换进程与前台应用性能的影响，并提出了新的转换方法，基本消除了转换过程中引起的跨机架数据传输。

(2) 针对数据中心三副本的现有数据布局方式，提出了一种数据结构来记录这种数据布局方式。借助该数据结构，能够快速找到可以编码成一个条带的一组数据块，一方面，这些数据块都有一个副本在同一个机架，这样就可以保证编码时不需要跨机架传输数据块；另一方面，这些数据块都有一个副本在另外不同的机架，保证编码完成后，也不需要迁移数据块。

(3) 本章提出的方法可以适用于其他的编码方法与数据布局方式。对于不同的编码，只是编码算法不同，编码过程涉及数据传输问题与编码算法无关。而对于数据的不同布局方式，本章提出的数据结构不一定完全适用，准确刻画相应的数据传输问题。但这种数据结构的设计思想可以应用于不同的布局方式。

第 11 章 容错存储系统扩容

随着用户级应用对系统存储容量和服务性能需求的不断提高,存储系统需要添加新的存储设备,增加存储的容量或提高对用户请求的并发访问。在存储系统中增加存储设备时,需要将部分数据迁移至新的存储设备,以提升系统的存储容量和 I/O 带宽,这一操作称为存储系统扩容。Cauchy Reed-Solomon (CRS) 是一类容任意数量块错的纠删码,广泛部署于实际存储系统。针对基于 CRS 编码的分布式存储系统,本章设计了一个三阶段优化扩容方法。三个阶段为:①得出最优的扩容后的编码矩阵;② 优化扩容过程中的数据迁移方案;③ 利用校验块来解码部分数据块的性质来进一步优化数据迁移过程。该扩容算法保证扩容后的数据块在新老磁盘上的负载均衡,数据迁移量最小,且减少了扩容过程中需要读取的数据量 [132]。

11.1　CRS 码简介

一个 CRS 码的分布式存储系统可以用一个三元组 (k, m, w) 来表示。系统中包含 $n = k + m$ 个存储节点/存储磁盘,其中,k 个节点存储原始数据,记为 $D_0, D_1, \cdots, D_{k-1}$,剩余 m 个节点存储校验信息,记为 $C_0, C_1, \cdots, C_{m-1}$。CRS 编码系统能够容忍任意 m 个节点故障,满足最大距离可分 (maximum distance separable, MDS) 性质。每个节点划分为大小相等的条,每个条包含 w 个块。参与编码的 $n = k + m$ 个条称为一个条带。每个条带的编/解码算法完全一致。实际部署时,校验块在各条带之间轮转放置,以避免存放校验信息的节点成为 I/O 瓶颈。

(k, m, w)-CRS 码可以用一个 $nw \times kw$ 的 0-1 编码矩阵 G 来表示。CRS 编码首先构造一个 $m \times k$ 的柯西矩阵,然后基于此柯西矩阵构造一个 $n \times k$ 的分散矩阵,两个矩阵的元素属于 $\mathrm{GF}(2^w)$,运算规则基于 $\mathrm{GF}(2^w)$ 域。其中:

(1) CRS 的柯西矩阵构造如下:选择两个集合 $X = \{x_0, x_1, \cdots, x_{m-1}\}$,$Y = \{y_0, y_1, \cdots, y_{k-1}\}$,其中 $x_i, y_j \in \mathrm{GF}(2^w)$,$X \cap Y = \varnothing$;柯西矩阵第 i 行第 j 列的元素为 $1/(x_i + y_j)$ (加法为异或,除法为有限域除法)。图 11.1(a) 显示的是 $(2, 2, 4)$-CRS 码的 2×2 的柯西矩阵,其中 $X = \{1, 2\}$,$Y = \{0, 3\}$ 都是 $\mathrm{GF}(2^4)$ 中的元素构成的集合。

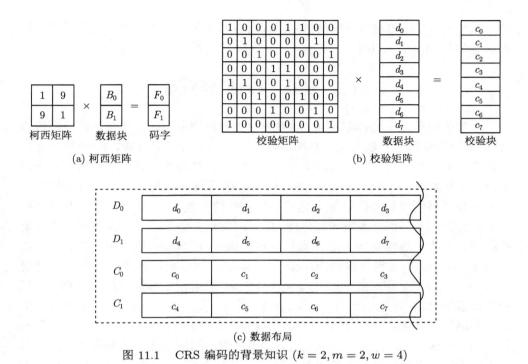

图 11.1   CRS 编码的背景知识 $(k = 2, m = 2, w = 4)$

(2) CRS 的分散矩阵构造如下：前 k 行为 k 阶单位矩阵，后 m 行为柯西矩阵。$n = m + k$。

接下来，CRS 码将 $n \times k$ 的分散矩阵转化为一个 $nw \times kw$ 的 0-1 编码矩阵，如此，可以将有限域 $\mathrm{GF}(2^w)$ 上的乘除法转化为 F_2 域上的异或运算，大大降低计算复杂度。其主要思路如下：每一个 $\mathrm{GF}(2^w)$ 域上的元素 e 可以表示成一个 w 维的向量 $V(e)$，亦即 e 的二进制表示；亦可表示成一个 $w \times w$ 的 0、1 矩阵 $\tau(e)$，其中第 i 行为 $V(e \times 2^i)$（i 起始标号为 0）。因此，通过将分散矩阵的每一个元素 e 替换为 $\tau(e)$，分散矩阵转化为一个 $nw \times kw$ 的 0-1 矩阵。如此，编/解码仅需要异或运算。在一个 (k, m, w)-CRS 编码条带中，共有 kw 个数据块，为 $d_0, d_1, \cdots, d_{kw-1}$；共有 mw 个校验块，记为 $c_0, c_1, \cdots, c_{mw-1}$。$nw \times kw$ 的 0-1 编码矩阵 G 乘以 kw 个数据块组成的向量就是对 kw 个数据块进行编码，kw 个数据块保持不变，产生 mw 个校验块。

编码矩阵的前 kw 行为一个 $kw \times kw$ 的单位矩阵，后 mw 行为 $mw \times kw$ 的校验矩阵，记为 $P = (p_{i,j})_{mw \times kw}$。图 11.1(b) 是图 11.1(a) 转化得到的校验矩阵。CRS 编码系统的数据布局如图 11.1(c) 所示。如图 11.1(b) 所示，P 中一列对应一个数据块，若一列的某个元素为 1，对应的数据块编码至一个校验块。例如，d_0 对应于第 0 列，由于 $p_{0,0}$，$p_{4,0}$，$p_{7,0}$ 为 1，所以 d_0 编码至校验块 c_0，c_4，c_7。P

中一行对应一个校验块，该校验块为该行所有为 1 的元素对应数据块的异或。例如，c_0 对应第 0 行，由于 $p_{0,0}$, $p_{0,4}$, $p_{0,5}$ 为 1，所以 $c_0 = d_0 \oplus d_4 \oplus d_5$。

11.2 CRS 码的扩容问题

本节分析基于 CRS 编码的存储系统在扩容过程中面临的问题。给定参数为 (k, m, w)-CRS 码的存储系统，系统中包含 k 个节点存储数据块、m 个节点存储校验块，每个节点在一个条带内存有 w 个数据块/校验块。系统通过增加 t 个新节点，系统扩容为 $(k + t, m, w)$-CRS 码。CRS 系统扩容时，需要将部分数据块从老设备迁移到新设备，以最大化扩容后系统的并发 I/O 访问特性，此过程称为数据迁移。为了保证系统的容错能力，在 CRS 系统扩容后，系统需要进行重新编码。因为扩容前是将 kw 个数据块编码成 mw 个校验块，而在扩容后，则是将 $(k + t)w$ 个数据块编码成 mw 个校验块。所以编码矩阵需要从扩容前的 $nw \times kw$ 拓展到扩容后的 $(n + t)w \times (k + t)w$。扩容前的编码矩阵由 $GF(2^w)$ 域中的元素集合 $X = \{x_0, x_1, \cdots, x_{m-1}\}$ 和 $Y = \{y_0, y_1, \cdots, y_{k-1}\}$ 构造而成；扩容后的编码矩阵则由 $GF(2^w)$ 域中的元素集合 $X' = \{x_0', x_1', \cdots, x_{m-1}'\}$，$Y' = \{y_0', y_1', \cdots, y_{k-1}', y_k', y_{k+1}', \cdots, y_{k+t-1}'\}$ 构造而成。当数据迁移策略和扩容后的编码矩阵皆确定之后，系统需要更新校验块，以保证扩容后系统的 MDS 性质。为了更新校验块，系统需要读某些数据块（除去迁移的数据块），读特定的校验块，更改这些校验块，最后写回这些校验块，此过程称为校验更新。由于不同条带中的数据布局和编码矩阵完全一致，仅需要关注单个条带内的扩容过程。

一个数据迁移过程可以表示如下：

$$\sigma : ADDR \rightarrow ADDR' \tag{11.1}$$

其中，$ADDR = \{i | 0 \leqslant i \leqslant kw - 1\}$ 表示数据块的编号，$ADDR' = \{i' | 0 \leqslant i' \leqslant (k+t)w - 1\}$ 表示扩容后条带的数据单元的编号。$\sigma(i) = i'$ 表示 d_i 迁移至扩容后条带的第 i' 个数据单元。d_i 表示扩容前条带的第 i 个数据块，它位于磁盘 $D_{\lfloor i/w \rfloor}$ 的第 $i \bmod w$ 个数据单元。扩容后条带的第 i' 个数据单元位于磁盘 $D_{\lfloor i'/w \rfloor}$ 的第 $i' \bmod w$ 个数据单元。扩容前的校验矩阵表示为 $P = (p_{i,j})_{mw \times kw}$，扩容后的校验矩阵表示为 $P' = (p_{i,j}')_{mw \times (k+t)w}$。整个 CRS 扩容过程可以表示为一个三元组 (σ, P, P')。

图 11.2显示了向图 11.1所示 CRS 系统增加两个节点的扩容实例，用来具体解释 CRS 扩容过程中的三个元素，即 (σ, P, P')。其中，图 11.2(a) 是扩容后的校验矩阵 $P' = (p_{i,j}')_{mw \times (k+t)w}$，$P'$ 由 $GF(2^4)$ 域中元素集合 $X' = \{0, 1\}$，$Y' = \{2, 3, 4, 5\}$ 构造而来。图 11.2(b) 展示了一个基本的数据迁移方法，它的映射函数表示如下：

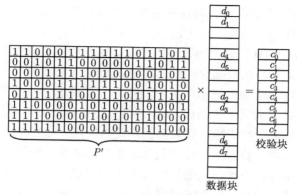

(a) 一个随机的扩容后的校验矩阵

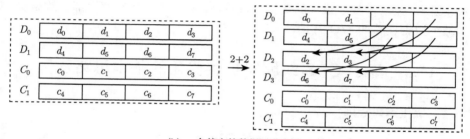

(b) 一个基本的数据迁移方法

图 11.2   向图 11.1 的 CRS 系统增加两个节点, 一个随机的扩容后的校验矩阵和一个基本的数据迁移方法

$$\sigma(i) = \begin{cases} i, & i = 0, 1, 4, 5 \\ i+6, & i = 2, 3, 6, 7 \end{cases} \tag{11.2}$$

需要注意的是, 对于老设备中已经迁移的数据块来说, 其原始位置视为空缺。由于这些数据块已经迁移, 文件系统管理层已经修改了这些数据块的元信息, 所以老设备中这些存储空间被系统回收, 重新利用。

比较图 11.2(a) 与图 11.1(b) 可以得出, $c_0' = c_0 \oplus d_1 \oplus d_2 \oplus d_3 \oplus d_4 \oplus d_6 \oplus d_7$。因此, 若要更新 c_0, 则需要读取 $c_0, d_1, d_2, d_3, d_4, d_6, d_7$。由于读一个数据块可以用来更新多个校验块, 因此需要读取 $c_0, c_1, c_2, c_3, c_4, c_5, c_6, c_7$ 以及 $d_0, d_1, d_2, d_3, d_4, d_5, d_6, d_7$ 来更新节点 C_0, C_1 中的校验块。图 11.2(a) 所示的扩容过程整体 I/O 包括: 数据迁移过程, 读 d_2, d_3, d_6, d_7, 写 d_2, d_3, d_6, d_7; 校验更新过程, 读 d_0, d_1, d_4, d_5, 读 $c_0, c_1, \cdots, c_7$, 更新 $c_0, c_1, \cdots, c_7$, 写 $c_0', c_1', \cdots, c_7'$。

在实际大规模分布式存储系统中, 系统扩容通常作为一个上层应用, 通过一个具备计算能力的协调节点完成。扩容过程中, 协调节点首先进行数据迁移过程

（从老设备中读迁移的数据块、向新设备中写迁移的数据块），其次进行校验更新过程（读某些额外的数据块，从老设备读特定的校验块，更改这些校验块，写回这些校验块）。数据迁移过程读的数据块可以缓存在协调节点内存中，在校验更新过程中重用这些数据，从而减少扩容过程中的 I/O 开销。

　　优化扩容过程的目标是最小化扩容过程中的系统 I/O 与网络传输带宽开销。值得注意的是，扩容过程中的系统 I/O 包括数据迁移 I/O 与校验更新 I/O。校验更新过程由扩容后的编码矩阵和数据迁移策略决定，如图 11.2所示。所以，第一步基于基本的数据迁移方案，设计最优的扩容后的编码矩阵；第二步基于最优的扩容后的编码矩阵，设计最优的数据迁移策略。这两步是为了减少校验更新的 I/O 开销。值得注意的是，本书仅考虑最小化数据迁移量的迁移策略，数据迁移 I/O 似乎已经最小化。然而，还可以基于编码的特性，利用校验块来解码部分数据块。因此，第三步基于最优的数据迁移策略，利用校验块来解码部分数据块，进一步减少数据迁移的 I/O 开销。

11.3　基于 CRS 纠删码扩容优化的基本思路示例

11.3.1　优化编码矩阵

　　图 11.3展示了一个新的扩容后校验矩阵 $P'' = (p''_{i,j})_{mw \times (k+t)w}$，$P''$ 由 GF(2^4) 域中元素构成的集合 $X'' = \{1, 2\}$，$Y'' = \{0, 3, 4, 5\}$ 构造而来。采用图 11.3 的编码方案，更新校验块 $c_0 \sim c_7$ 仅需要数据块 d_2, d_3, d_6, d_7。由于 d_2, d_3, d_6, d_7 需要迁移，可以在数据迁移过程中缓存，用于后续的校验码更新，而不需要从外存再

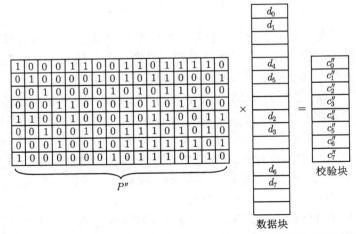

图 11.3　向图 11.2 的 CRS 系统增加两个节点，一个新的扩容后的校验矩阵

读一次。因此，图 11.3 所示扩容过程整体 I/O 得以优化，即在数据迁移时，读 d_2, d_3, d_6, d_7，写 d_2, d_3, d_6, d_7；校验更新过程，读 $c_0, c_1, \cdots, c_7$，写 $c_0', c_1', \cdots, c_7'$，这样可以显著减少校验块更新所读取的数据量。

此外，还可以通过聚合 I/O 技术来减少磁盘的 I/O 个数。例如，在图 11.3 中，可以在 D_0 中用一个读（同时读出 d_2, d_3），在 D_1 中用一个读（同时读出 d_6, d_7），在 C_0 中用一个读（同时读出 c_0, c_1, c_2, c_3），在 C_1 中用一个读（同时读出 c_4, c_5, c_6, c_7）来获取所需读取的数据块/校验块。同样可以用四个写操作来存入相应的数据块/校验块。聚合 I/O 访问可以有效提升底层磁盘上的连续访问，以减少磁盘访问时间。然而，聚合 I/O 访问并没有减少总的 I/O 量，所以不能减少网络传输量。

11.3.2 优化迁移策略

若给定了扩容后的编码矩阵，则校验更新过程由数据迁移策略决定。因此，若基于优化的扩容后编码矩阵，进一步优化数据迁移过程，校验更新的 I/O 开销可以进一步减少。例如，图 11.4 展示了一个新的数据迁移方法，它的映射规则如下：

$$\sigma'(i) = \begin{cases} i, & i = 2, 3, 4, 7 \\ 14; 15; 9; 8, & i = 0, 1, 5, 6 \end{cases} \tag{11.3}$$

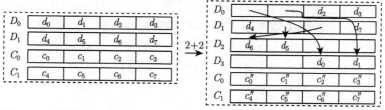

图 11.4   向图 11.2 的 CRS 系统增加两个节点，一个新的数据迁移方法

值得注意的是，该迁移策略同样也是最小化数据迁移量，同时满足扩容后的数据均衡放置。给定图 11.1(b) 的校验矩阵 P 与图 11.3 的校验矩阵 P''，若采取图 11.4 所示的数据迁移方法，仅需要读取 d_0, d_1, d_5, d_6，用以更新 $c_0, c_2, c_3, c_4, c_5, c_6, c_7$。这样，扩容过程整体 I/O 进一步优化，也就是在数据迁移过程，仅需要读 d_0, d_1, d_5, d_6，写 d_0, d_1, d_5, d_6；在校验更新过程，仅需要读 $c_0, c_2, c_3, c_4, c_5, c_6, c_7$，写 $c_0', c_2', c_3', c_4', c_5', c_6', c_7'$，读与写的校验块数量由 8 降为 7。

11.3.3 校验解码数据

上述扩容过程的实现分为两部分：数据迁移和校验更新。因此，对于图 11.4 所示的数据迁移方法，为了实现最小化数据迁移量，读四个数据块（即 d_0, d_1, d_5, d_6）

与写四个数据块是必不可少的。然而，可以利用一个新的实现过程来进一步减少数据迁移的 I/O 开销。例如，可以首先读 $c_0, c_1, \cdots, c_7$，然后利用校验块解码部分需要迁移的数据块，如：

$d_0 = c_1 \oplus c_3 \oplus c_4 \oplus c_6,$

$d_1 = c_0 \oplus c_1 \oplus c_2 \oplus c_3 \oplus c_5 \oplus c_6 \oplus c_7,$

$d_5 = c_1 \oplus c_2 \oplus c_3 \oplus c_4 \oplus c_5 \oplus c_6 \oplus c_7,$

$d_6 = c_0 \oplus c_2 \oplus c_3 \oplus c_5 \oplus c_6 \oplus c_7$。

这样就不需要读迁移的数据块 d_0, d_1, d_5, d_6，减少 I/O 开销。当解码 $d_0, d_1,$ d_5, d_6 完成后，可以写到新设备上，完成数据迁移。接着更新校验块，最后写回校验块。解码操作可以成功运用得益于 MDS 性质，即两个校验节点中的校验块足以重构出原始数据块。为了获得解码方程，可以使用高斯消元或者矩阵求逆。

通过解码数据块，扩容过程整体 I/O 可以进一步优化。数据迁移过程：通过校验块解码得到 d_0, d_1, d_5, d_6，不需要从外存读；然后向新盘写 d_0, d_1, d_5, d_6。校验更新过程：读 $c_0, c_1, \cdots, c_7$，写 $c_0, c_2, c_3, c_4, c_5, c_6, c_7$，这种实现方式不需要读迁移的数据块。因此，可以进一步减少数据迁移需读取的数据量，同时实现最小化数据迁移量。

基于以上的示例分析，提出一种基于 CRS 系统的三阶段优化扩容算法：① 设计最优的扩容后的编码矩阵，来减少校验更新读取的数据块数量；② 设计数据迁移策略，来减少校验更新读、写的校验块数量；③ 利用校验块来解码部分需要迁移的数据块，进一步减少数据迁移需读取的数据量。

11.4 CRS 扩容算法

11.4.1 设计编码矩阵

出于编码性能的考虑，使用 Jerasure 库来构造编码性能优化的校验矩阵，如下所示：

(1) 构造初始的柯西矩阵 $U = (u_{i,j})_{m \times k}$，其中 $X = \{0, 1, \cdots, m-1\}$，$Y = \{m, m+1, \cdots, m+k-1\}$，因此 $u_{i,j} = \dfrac{1}{i \oplus (m+j)}$。

(2) 对于第 $j(0 \leqslant j \leqslant k-1)$ 列，将该列除以 $u_{0,j}$，使得 $u_{0,j}$ 变为 1。

(3) 对于第 $i(1 \leqslant i \leqslant m-1)$ 行，使用以下矩阵变换：

① 统计第 i 行所有元素对应的 $w \times w$ 的 0-1 矩阵中 1 的个数之和。

② 对于第 $j(0 \leqslant j \leqslant k-1)$ 列，假设第 i 行所有元素除以 $u_{i,j}$，统计新的第 i 行所有元素 $w \times w$ 的 0-1 矩阵表示中 1 的个数之和。

③ 选择一个 j，使得在第②步得到的第 i 行所有元素的 1 的个数之和最小。若该和小于在第①步得到的第 i 行所有元素的 1 的个数之和，将第 i 行所有元素都除以 $u_{i,j}$。

(4) 将柯西矩阵 $U = (u_{i,j})_{m \times k}$ 变为校验矩阵 $P = (p_{i,j})_{mw \times kw}$。

通过实验发现，在 CRS 系统扩容矩阵设计中，若扩容前校验矩阵和扩容后校验矩阵皆选自 Jerasure 库，CRS 系统扩容的 I/O 开销非常大。我们检查了许多对扩容前和扩容后校验矩阵皆选自 Jerasure 库的情况，发现大多数将会导致 CRS 系统扩容的 I/O 开销过于巨大。因此，我们提出一种矩阵转换算法，在给定一个扩容前的校验矩阵 P（选自 Jerasure 库）后，能够计算出扩容后的校验矩阵，减小扩容的 I/O 开销。步骤如下。

(1) 利用 Jerasure 库构造 P，对于每一行 $i(0 \leqslant i \leqslant m-1)$，记录使得第 i 行的 1 的个数变最小的 $u_{i,j}$，将该 $u_{i,j}$ 记为 v_i。

(2) 设置 $X' = \{0, 1, \cdots, m-1\}$，$Y' = \{m, m+1, \cdots, m+k-1, m+k, m+k+1, \cdots, m+k+t-1\}$，构造初始的柯西矩阵 $U' = (u'_{i,j})_{m \times (k+t)}$。

(3) 对于每列 $j(0 \leqslant j \leqslant k+t-1)$，将该列除以 $u'_{0,j}$，使得 $u'_{0,j}$ 变为 1。

(4) 对于每行 $i(1 \leqslant i \leqslant m-1)$，将该行所有元素除以 v_i，这是为了保证 U' 的前 k 列和 U 相同。

(5) 将柯西矩阵 $U' = (u'_{i,j})_{m \times (k+t)}$ 变为校验矩阵 $P' = (p'_{i,j})_{mw \times (k+t)w}$。保证了 P' 的前 kw 列元素和 P 相同。

利用 Jerasure 库构造 P' 的时间复杂度为 $O(2m(k+t) + (2m-1)(k+t)w^2)$，而上面设计的扩容后校验矩阵时间复杂度仅为 $O(2m(k+t) + (m-1)(k+t) + m(k+t)w^2)$，主要原因是第 (4) 步中，对于每行 $i(1 \leqslant i \leqslant m-1)$，不需要选择除以哪个元素使得该行的 1 的个数变得最小。因此设计的校验矩阵 P' 的时间复杂度比 Jerasure 的校验矩阵 P' 更低。

11.4.2 设计迁移策略

为了评估数据迁移策略对于校验更新 I/O 开销的影响，首先定义编码集的概念。

定义 5.1 给定一个校验矩阵 $P = (p_{i,j})_{mw \times kw}$，数据块 d_j 对应 P 的第 j 列，d_j 将编码至一些校验块（对应第 j 列元素为 1 的位置）。称这些校验块为 d_j 的编码集，标记为 E_j。

例如，在图 11.1(b) 中，d_0 编码至三个校验块 c_0, c_4, c_7，故 $E_0 = \{c_0, c_4, c_7\}$。给定一个扩容过程 (σ, P, P')，扩容前，d_j 对应 P 的第 j 列，编码至校验块集合 E_j；扩容后，d_j 迁移至扩容后条带的第 $\sigma(j)$ 个数据单元，d_j 对应 P' 的第 $\sigma(j)$ 列，编码至校验块集合 $E'_{\sigma(j)}$。因此，需要读 d_j 来更新校验块集合 $E_j \oplus E'_{\sigma(j)}$ 中

所有的校验块。例如，在图 11.1(b) 和图 11.2(a) 中，扩容前，d_2 对应 P 的第 2 列，编码至校验块集合 $E_2 = \{c_2, c_5\}$；扩容后，d_2 迁移至扩容后条带的第 8 个数据单元，d_2 对应 P' 的第 8 列，编码至校验块集合 $E_8' = \{c_0, c_2, c_3, c_4, c_5, c_7\}$，所以需要读 d_2 来更新校验块集合 $E_2 \oplus E_8' = \{c_0, c_3, c_4, c_7\}$ 中所有的校验块。

数据迁移策略的一个优化目标是最小化

$$\sum_{j=0}^{kw-1} |E_j \oplus E_{\sigma(j)}'| \tag{11.4}$$

以最小化需要更新的校验块数量。值得注意的是，P' 的前 kw 列和 P 相同，如果 $d_j (0 \leqslant j \leqslant kw - 1)$ 是一个未迁移的数据块，则 $\sigma(j) = j$。因此 $E_j \oplus E_{\sigma(j)}' = \varnothing$。

假设数据块移动是将 d_j 迁移到扩容后条带的第 j' 个数据单元，即 $\sigma(j) = j'$，则需要更新校验块集合 $E_j \oplus E_j'$，$0 \leqslant j \leqslant kw - 1$，$kw \leqslant j' \leqslant (k+t)w - 1$。将由数据块迁移导致需要更新的校验块数量用一个矩阵 $A = (\alpha_{x,y})_{kw \times tw}$ 来表示，其中 $\alpha_{x,y} = |E_x \oplus E_{kw+y}'|$ 是需要读 d_x 进行更新的校验块的数量（对应迁移 d_x 到扩容后条带的第 $kw + y$ 个数据单元）。将 A 的每行按增序排列，记为 $B = (\beta_{x,y})_{kw \times tw}$。对于排序后的每个元素，记录它在排序前的列序号，记为 $R = (\gamma_{x,y})_{kw \times tw}$。因此，$\beta_{x,y}$ 是需要读 d_x 进行更新的校验块的数量（对应迁移 d_x 到扩容后条带的第 $kw + \gamma_{x,y}$ 个数据单元）。

例如，图 11.1(b) 和图 11.3 表示扩容过程中，A 的第一行为 $|E_0 \oplus E_8''|, \cdots, |E_0 \oplus E_{15}''| = 5, 4, 5, 3, 6, 3, 1, 4$。将 A 的每行按增序排列，第一行变为 1, 3, 3, 4, 4, 5, 5, 6，即为 B 的第一行。排序后的每个元素在排序前的列序号依次为 6, 3, 5, 1, 7, 0, 2, 4，即为 R 的第一行。$\beta_{0,0} = 1$ 是需要读 d_0 进行更新的校验块的数量（对应迁移 d_0 到扩容后条带的第 $8 + \gamma_{0,0} = 14$ 个数据单元）。

由此，基于本节给定的扩容前和扩容后的校验矩阵，设计如下的数据迁移策略。

(1) 记录每一对可能的迁移 (j, j')，$0 \leqslant j \leqslant kw - 1$，$kw \leqslant j' \leqslant (k+t)w - 1$，计算 A, B, R。

(2) 初始迁移：每一个老节点需要迁出 $\dfrac{tw}{k+t}$ 个数据块。因此，对于 $0 \leqslant i \leqslant k - 1$，从 $\beta_{iw,0}$ 到 $\beta_{(i+1)w-1,0}$ 中选出最小的 $\dfrac{tw}{k+t}$ 个元素。其中，一个 $\beta_{x,y}$ 对应迁移 d_x 到扩容后条带的第 $kw + \gamma_{x,y}$ 个数据单元。

(3) 调整迁移：每一个新节点需要迁入 $\dfrac{kw}{k+t}$ 个数据块来保证扩容后数据块均衡放置。如果第 (2) 步选择 $\beta_{x,y}$（对应迁移 d_x 到扩容后条带的第 $kw + \gamma_{x,y}$ 个数据单元）违反了均衡放置原则，则选择 $\beta_{x,y+1}$。

(4) 最终迁移：通过第 (2) 步和第 (3) 步得到。

值得注意的是：第 (3) 步选择 $\beta_{x,y}$（对应迁移 d_x 到扩容后条带的第 $kw + \gamma_{x,y}$ 个数据单元）可能会有两种情况违反均衡放置约束：① 扩容后的第 $kw + \gamma_{x,y}$ 个数据单元可能导致一个新节点迁入的数据块过多，即迁入数据块数大于 $\frac{kw}{k+t}$；② 第 $kw + \gamma_{x,y}$ 个数据单元已经有数据迁入，即迁入 d_x 之前，已经有某个 $d_{x'}$，满足 $kw + \gamma_{x,y} = kw + \gamma_{x',y'}$。

例如，图 11.1(b) 和图 11.3表示的扩容过程中：第一步计算 A, B, R。第二步初始迁移，选择 $\beta_{0,0} = 1, \beta_{1,0} = 1, \beta_{5,0} = 2, \beta_{6,0} = 1$，对应的迁移是将 d_0、d_1、d_5、d_6 分别迁移到扩容后条带的第 14、15、14、15 个数据单元，存在冲突，分别有 2 个数据块迁移到第 14、15 个数据单元。第三步调整迁移，在第二步选择 $\beta_{5,0} = 2, \beta_{6,0} = 1$ 违反了均衡放置原则，导致分别有 2 个数据块迁移到第 14、15 个数据单元。因此，选择换成 $\beta_{5,1} = 3, \beta_{6,1} = 4$，分别对应迁移 d_5、d_6 到扩容后条带的第 9、8 个数据单元。第四步最终迁移，如图 11.4 所示。

算法复杂度分析：第一步耗时 $O(ktw^2)$；第二步耗时 $O(kw)$，第三步耗时 $O(kt^2w^2/(k+t))$，因此算法复杂度为 $O(kt^2w^2/(k+t) + ktw^2 + kw)$。复杂度相较于一般的枚举搜索大大降低。

11.4.3 校验解码数据

CRS 扩容优化算法的最后一步利用纠删码的解码特性，进一步减少扩容过程中的数据块访问。由前面可知，一个参数为 (k, m, w) 的 CRS 编码可以用一个 $nw \times kw$ 的编码矩阵来表示。基于编码矩阵，给出**编码子矩阵**和**解码矩阵**的定义。

定义 5.2 给定一个 CRS 编码的 $nw \times kw$ 的编码矩阵，一个编码子矩阵是它的一个 $kw \times kw$ 的子矩阵。编码子矩阵通过假设任意 m 个节点失效，并删除编码矩阵中对应的行所得到。编码子矩阵表征存活的 k 个节点的数据块（校验块）如何由原始数据块计算而来。

定义 5.3 解码矩阵是编码子矩阵的逆矩阵，它表征原始数据块如何由存活的 k 个节点的数据块（校验块）解码而来。

例如，图 11.1(b) 是对应于节点 C_0, C_1 的编码子矩阵，它表示 $c_0, c_1, \cdots, c_7$ 如何由 $d_0, d_1, \cdots, d_7$ 计算而来。对应的解码矩阵如图 11.5所示，它表示 $d_0, d_1, \cdots, d_7$ 如何由 $c_0, c_1, \cdots, c_7$ 重构而来。

因此，问题的关键即给定一个扩容后的编码矩阵和一个数据迁移策略，如何利用校验码更新必须读的校验块，解码出部分需要迁移的数据块，减少数据迁移需要的数据块读操作。为了节约数据块迁移的读操作，可能会增加校验块读操作，但是，必须保证整体的 I/O 数量减少，从而降低整体的 I/O 和网络传输开销。

图 11.5 对应图 11.1(b) 的校验矩阵的解码矩阵

假设解码矩阵为 $V = (v_{i,j})_{kw \times kw}$，它的第 j 列对应块 c_j，c_j 可能是一个数据块 d_i'，亦可能是一个校验块 c_j'。数据块 d_i 可以由第 i 行所有元素 1 对应的块解码出来，记这些块集合为 O_i。例如，在图 11.5 中，第 1 列对应校验块 c_0。第 1 行解码出数据块 d_0，由第 1 行对应的 0-1 向量可知，d_0 可以由 $O_0 = \{c_1, c_3, c_4, c_6\}$ 中的块解码出来。

假设数据迁移策略为 σ，$\sigma(i) = i$ 意味着数据块 d_i 不需要迁移，而 $\sigma(i) \neq i$ 则意味着 d_i 需要迁移。记 M 为需要迁移且可以通过解码得到的数据块集合，H 为辅助解码出迁移数据块所需要读的数据块集合，T 为需要读的校验块集合（用来解码）。因此，必须使用 T 和 H 中的数据块与校验块来解码 M 的数据块。例如，在图 11.5 中，$M = \{d_0, d_1, d_5, d_6\}$，$H = \varnothing$，$T = \{c_0, c_1, \cdots, c_7\}$。

基于上述示例中的基本思路，本节提出一种解码算法，旨在利用校验块解码出部分数据块，从而减少迁移数据块所需的读操作。算法的主要思想是：遍历编码矩阵的所有解码矩阵；对于每一个解码矩阵，总共有 kw 行，解码矩阵的第 i 行反映了数据块 d_i 如何被块集合 O_i 解码；如果 d_i 是一个需要迁移的数据块，且 O_i 仅包含其他迁移的数据块和校验块，就将 d_i 插入 M，将 O_i 中的数据块和校验块分别插入 H 和 T。最终目标是通过解码，尽量减少数据迁移需要读的数据块数量。具体流程如下。

(1) 初始化 $M = \varnothing, H = \varnothing, T = \varnothing$。

(2) 对于任意 m 个节点，假设它们失效并构造解码矩阵 $V = (v_{i,j})_{kw \times kw}$。

① 对于第 i 行 $(0 \leqslant i \leqslant kw - 1)$，若 $\sigma(i) \neq i$，则 d_i 是一个迁移数据块：

(a) 计算能解码出 d_i 的块集合 O_i。

(b) 对于 O_i 中的每一个块 b_j，若 $b_j = d_{i'}$ 是一个其他迁移的数据块，或 $b_j = c_{j'}$ 是一个校验块，那么设置 f =true；否则设置 f =false。

(c) 若 f =true（为了保证仅用校验块和其他迁移的数据块来解码 d_i）：

若 $d_i \notin M \cup H$，将 d_i 插入 M。对于 O_i 中的每一个块 b_j，若 $b_j = d_{i'}$ 是一个其他迁移的数据块且 $d_{i'}$ 是一个校验块且 $c_{j'} \notin T$，将 $c_{j'}$ 插入 T。

若 $d_i \in H$：对于 O_i 中的每一个块 b_j，若 $b_j = d_{i'}$ 且 $b_j \in M$，设置 g =false；否则设置 g =true。

若 g =true，将 d_i 移入 M。对于 O_i 中的每一个块 b_j，若 $b_j = d_{i'}$ 是一个其他迁移的数据块且 $d_{i'} \notin H$，将 $d_{i'}$ 插入 H；若 $b_j = c_{j'}$ 是一个校验块且 $c_{j'} \notin T$，将 $c_{j'}$ 插入 T。

(3) 返回 M, H, T。

值得注意的是，步骤 (c) 设计 g =true 的状态，是为了处理如下情形，即 d_i 可以考虑被解码，但 $d_i \in H$。若块集合 O_i 中没有数据块属于 M，将 d_i 插入 M，并将 O_i 中的数据块和校验块分别插入 H 和 T。

例如，在图 11.1(b) 中，先构造节点 C_0, C_1 对应的解码矩阵，然后获得 d_0, d_1，d_5, d_6 的解码方程。如此可以得到 $M = \{d_0, d_1, d_5, d_6\}$，$H = \varnothing$，$T = \{c_0, c_1, \cdots,$ $c_7\}$。该算法的好处在于，进一步减少了老设备的负载，因而可以进一步缩短在线扩容过程中对用户请求的响应延迟。

算法复杂度分析：共有 $\binom{n}{m}$ 个解码矩阵，构造一个解码矩阵需要的矩阵求逆运算，时间复杂度为 $O(k^3 w^3)$。对于每一个解码矩阵 V，需要遍历它所有的元素，以获得解码方程，该操作耗时 $O(k^2 w^2)$。因此，算法复杂度为 $O((k^3 w^3 + k^2 w^2) \times \binom{n}{m})$。

值得注意的是，以上三个算法（即扩容后的校验矩阵、数据迁移策略、使用解码性质节约 I/O）的时间复杂度相对于数据迁移的时间来说，是合理的，可以隐藏在流水线的数据迁移步骤中。另外，这些算法还可以离线得出解，然后再部署到实际系统中，所以扩容算法的时间复杂度对系统扩容性能没有影响。

11.5 实 验 结 果

本节给出实验结果，分析扩容后的校验矩阵、数据迁移策略、解码策略这三个算法在扩容过程中能够节省的 I/O 开销。比较的对象为以下五种扩容策略。① **JM-NM**：使用 Jerasure 库产生的扩容后校验矩阵 + 基本的数据迁移方法，亦即基本的扩容方法。② **OM-NM**：使用本书设计的扩容后校验矩阵 + 基本的迁移方法。③ **OM-OM**：使用本书设计的扩容后校验矩阵与迁移方法。④ **OM-NM-MDS**：在 OM-NM 基础上，使用本书提出的解码优化方法。⑤ **OM-OM-MDS**：在 OM-OM 基础上，使用本书提出的解码优化方法。

11.5.1 五种扩容策略的比较

表 11.1比较了在一个条带内，五种扩容策略的数据迁移读数据块量/写数据块量 + 校验更新读数据块量，校验更新读校验量/写校验量。值得注意的是，$k = 6$ 是实际系统常用的参数设置，例如，Linux RAID-6 采用 $(6, 2, 8)$-RS 码，Colossus-FS 采用 $(6, 3, 4)$-RS 码。

表 11.1　五种扩容策略所需的 I/O 量比较 (域参数 w 为 4)

(k,m,t,w)	JM-NM	OM-NM	OM-OM	OM-NM-MDS	OM-OM-MDS
$(3,3,1,4)$	$3/3+0, 12/12$	$3/3+0, 12/12$	$3/3+0, 7/7$	$0/3+0, 12/12$	$3/3+0, 7/7$
$(3,3,2,4)$	$4/4+8, 12/12$	$4/4+0, 12/12$	$4/4+0, 10/10$	$0/4+0, 12/12$	$0/4+0, 12/10$
$(3,3,3,4)$	$6/6+6, 12/12$	$6/6+0, 12/12$	$6/6+0, 9/9$	$0/6+0, 12/12$	$0/6+0, 12/9$
$(4,3,1,4)$	$3/3+13, 12/12$	$3/3+0, 11/11$	$3/3+0, 8/8$	$3/3+0, 11/11$	$3/3+0, 8/8$
$(4,3,2,4)$	$4/4+12, 11/11$	$4/4+0, 11/11$	$4/4+0, 8/8$	$3/4+0, 11/11$	$3/4+0, 8/8$
$(4,3,3,4)$	$6/6+10, 12/12$	$6/6+0, 12/12$	$6/6+0, 9/9$	$4/6+0, 12/12$	$4/6+0, 10/9$
$(4,4,2,4)$	$4/4+12, 14/14$	$4/4+0, 14/14$	$4/4+0, 13/13$	$0/4+0, 16/14$	$0/4+0, 16/13$
$(4,4,3,4)$	$6/6+10, 16/16$	$6/6+0, 16/16$	$6/6+0, 14/14$	$0/6+0, 16/16$	$0/6+0, 16/14$
$(4,4,4,4)$	$8/8+8, 16/16$	$8/8+0, 16/16$	$8/8+0, 14/14$	$0/8+0, 16/16$	$0/8+0, 16/14$
$(5,4,2,4)$	$5/5+15, 16/16$	$5/5+0, 16/16$	$5/5+0, 15/15$	$4/5+0, 16/16$	$4/5+0, 15/15$
$(5,4,3,4)$	$6/6+14, 16/16$	$6/6+0, 16/16$	$6/6+0, 14/14$	$3/6+0, 16/16$	$3/6+0, 16/14$
$(5,4,4,4)$	$8/8+12, 16/16$	$8/8+0, 16/16$	$8/8+0, 15/15$	$4/8+0, 16/16$	$5/8+0, 16/15$
$(6,3,1,4)$	$3/3+21, 12/12$	$3/3+0, 11/11$	$3/3+0, 9/9$	$3/3+0, 11/11$	$3/3+0, 9/9$
$(6,3,2,4)$	$6/6+0, 12/12$	$6/6+0, 12/12$	$6/6+0, 9/9$	$5/6+0, 12/12$	$6/6+0, 9/9$
$(6,3,3,4)$	$6/6+0, 11/11$	$6/6+0, 11/11$	$6/6+0, 10/10$	$5/6+0, 11/11$	$6/6+0, 10/10$
$(6,5,2,4)$	$6/6+18, 20/20$	$6/6+0, 19/19$	$6/6+0, 19/19$	$3/6+0, 20/19$	$5/6+0, 19/19$
$(6,5,3,4)$	$6/6+18, 19/19$	$6/6+0, 19/19$	$6/6+0, 18/18$	$3/6+0, 20/19$	$6/6+0, 18/18$
$(6,5,4,4)$	$8/8+16, 20/20$	$8/8+0, 20/20$	$8/8+0, 20/20$	$3/8+0, 20/20$	$4/8+0, 20/20$

　　如表 11.1 所示，OM-NM 相较于 JM-NM 能够有效减少校验更新读的数据块数量，而 OM-OM 能够进一步减少 OM-NM 的校验更新需修改的校验块数量。此外，OM-OM-MDS 相较于 OM-OM 能够进一步减少数据迁移读的数据块数量。例如，取 $k=3, m=3, t=2, w=4$ 时，JM-NM 的校验更新读的数据块数量是 8，而 OM-NM 的校验更新读的数据块数量是 0；OM-NM 的校验更新读/写的校验块数量是 12/12，而 OM-OM 减为 10/10；OM-OM 需读四个数据块来进行数据迁移，而 OM-OM-MDS 不需要读数据块，而需读更多的校验块来解码数据块，但是系统整体的 I/O 数量减少。

　　在两个设置 $k=6, m=5, t=2, w=4$ 与 $k=6, m=5, t=4, w=4$ 中，OM-NM-MDS 相较于 OM-OM-MDS 需要更少的扩容 I/O，主要原因是在很多情况下，基本的数据迁移方法更为规整，可以更好地利用 MDS 性质。接下来将证明，随着域参数 w 的改变，有更多的情况使得 OM-NM-MDS 整体优于 OM-OM-MDS。针对特定的编码参数设置，可以在 OM-OM-MDS 和 OM-NM-MDS 中选择一个更优者作为扩容策略。

　　为了证明上述扩容算法的普适性，针对很多的编码与扩容参数设置，进行了性能分析。当 $m=3, m \leqslant k, t \leqslant k, 3 \leqslant w \leqslant 6$ 时，总共有 1176 种参数设置，其中 1052 种情形下 OM-NM 比 JM-NM 减少了校验更新读的数据块数量。有 307

种情形下 OM-OM 比 OM-NM 进一步减少了校验更新需修改的校验块数量。此外，有 706 种情形下 OM-OM-MDS(OM-NM-MDS) 比 OM-OM 减少了数据迁移读的数据块数量，同时保证了整体的 I/O 数量下降。简而言之，这些结果证明了本书算法的有效性与普适性。

11.5.2 域参数 w 的影响

接下来针对参数 w 的不同设置，验证上述扩容算法在更大的有限域上的适用性。表 11.2展示了不同的域参数 w 的五种扩容策略的 I/O 使用量。例如，在 $k=3, m=3, t=2, w=5,6,7,8$ 的设置下，OM-NM 总是能够比 JM-NM 减少校验更新所读的数据块数量；OM-OM 总是能够比 OM-NM 降低校验更新需读、写的校验块数量；OM-OM-MDS 能够进一步减少 OM-OM 的数据迁移读的数据块数量，从而减少了整体的扩容 I/O 开销。

表 11.2　五种扩容策略的 I/O 使用量比较，不同的域参数 w

(k,m,t,w)	JM-NM	OM-NM	OM-OM	OM-NM-MDS	OM-OM-MDS
$(3,3,2,5)$	$6/6+0,15/15$	$6/6+0,15/15$	$6/6+0,13/13$	$0/6+0,15/15$	$0/6+0,15/13$
$(3,3,2,6)$	$6/6+12,17/17$	$6/6+0,17/17$	$6/6+0,17/17$	$0/6+0,18/17$	$0/6+0,18/17$
$(3,3,2,7)$	$8/8+13,21/21$	$8/8+0,21/21$	$8/8+0,20/20$	$0/8+0,21/21$	$0/8+0,21/20$
$(3,3,2,8)$	$9/9+15,24/24$	$9/9+0,24/24$	$9/9+0,21/21$	$0/9+0,24/24$	$0/9+0,24/21$
$(4,3,2,5)$	$6/6+14,15/15$	$6/6+0,15/15$	$6/6+0,14/14$	$4/6+0,15/15$	$5/6+0,15/14$
$(4,3,2,6)$	$8/8+16,18/18$	$8/8+0,18/18$	$8/8+0,16/16$	$5/8+0,18/18$	$5/8+0,17/16$
$(4,3,2,7)$	$8/8+20,20/20$	$8/8+0,20/20$	$8/8+0,17/17$	$5/8+0,21/20$	$8/8+0,17/17$
$(4,3,2,8)$	$10/10+22,24/24$	$10/10+0,24/24$	$10/10+0,20/20$	$6/10+0,24/24$	$10/10+0,20/20$
$(5,3,2,5)$	$6/6+19,15/15$	$6/6+0,14/14$	$6/6+0,14/14$	$5/6+0,14/14$	$6/6+0,14/14$
$(5,3,2,6)$	$8/8+22,18/18$	$8/8+0,18/18$	$8/8+0,17/17$	$7/8+0,18/18$	$8/8+0,17/17$
$(5,3,2,7)$	$10/10+25,21/21$	$10/10+0,21/21$	$10/10+0,20/20$	$8/10+0,21/21$	$8/10+0,20/20$
$(5,3,2,8)$	$10/10+30,23/23$	$10/10+0,23/23$	$10/10+0,21/21$	$8/10+0,23/23$	$10/10+0,21/21$

在 $k=5, m=3, t=2, w=5$ 的设置下，OM-NM-MDS 的 I/O 性能比 OM-OM-MDS 更好。进一步比较 OM-NM-MDS 和 OM-OM-MDS，当 $2 \leqslant k \leqslant 12, 2 \leqslant m \leqslant 6, 1 \leqslant t \leqslant k, w=5$ 时，总共有 355 种情形，其中 173 种情形下 OM-NM-MDS 需要更少的 I/O，137 种情形下 OM-OM-MDS 需要更少的 I/O，剩余 45 种情形下 OM-NM-MDS 与 OM-OM-MDS 在同构存储环境下表现相同。当 $2 \leqslant k \leqslant 12, 2 \leqslant m \leqslant 6, 1 \leqslant t \leqslant k, w=6$ 时，总共有 355 种情形，其中 187 种情形下的 OM-NM-MDS 更优，138 种情形下的 OM-OM-MDS 更优，剩余 30 种情形下的 OM-NM-MDS 与 OM-OM-MDS 在同构存储环境下表现一样。当 k 变大（如 $k=28,29$）时，OM-OM-MDS 通常优于 OM-NM-MDS。但是，即使 k 变大，仍然存在很多情形下，OM-NM-MDS 表现得更好。

11.5.3　扩容后的编码性能

现在比较 Jerasure 库的扩容后的校验矩阵和本书设计的扩容后校验矩阵的编码性能。当 $m = 3, 4, m \leqslant k, t \leqslant k, 3 \leqslant w \leqslant 6$ 时，一共有 2290 种参数。平均来讲，OM-NM 矩阵中 1 的个数相较于 Jerasure 矩阵多了 1.94%。在某些情形下，OM-NM 矩阵中 1 的个数等于 Jerasure 矩阵中 1 的个数，例如，当 $k = 6, m = 3, t = 3, w = 4$ 时，OM-NM 矩阵和 Jerasure 矩阵中 1 的个数都是 172。因为节约了大量的扩容过程中的 I/O 与网络开销，所以依旧可以断言，本书设计的扩容后的校验矩阵的编码性能降级是可容忍的。

11.6　本 章 小 结

存储系统时常需要扩容，以满足应用对存储容量或访问带宽的需求。扩容过程中，需要将旧存储节点（或磁盘）上的部分数据迁移到新加的节点（磁盘）上，以达到扩容后存储系统的负载均衡。然而扩容会带来大量的数据迁移，给存储带来额外的负载。本章针对基于 CRS 码的存储系统，提出了一种三阶段的扩容方法。该方法在达到扩容后系统负载均衡的前提下，使得需要迁移的数据量达到最小。同时，通过迁移过程中的编码优化，降低了迁移过程中需要读取的数据量，而且降低了扩容后系统中校验块的更新复杂度。

针对本章介绍的扩容方法，做如下总结。

(1) 本章首次探讨了基于 CRS 码的存储系统的扩容问题，给出了一种分三阶段优化的扩容方法。该方法能够达到扩容后系统的负载均衡，且需要迁移的数据量最小。进一步优化了扩容过程中数据读过程，降低了读数据量，且降低了扩容后系统的校验数据更新复杂度。

(2) CRS 是通过编码矩阵定义，现有的优化 CRS 编码矩阵是 Jerasure 库。Jerasure 库的优化目标是在保证解码成功的前提下，最小化编码矩阵中"1"的个数，以降低编码复杂度。扩容前后的编码矩阵是独立设计的，直接采用 Jerasure 库的编码矩阵，将导致大量的数据移动，而且扩容后系统中校验块的更新复杂度非常高。

(3) 本章介绍的扩容方法有三方面的贡献：①扩容前的编码矩阵采用 Jerasure 库中矩阵，根据扩容前编码矩阵优化设计扩容后编码矩阵，最小化扩容后编码矩阵中"1"的个数。实验结果表明，本章设计的扩容后编码矩阵比 Jerasure 库中编码矩阵"1"的个数多不到 2%。②针对扩容后的系统，给出了校验块更新的复杂度形式化定义，根据此定义，给出了扩容过程中数据迁移的优化设计，在达到最小数据迁移量的同时，最小化校验块更新复杂度。③在校验更新的过程中，通过解码得到一些数据块，从而减少了扩容过程中需要读的数据量。

(4) 已有的扩容算法基本是针对阵列码。阵列码结构规整,数据布局与编码有特定的规律。扩容算法设计依赖这些规律,在达到扩容后负载均衡的同时,最小化数据迁移量与校验块更新复杂度。但是,CRS 码没有这些特征,导致已有方法不能应用于 CRS。本章扩容方法的设计思路对于阵列码扩容来说不是一个好的选择,但对于其他纠删码来说,有借鉴作用。

第 12 章　基于热度的在线扩容优化机制

由于用户级应用对存储能力和带宽需求的不断提高，存储系统必须按需进行扩容。传统的扩容算法主要考虑最小化数据迁移量，然而并未考虑用户级应用的访问。实际存储系统进行在线扩容的时候，上层用户 I/O 请求与底层迁移 I/O 请求相互干扰，导致数据迁移时间和用户响应时间的性能降级。本章研究了在线扩容问题，通过结合实际系统中用户访问的两个特征，即数据热度和数据局部性，为已有的扩容算法提出了一个在线扩容优化机制 (popularity-based online scaling, POS)。POS 将原有存储空间划分为多个区域，并记录每个区域的热度。其主要思想是优先迁移热度高的存储区域，以更好地利用用户负载的局部性原理，能够部署在已有的扩容算法之上，改进其扩容过程中迁移、用户响应时间性能。为了验证 POS 的性能，将 POS 部署在传统的 RAID-0 扩容算法 FastScale 之上，并将 FastScale 和 POS+FastScale (POS-FS) 实现在同一个系统之中。通过大量的实际系统工作负载实验分析发现，POS 能够有效减少扩容过程中迁移、用户响应时间，同时提高磁盘数据访问的连续性 [133]。

12.1　已有扩容算法简介

学术界已经提出众多的扩容算法，以提高基于 RAID 架构的存储系统的可扩展性。传统的扩容算法主要维持数据块的 round-robin 布局，以最大化扩容后系统的并发访问特性，称此类算法为基于 round-robin 布局的扩容算法 [134-137]。在扩容后的系统中，尽管维持数据块 round-robin 布局使得 I/O 性能好，但一方面维持 round-robin 布局导致接近 100% 的数据迁移量；另一方面，对于包含校验块的 RAID 系统来说，round-robin 扩容导致所有校验块的更新，引起大量的校验块重计算开销。同时，round-robin 扩容需要更新系统中几乎所有的元数据（metadata）。

针对 round-robin 扩容存在的问题，扩容优化算法主要着力于设计最小化数据迁移量的扩容过程。例如，FastScale[138] 通过最小化 RAID-0 扩容的数据迁移量和提供扩容后数据的均衡放置，来加速 RAID-0 扩容过程。FastScale 对于特定工作负载，能提供与 round-robin 扩容相似的扩容后用户响应时间性能。MiPiL[139] 最小化 RAID-5 扩容的数据迁移量，同时保证扩容后数据块和校验块的均衡放置。对于不同的 RAID-6 编码, SDM[140] 根据扩容后的条带内的校验布局来最小化数据迁移量, 同时优化校验更新的 I/O 开销。其他的方法还有 Semi-RR、GSR、CRAID 等。Semi-RR[141] 基于一个伪随机哈希函数来实现最小量的块移动。Semi-RR 可以通过低计算开销访问到迁移块的新的位置。GSR[142] 保持了大多数条带的布局, 改变了较少数条带的布局, 来实现 RAID-5 扩容的最小化数据迁移量。CRAID[143] 进一步减少重定向过程的 I/O 开销, 它仅重定向实时的热点数据。CRAID 实时鉴别热点数据块, 并将热点数据块分布在各个磁盘的一个缓存分区。当扩容操作发生时, CRAID 仅需要重新均衡该缓存分区, 这大大减少了扩容 I/O 开销。本章提出的扩容算法 POS, 可以结合用户访问负载的数据热度和数据局部性原理, 改变这些扩容算法的迁移顺序, 优先迁移热度高的数据区域, 从而提高这些扩容算法的在线扩容过程中的迁移、用户响应时间性能。基于最小化数据迁移量的扩容算法, FastScale 实现了 POS+FastScale。图 12.1 展示了 FastScale 的工作原理。

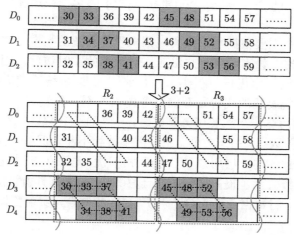

图 12.1 FastScale RAID-0 扩容, 3 个磁盘到 5 个磁盘

在图 12.1 的示例中, 仅在图中画出两个域, 标记为 R_2, R_3, FastScale 将每个磁盘上的每五个数据块组织成一个段 (segment)。对于扩容后的系统, FastScale 将五个相同偏移的段组织成一个域 (region), 在图中以波浪线区分每个域。每个域的数据迁移规则完全一致。对于平行四边形形状的一个域, 其中的数据块将被迁移。在图中, 平行四边形的底是 2 ($t = 2$)、高是 3 ($n = 3$)。在迁移的数据块元数据中, 需要改变其所在的磁盘 ID, 但保持磁盘偏移, 形成一个新的平行四边形, 此时, 新的平行四边形的底是 $3(n = 3)$、高是 $2(t = 2)$。FastScale 每个域的数据迁移量占 40%, 在达到扩容后数据均衡放置的同时, 数据迁移量也达到了最

小化。此外，对于某些工作负载，用 FastScale 扩容后的系统对用户请求的响应性能与用 round-robin 扩容后的系统相似。因此，FastScale 的扩容过程中、扩容后性能大大提高。

实际实现时，FastScale 使用聚合 I/O 技术来进一步提高扩容过程中的系统性能。具体来讲，对于每个老盘，FastScale 在每个域仅需要一个读操作。例如，图 12.1 中，FastScale 在 D_0 仅需要一个读操作来获得块 d_{30}, d_{33}。对于每个新盘，FastScale 在每个域仅需要一个写操作。例如，图 12.1 中，FastScale 在 D_3 中仅需要一个写操作来存入块 d_{30}, d_{33}, d_{37}。聚合 I/O 技术大大减少了扩容过程中的磁盘寻道时间。

此外，在扩容过程中，需要区分老盘中将要迁移的数据块和老盘中已经迁移到新盘的数据块。例如，在图 12.1 中，D_0 中的块 d_{30} 为一个将要迁移的数据块，D_3 中的块 d_{30} 为一个已经迁移的数据块。

12.2　基于热度扩容的必要性分析

已有扩容算法主要根据特定编码规则来设计有效的数据迁移策略。但是，在算法的系统实现时，没有考虑用户级应用对数据的实时访问，因而扩容过程中的系统性能还可以进一步优化。事实上，目前 RAID 系统通常需要 7×24 小时在线运行，且系统离线的代价是存储服务提供方不可忍受的 [144]。由于系统提供 7×24 小时在线服务，当扩容任务到来时，一方面，RAID 系统需要负责扩容过程，以重定向相关数据，另一方面，系统需要持续不断地服务上层用户 I/O 请求。因此，底层迁移 I/O 与上层用户 I/O 会互相干扰，导致扩容过程中迁移和用户响应时间性能的降级。为了提高在线扩容迁移和用户响应时间性能，需要有效利用用户访问的特征，将数据迁移 I/O 与用户 I/O 相结合，实现整体调度，来提高在线扩容性能。

实际上，大多数应用的用户 I/O 请求确实呈现出一些显著的特征。此处主要考虑数据热度和数据局部性。数据热度指存储系统中的数据访问高度倾斜，最常访问的数据通常只占总数据量的一小部分。数据局部性，即时间局部性，指当前访问的数据块在近期有很大概率被再次访问。例如，大多数应用具有 80/20 原则，80% 的用户请求仅访问存储系统不到 20% 的数据。另外，时间局部性在很多应用中都非常显著，如多媒体应用 [145]、多核系统应用 [146] 等。

此处通过图 12.1 的扩容案例来阐述用户 I/O 如何影响扩容性能。假设在未来一段时间内，系统将要迁移第 i 个域 R_i 和第 $i+1$ 个域 R_{i+1}。同时，一些用户负载持续不断地访问 R_i、R_{i+1}，但是 20% 的用户访问导向 R_i，80% 的访问导向 R_{i+1}。假设每个磁盘的读带宽为 B。

　　传统的 FastScale 严格按照物理位置由前往后的顺序进行迁移, 即先迁 R_i, 再迁 R_{i+1}。当迁移 R_i 时, 大多数用户访问仍然集中在 R_{i+1} 的三个老盘上。假设迁 R_i 耗时 T_i, 迁 R_{i+1} 耗时 T_{i+1}。传统的 FastScale 扩容过程耗时 $T_i + T_{i+1}$。迁移 R_i 的过程中, 所有的用户访问还是聚集在原有的三个老盘上, 用户 I/O 的平均响应时间为 $\left(\dfrac{0.8}{3B} + \dfrac{0.2}{3B}\right)$; 迁移 R_{i+1} 的过程中, 20% 的用户访问被 R_i 五个磁盘服务, 而 80% 的用户访问仍然聚集在 R_{i+1} 的三个老盘上, 用户 I/O 的平均响应时间为 $\left(\dfrac{0.8}{3B} + \dfrac{0.2}{5B}\right)$。因此, 整个扩容过程中用户 I/O 的平均响应时间约为 $\left(\dfrac{0.8}{3B} + \dfrac{0.2}{3B} + \dfrac{0.8}{3B} + \dfrac{0.2}{5B}\right)/2 = \dfrac{1}{3.125B}$。

　　假设改变迁移顺序, 先迁移 R_{i+1}, 再迁移 R_i, 则可以提高扩容性能。当迁移 R_{i+1} 时, 大多数用户访问能够被 R_{i+1} 的五个磁盘服务。改变迁移顺序的关键观察是 R_{i+1} 的访问热度更高, 且这种情况持续一段时间。通过优先迁移 R_{i+1}, R_{i+1} 的工作负载可以优先被五个磁盘服务。同时, 老盘的压力更早被转移至新盘。假设此时迁移 R_{i+1} 耗时 T'_{i+1}, 迁移 R_i 耗时 T'_i (T'_{i+1} 约等于 T_i, 而 $T'_i < T_{i+1}$)。基于热度的 FastScale 扩容过程耗时 $T'_i + T'_{i+1}$, 且 $T'_i + T'_{i+1} < T_i + T_{i+1}$。此外, 扩容过程中用户 I/O 的平均响应时间约为 $\left(\dfrac{0.8}{3B} + \dfrac{0.2}{3B} + \dfrac{0.8}{5B} + \dfrac{0.2}{3B}\right)/2 = \dfrac{1}{3.571B} < \dfrac{1}{3.125B}$。因此, 较于传统的 FastScale, 基于热度的 FastScale 扩容同时缩短了系统扩容时间与扩容过程中用户 I/O 的响应时间。

12.3　热度感知的在线扩容优化机制

　　基于以上对比案例, 本节结合数据热度和数据局部性, 设计一个在线扩容优化机制 (POS)。POS 根据数据热度来优化迁移顺序, 系统能够实现更好的负载均衡, 其次利用数据局部性来优化各个存储域的用户响应时间性能。基于数据热度的扩容机制可以应用于现有的不同扩容机制, 与现有扩容机制相结合, 缩短其在线扩容过程中数据迁移、用户请求的响应时间。

12.3.1　概要流程

　　本节概要预览 POS 的扩容流程, 如图 12.2 所示。POS 将原有存储系统划分为若干存储区域, 并区分每一个存储区域的热度。POS 将整个扩容过程划分为若干时间片, 在每一个时间片内, 计算用户 I/O 请求对各个区域的访问热度, 然后总是优先迁移最热的存储区域。如图 12.3 所示, POS 主要包括 I/O monitor 与 Scaling controller 两个部件。I/O monitor 跟踪用户 I/O 请求的访问模式, 计算各个存储区域的热度，Scaling controller 根据用户 I/O 的速率，来控制迁移 I/O 的速率，并将用户 I/O 与迁移 I/O 整合，一起发送至底层磁盘，完成在线扩容过程。

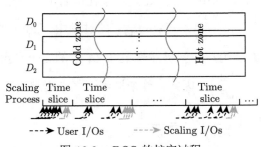

图 12.2　POS 的扩容过程

　　由于不同存储区域的数据热度差别很大，且热的存储区域在近期内仍是热的概率很大，POS 的主要思想是优先迁移热度高的存储区域。如此，热存储区域的用户访问可以优先被更多的磁盘带宽并发响应。此外，迁移 I/O 请求总是在热的存储区域，距离大多数的用户 I/O 请求物理距离较近，这样可以提供更好的磁盘访问连续性，来减少访问时间。

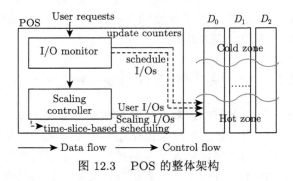

图 12.3　POS 的整体架构

　　为了实现基于热度的在线扩容，POS 将原有存储磁盘划分为多个物理位置连续的存储区，称为区域（zone），每一个区域关联一个计数器（counter），表示区域的热度（标记为 HC）。HC 的值由该区域最新的用户访问频度决定。为了跟踪获取最新的热度信息，POS 将整个扩容过程划分为多个时间片。在每一个时间片内，POS 总是优先处理若干用户 I/O 请求（设置一个最大阈值 S）。在每一个时间片末尾，POS 产生若干数据迁移 I/O 请求。处理 S 个用户请求和迁移请求的时间阶段称为一个时间片（time slice）。给定要迁移的数据量，给定一个时间片内迁移请求的数量，整个扩容过程可划分为固定数量的时间片。

在每一个时间片开始时，所有区域的计数器都重置为 0。在每一个时间片之中，POS 连续地处理若干用户 I/O 请求，这些用户请求发送至底层磁盘排队和服务。由于用户 I/O 不断地访问底层磁盘上的数据块，一个区域的计数器根据它的块的访问频度而逐步增加。在每一个时间片末尾，POS 选择最热的区域，并在该区域迁移部分片区（region）（注：一个区域存储的数据量大，难以一次调度就能实现整个区域的迁移，所以每个区域进一步划分为多个片区）。数据迁移 I/O 请求同样发送至底层磁盘排队和响应。需要说明的是，POS 主要关注扩容过程中的热点数据块，在许多应用中，即使有一个大的系统层 cache，仍然可以看到外存上的热点数据块。这样的应用包括大规模 PB 级存储、I/O 密集型访问模式动态变化的工作负载、大图计算、数据库负载等。

优先迁移热的区域能够缩短在线扩容过程中迁移、用户响应时间，主要原因有以下三点。

(1) 由于时间局部性原理，热的区域在近期有很大概率仍然很热。

(2) 优先迁移热的区域，更多用户请求优先被新老存储设备的 I/O 带宽并发响应。如此可以更好地释放老设备的总体工作负载，并在新老设备上实现更好的负载均衡。

(3) 迁移 I/O 总是在热的区域，距离大多数用户 I/O 物理位置较近，由于迁移 I/O 和用户 I/O 皆被发送至底层磁盘排队、响应。如此可以提供更好的磁盘访问连续性。

图 12.3 概要地展示了 POS 的组成部件。POS 主要由 I/O monitor 和 Scaling controller 组成。当一个用户 I/O 请求进入系统时，I/O monitor 跟踪它。I/O monitor 根据该用户请求更新某些区域的计数器。若该用户请求访问将要迁移的数据块，I/O monitor 调度利用该用户请求来节约迁移 I/O。若该用户请求访问已经迁移的数据块，I/O monitor 也负责将其重导向至新的存储设备，如此新的存储设备的带宽资源被逐步利用起来。处理完的用户请求被发送至 Scaling controller。Scaling controller 在一个时间片末尾确定最热的区域。在一个新的时间片开始时，Scaling controller 重置所有区域的计数器为 0，在一个时间片之中，Scaling controller 调度混合的用户请求和迁移请求，根据用户 I/O 的速率来调整迁移 I/O 的速率。因为 Scaling controller 将用户 I/O 和迁移 I/O 皆发送至底层磁盘，所以必须约束混合 I/O 的速率小于底层磁盘的 I/O 吞吐量。此处强调，用户请求的优先级总是高于迁移请求。虽然 POS 优先处理用户请求，其次处理迁移请求，它们被发送至底层磁盘的时间不同。但是用户 I/O 和迁移 I/O 都要在底层磁盘排队和服务，因此它们可以被底层磁盘的 I/O 队列整体调度。

12.3.2　详细流程

本节详细介绍 POS 的系统设计，包括它的数据结构、对区域的管理和 POS 的两个组件，I/O monitor 与 Scaling controller。

1. 区域设计

POS 将 RAID 系统的存储空间划分为多个物理位置连续的存储区域，称为区域。一个区域由多个物理位置连续的片区组成。例如，在图 12.1 中，假设三个老盘中有 200000 个片区，划分为 1000 个固定大小的区域，则每一个区域包含 200 个片区。其中，第一个区域起止于第 0 到第 199 个片区，第二个区域起止于第 200 到第 399 个片区，以此类推。为了记录各个区域的访问频度，每个区域关联一个计数器，其值标记为 HC，HC 记录了该区域所有块最近的访问频度[143]。

POS 用一个结构体来标志一个区域。该结构体包含四个值，HC、S_{off}、E_{off}、一个状态标志。其中，HC 为该区域热度，记录为一个整型；S_{off} 和 E_{off} 代表该区域的起止偏移地址，它们皆以区域为单位，各记录为一个整型。状态标志表示该区域的迁移是否已经完成，只需要 1 位记录。在 POS 的实现中，不能直接以片区为单位来进行扩容过程管理。原因是一般存储系统中存储容量大，导致片区的数量过多，若以片区为单位进行扩容管理，会导致记录所有片区的数据量太大，而这些数据需要载入内存，导致内存与管理开销过大。在实际实现中，以区域为单位进行管理，维持 POS 的数据结构的内存开销很小。

值得注意的是，在每个时间片末尾，选择一个最热的区域进行迁移。在一个区域内，则是按片区为单位来进行迁移，以减少一次数据迁移的数据量，减轻内存空间的压力。一旦一个片区迁移完成，将其从所属的区域中删除。因此，随着迁移的进程，一个区域的大小逐步减小，而当一个区域的大小减为 0 时，该区域的迁移完成。此时，POS 回收赋给迁移该区域数据所需的内存空间。

2. I/O monitor 设计

I/O monitor 负责监控用户访问的模式，应用与调度用户请求。具体来讲，当 I/O monitor 收到一个用户 I/O 请求时，它执行以下四步。

(1) **更新目标区域的计数器**：I/O monitor 首先分析一条用户 I/O 请求的逻辑地址和大小来获得目标区域的 ID，若请求命中一个数据块，该区域的计数器增加 1。

(2) **拆分用户 I/O 请求**：I/O monitor 获取当前请求的目标磁盘，并将当前请求拆分成多个子请求，每一个子请求导向一个磁盘。

(3) **调度访问待迁移数据块的请求**：如果一个请求在当前时间片访问将要迁移的数据块，则仅用一次 I/O 同时满足该请求与一条即将执行数据迁移的 I/O 请求，如此 I/O monitor 将节省迁移数据的 I/O，具体如下。

用户读请求：一条用户读请求与一条潜在的数据迁移读请求可能部分或完全覆盖。如果它们部分覆盖，I/O monitor 将该用户读请求拉长，使得它与迁移读请求完全覆盖，如图 12.4(a) 所示，向上的箭头表示读请求，向下的箭头表示写请求。由于用户读请求需要从底层磁盘获取数据到缓存空间，扩容进程可以在适当的时间从缓存空间中直接获得数据。因此，I/O monitor 能够节省一次潜在的迁移读请求。

用户写请求：如果一条用户写请求在老盘中更新将要迁移的数据块，I/O monitor 将写请求重定向到新盘中，如图 12.4(b) 所示。如果一个用户写请求与一条潜在的迁移读请求完全覆盖，I/O monitor 仅执行用户写请求（到新盘中），其也被看作迁移读、写请求，以节省一次潜在的迁移读请求和一次迁移写请求。如果用户写与一条潜在的迁移读请求部分覆盖，覆盖的部分将被用户写执行到新盘中，而剩余的部分将被扩容进程写到新盘中。因此，利用用户请求的访问模式，可以有效减少重定向开销。

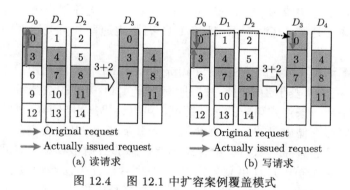

图 12.4　图 12.1 中扩容案例覆盖模式

(4) **调度访问已经迁移的数据块的请求**：如果一条用户请求命中已经迁移的数据块，I/O monitor 将用户请求的部分重定向到新盘中。此时，用户请求可能被进一步拆分成两部分，一部分导向原有磁盘，一部分导向新加磁盘。这不仅可以缓解老盘的压力，也可以逐步利用新老盘的并发带宽。

当一个用户请求需要访问的数据量过大时，将会降级系统 I/O 性能。所以，I/O monitor 也负责控制一条用户请求的大小，当用户请求需要访问的数据量太大时，I/O monitor 将其裁剪为若干适合长度的子请求，然后再发送至 Scaling controller 进行调度。

3. Scaling controller 设计

Scaling controller 调度的中心思想是优先调度热存储区域的迁移 I/O。如此，更多的用户访问能够更早被新老设备并发服务，系统整体性能得以提升。此外，

Scaling controller 优先调度离用户请求数据物理位置较近的数据迁移 I/O，如此可以生成磁盘上更好的连续访问链，在当前的热区域内提供更好的空间局部性。具体来讲，当 Scaling controller 从 I/O monitor 接收到一条用户 I/O 请求时，执行以下四步。

(1) **设置时间片**：Scaling controller 首先设置一个时间片的长度，在一个时间片内，Scaling controller 持续处理若干用户 I/O 请求。当用户请求的数量超过阈值 S，或某一条用户请求的时间跨度超过一个预定义的阈值时，Scaling controller 停止处理该用户请求，并转至第 (2) 步。

(2) **选择最热的区域**：在一个时间片的末尾，Scaling controller 选择当前最热的区域，而被选中的区域内将有若干片区的数据被迁移。

(3) **调度混合的用户/迁移请求**：Scaling controller 在选中的区域中产生若干迁移请求。用户 I/O 和迁移 I/O 都发送至底层设备进行排队和服务，如此一个时间片就完成了。一个时间片内的迁移 I/O 的数量可以是固定的，也可以由当前时间片内的用户 I/O 速率决定。Scaling controller 跟踪当前用户 I/O 速率，并在当前时间片内调度迁移 I/O 速率。迁移 I/O 有固定速率和可变速率两种模式，分别如下所示。

可变速率调度（标记为 RS-I）：Scaling controller 根据当前用户 I/O 速率，控制迁移 I/O 速率。基于当前时间片内所有用户 I/O 访问的块数量，以及第一条用户请求和最后一条用户请求的时间跨度，可以计算出用户 I/O 速率。基于用户 I/O 速率和底层存储磁盘的 I/O 吞吐量，Scaling controller 决定在当前时间片末尾将要产生的迁移请求的数目。给定总体要迁移的数据量和每个时间片末尾迁移请求的数目，整个扩容过程可划分为 T 个时间片。此方法是约束混合 I/O 的速率不大于底层磁盘的 I/O 吞吐量，不至于明显延长用户请求的响应时间。

固定速率调度（标记为 RS-II）：Scaling controller 不顾用户 I/O 速率，在每一个时间片末尾，产生固定数量的迁移请求，如此，时间片的数量得以确定。例如，假设系统包含 200000 个片区，Scaling controller 在每一个时间片末尾总是处理 100 个片区，那么整个扩容过程将在 2000 个时间片内完成。此种方法可能会延长用户 I/O 和迁移 I/O 的响应时间。在系统中的具体性能，将在 12.4 节给出。

(4) **重置各个区域的计数器**：当一个新的时间片到来时，Scaling controller 重置各个区域的计数器。

Scaling controller 负责更新扩容过程中 RAID 系统的元数据信息 (metadata)。为了减少频繁的元信息更新操作引起的 I/O 开销，Scaling controller 使用惰性元信息更新（checkpoint）技术 [138]。具体来讲，一个已经迁移片区的元信息不是立即更新，而是当有用户写请求需要写到（或更新）已经迁移但是没有进行元信息更新的片区时，才更新该片区的元数据信息，然后 Scaling controller 设置一个新的元信息更新。

12.4　实　验　评　估

POS 可以与现有扩容算法相结合，来提高其在线扩容性能。以 RAID-0 扩容算法 FastScale 为例，同时实现了 FastScale 与 POS+FastScale（记为 POS-FS），通过实验分析，POS 应用于在线扩容过程的性能优势，实验中重现实际系统应用的工作负载。POS 通过聚合用户请求的 I/O 与数据迁移的 I/O，一方面减少了 I/O 次数，另一方面提高了磁盘访问的连续性。

本章实现了一个模拟器，利用 DiskSim [147] 作为一个工作部件。模拟器包含三个模块：用户请求产生器，RAID controller，底层存储设备。用户请求产生器分析用户工作负载，并根据用户访问记录产生一条用户 I/O 请求，然后将用户 I/O 请求发送至 RAID controller。RAID controller 实现了 POS-FS 和 FastScale 的主要功能，并执行基本在线扩容过程与基于热度的在线扩容过程，进而将混合的用户请求和迁移请求发送至底层存储设备。底层存储设备由 DiskSim 模拟。实验中模拟 Seagate Cheetah 15000 RPM 硬盘，每个盘存储容量为 146.8GB。

将模拟器部署在一台配备 Intel i3-3220 双核 3.30GHz CPU、3072KB 寄存器缓存、2GB DRAM 的个人计算机上。在实验中，向一个拥有 n 个磁盘的 RAID-0 系统中添加 t 个磁盘，每一个磁盘配置相同的存储容量和性能参数。因为实验时长限制，模拟中将磁盘存储容量设置为 4GB，进行 $n = 3$、$t = 3$ 的扩容实验。同时，RAID 块大小设置为 4KB。比较在线扩容过程中的迁移、用户响应时间性能和磁盘连续访问请求的数量。

实验使用了真实系统的磁盘 I/O trace 数据：SPC-Web 系列 trace 来自一个流行的网络搜索引擎，它们都是读密集型，并且访问倾斜度和局部性高。

在线扩容过程实现如下：将整个存储系统划分为 H 个区域，并将整个扩容过程划分为若干个时间片。在每个时间片，总是优先服务 S 个用户 I/O 请求。在一个时间片末尾，插入若干迁移 I/O 请求，因此在一个时间片内处理 S 个用户请求和这些迁移请求。实验中，必须约束混合 I/O 的速率小于底层磁盘的 I/O 吞吐量。用户 I/O 的速率为 S 个用户请求访问的块数量除以第一条用户请求到达时间与最后一条用户请求达到时间之差。迁移 I/O 的速率计算为这些迁移请求访问的块数量/除以第一条用户请求到达时间与最后一条用户请求达到时间之差。基于用户 I/O 的速率与底层磁盘的 I/O 吞吐量，决定一个时间片末尾发送的迁移请求的数量。因此，整个扩容过程划分为 T 个时间片。在实验中，底层磁盘的 I/O 吞吐量设置为可配置，并适当改变最大的 I/O 吞吐量，以模拟底层存储设备不同的可用 I/O 带宽。

首先设置每一个时间片发出的用户请求数量为 $S = 120$，使用 $T = 4000$ 个时间片完成扩容过程，区域数量 H 设置为 200～3200（区域大小固定）。不同 trace 下，H 的设置对性能影响的趋势大体一致，所以仅给出 web1 和 web2 下的实验结果。它们读请求的平均响应时间结果如图 12.5 所示。

从图 12.5 可以看出，在不同系统设置下，相比于 FastScale，POS-FS 总是能够缩短读请求响应时间。在 web1 下，平均缩短了 8.96%；在 web2 下，平均缩短了 9.34%。实验结果与预期相符，其原因是 POS-FS 区别于不同数据区域的迁移优先级以更好地利用数据局部性，同时提高磁盘数据访问的连续性。然而，POS-FS 并没有改变扩容过程中数据迁移的 I/O 数量，仅仅是改变迁移顺序。此处，也应该强调，仅仅单个技术就可以将用户响应时间（数据迁移时间）缩短 10% 左右是非常可观的。

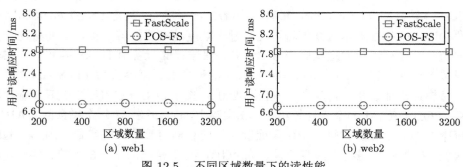

图 12.5   不同区域数量下的读性能

为了验证 POS 可以提高磁盘访问模式的连续性，进一步比较 POS-FS 与 FastScale 的磁盘连续访问请求的数量。对于不同区域数量的设置 H，表 12.1 给出了磁盘连续的读请求比例，即磁盘连续的读请求数量除以磁盘读、写请求总数。例如，在 web1 下，当 $H = 800$ 时，FastScale 的磁盘连续读请求比例为 3.96%，而 POS-FS 的磁盘连续读请求比例是 5.71%。更进一步，FastScale 磁盘连续读请求数量为 73476，而磁盘总的读、写请求数量为 1853411。POS-FS 磁盘连续读请求数量为 105280，而磁盘总的读、写请求数量为 1844306。这说明了 POS 显著增加了磁盘连续读请求的数量。

事实上，web1 总的读、写请求数量仅为 622817+106=622923，而当区域数量设置为 $H = 800$ 时，FastScale 总的磁盘读写请求数量为 1853411，POS 总的磁盘读写请求数量为 1844306。这是因为 trace 中的一条用户 I/O 请求可能转化为多个磁盘 I/O 请求。相较于 FastScale，POS 减少了磁盘总的读、写请求数量，其主要原因是 POS 利用用户 I/O 来节约部分迁移 I/O。更进一步，POS 磁盘的所有请求之中，用户引起的读请求数量为 855045，用户引起的写请求数量为 0，迁移引起的读请求数量为 464972，迁移引起的写请求数量为 524289。而因为用户请求而节省的迁移请求的数量为 59317。这说明了 POS 确实利用用户 I/O 节约了迁移 I/O。

表 12.1   不同区域数量下的连续读请求数量/ 总的读、写请求数量

H	web1, FastScale	web1, POS-FS	web2, FastScale	web2, POS-FS
200	73476/ 1853411	104948/ 1840456	73738/ 1855054	104979/ 1842379
400	73476/ 1853411	105178/ 1841346	73738/ 1855054	104825/ 1842896
800	73476/ 1853411	105280/ 1844306	73738/ 1855054	104643/ 1844107
1600	73476/ 1853411	105115/ 1843089	73738/ 1855054	104638/ 1844904
3200	73476/ 1853411	105703/ 1845493	73738/ 1855054	105536/ 1848357

同时，也可以看出，H 的设置对于 POS-FS 和 FastScale 的性能影响微乎其微。其主要原因是，在固定的 T 与 S 的设置下，迁移请求的速率和用户请求的速率是固定的。因此，在不同的设置 H 下，POS-FS 和 FastScale 的性能十分稳定。更进一步，随着 H 的增大，POS-FS 的读响应时间略微增加。尽管 H 越大，存储区域划分越细，POS 可以更细粒度地定位当前最热的区域，但是却增加了磁盘磁头跳转的概率，所以整体读响应时间反而延长。随着 H 的增大，POS-FS 磁盘连续读请求数量略微增多，这是因为此时 POS 可以更准确地定位当前访问最密集的区域产生的迁移请求，从而使得迁移请求距离用户请求的物理位置更近。

12.5 本 章 小 结

由于用户级应用对存储能力和带宽需求的不断提高，存储系统必须按需进行扩容。在扩容过程中，一方面要将一部分数据从原有节点（磁盘）迁移到新加入的节点（磁盘），引起数据迁移的 I/O 请求，同时系统还需要在线服务用户请求，上层用户 I/O 请求与底层迁移 I/O 请求相互干扰，导致数据迁移时间和用户响应时间的性能降级。本章介绍了一种优化的扩容算法实现方法，该方法综合调度上层用户的 I/O 请求与底层数据迁移的 I/O 请求，优化了扩容算法的执行效率，同时优化了对用户请求的响应。

针对本章介绍的扩容方法，做如下总结。

(1) 本章的扩容方法优先迁移热数据，一方面使得热数据可以尽快得到新旧节点的并发响应，提升响应性能；另一方面，优先迁移热数据可以使得数据迁移 I/O 与用户请求 I/O 相结合，减少了数据访问在磁盘上的寻道时间。

(2) 本章给出了数据结构设计与轻量级的热度统计方法，可以有效计算出系统中各个存储区域数据的访问热度，从而实现基于热度的扩容方法，并且在系统中加以实现。实验结果表明了其有效性。

(3) 本章给出的扩容方法是对扩容算法 I/O 与用户请求 I/O 优化调度，与具体的扩容算法无关，可以应用于任意的扩容算法。

第 3 篇
数据一致性

第 13 章   分布式一致性

13.1   蓬勃发展的互联网服务

在过去的十年，网络搜索、电子邮件、协作编辑、电子商务和社交网络等互联网服务以前所未有的速度变得越来越流行。如今，在任何时候，都有大量订阅者与这些互联网服务进行实时交互。例如，Facebook 的年度报告 [148] 表明，2013年 12 月该平台平均每天有 7.57 亿活跃用户，比上一年同期增长了 22%。2012 年12 月，谷歌和必应两大搜索引擎分别获得 1147 亿次和 45 亿次用户搜索请求 [149]。同样地，自 1997 年以来，全球领先的电子商务零售商亚马逊，每年的活跃客户数量都呈显著增长趋势，在 2014 年达到 2.7 亿人 [150]。

激增的用户量对互联网服务的可扩展性能提出了极为苛刻的要求。2010 年，Facebook 的图片存储系统需要应对每秒超过 100 万张图像读取的负载洪峰 [151]。2013 年 5 月，谷歌的高性能数据备份存储系统月均处理超过 4.5 万亿次交易 [152]。除了高吞吐量，另一个重要的系统特性是低延迟访问，这是因为用户请求响应的延迟对其后续行为的活跃度有较大的负面影响 [153-155]。在微软公司进行的一项研究中，工程师测量了请求延迟对用户行为的影响，发现响应时间和用户满意度之间存在负相关的关系 [155]。例如，当延迟达到 2 秒时，用户的点击率下降了 4.4%，从每个用户身上获取的收入减少了 4.3%。在谷歌公司的内部评测中，研究人员也发现了与微软一致的结果 [155]。例如，当请求延迟增加 400ms 时，每个用户的日均搜索次数下降了 0.59%。

13.2   异地备份与系统模型

为了实现高吞吐量，并且为用户提供快速响应，互联网服务提供商普遍采用异地备份技术（geo-replication），将用户数据（或状态）复制到多个位于不同数据中心的副本服务器上，使得用户请求可以被较近或负载最少的副本服务器处理。近年来，提供异地备份功能的跨地域存储系统相继问世。Facebook 推出了一个全球分布式系统 TAO，用于跨数据中心用户数据的存储 [156]。大多数谷歌应用程序都采用 Spanner [157]、Megastore [158] 和 Mesa [159] 等分布式数据库来满足数据存储和读取需求。Pileus [160] 是微软开发的一款异地备份键值存储系统，它允许动态调整用户请求可能被映射到的副本服务器，以满足不同的延迟要求。

　　为了更清晰地分析异地备份系统的行为，本章将形式化介绍系统模型和一系列重要的系统性质。系统模型所用到的符号与状态机复制文献 [161] 所定义的相同。

　　一个异地备份系统由 k 个站点组成，记为 $\text{site}_0, \text{site}_1, \cdots, \text{site}_{k-1}$。假设应用程序的状态被完全复制到了 k 个站点上，每个站点独立运行一个副本（replica）服务器，每个副本服务器的行为遵循确定性状态机模型（deterministic state machine）。需要指出的是，站点是提供系统状态完整拷贝的逻辑单元，因此站点不仅可以分散在多个数据中心，还可以部署于单个数据中心。在本篇的剩余部分中，"站点"和"副本"这两个概念可以自由互换使用。

　　系统定义操作集合 $\mathcal{U}$（与用户请求相对应），可达状态集合 $\mathcal{S}$。如果将操作 $u \in \mathcal{U}$ 在系统状态 S 上执行，会产生一个新的系统状态 S'，记为 $S' = S + u$。给定操作子集 $U \subseteq \mathcal{U}$ 上的全序关系 $T(U, \prec)$，设 U 中操作按照全序关系依次为 $u_0, u_1, \cdots, u_{|U|-1}$。如果按照这个顺序 $\prec$，在系统状态 S 上依次执行 U 中的每一个操作，那么就把最终状态记作 $S(T) = S + u_0 + u_1 + \cdots + u_i + \cdots + u_{|U|-1}$，其中 $0 \leqslant i < |U|$。一对操作 u 和 v 是可交换的（commutative），当且仅当 $\forall S \in \mathcal{S}$，$S + u + v = S + v + u$。操作 u 是全局交换的，当且仅当它与 $\mathcal{U}$ 中所有操作（包括其自身）都可交换。

　　一个操作可进一步定义为一个函数，接受当前系统状态 $S \in \mathcal{S}$，返回另一个对应于其副作用（side-effect）的函数。前者称作生成操作，记作 g_u；后者称作影子操作，记作 $h_u(S)$。每个操作 u 一开始由用户在一个站点提交，称为 u 的主站点，记为 $\text{site}(u)$。随后异地备份系统把 u 复制到所有其他站点上。在主站点副本上，u 的生成操作 g_u 将在一个独立的沙盒中执行，避免与其他并发操作相互干扰。g_u 结束时只产生带有副作用的影子操作 $h_u(S)$，并不会对系统状态进行修改。最后，$h_u(S)$ 将发送到包括主站点在内的所有站点上执行，使得 u 的副作用全局可见。

　　当接收到一个影子操作时，接收者站点的副本服务器将它应用到本地状态上。一个重要的性质是，从同样的起始状态开始，执行了相同操作集合的所有副本服务器，其最终状态也应该是相同的。这一性质称作状态收敛（state convergence）。

　　由于用户总是希望请求可以被快速响应，因此，异地备份系统需要提供对所承载服务的低延迟访问（low latency）[155]。为确保良好的用户体验，另一个重要性质是保证因果性（causality），不仅应维持单个会话（session）中用户请求的单调性，还应维持跨用户的因果性 [162]。

　　异地备份系统还需要确保一些应用程序特定的不变式（invariants）。在运行过程中，这些不变式不会被违背，这一性质称作不变式保证（invariant preservation）。例如，在银行应用程序中，银行账户余额值永远是非负数；在购物车应用程序中，库存值永远是非负数；在拍卖网站中，竞拍成功者的出价应该对应最高的有效出价。为了形式化描述不变式保证的性质，定义了状态有效原语 valid(S)。对于一个运行在异地备份系统上的应用程序，当其状态 S 满足所有应用特定的不变式时，valid(S) = true；否则 valid(S) = false。把每种服务的有效初始状态记作 S_0。u 是正确的（correct），当且仅当对于每个有效态 S，$S + u$ 也是有效的。在前面提到的银行系统例子中，存钱 deposit 操作将一个正的变化量加到用户的账户余额里，是一个正确的操作，因为在任何有效态下执行这个操作，产生的状态里余额也一定是正数。然而，与 deposit 不同，取钱 withdraw 操作只有在包含一个检查余额是否充足的条件语句时才正确，否则就是错误的。

13.3　一致性与系统性能的矛盾

在复制用户数据时，需要某种形式的同步来更新所有副本，而同步的时机选择反映了系统性能和所需的一致性语义之间的内在矛盾。一方面，为了避免支付跨副本服务器控制并发用户请求的开销，亚马逊 Dynamo [163] 等系统采用了较弱的一致性语义，如最终一致性 [164-166]。在这种情况下，执行用户请求只需要访问一个或极少数副本服务器即可返回结果，从而降低了响应延迟。与此同时，该请求对应的副作用会在所有其他副本服务器之间进行后台复制。这种技术受到即时通信、社交网络和在线购物等对延迟敏感的服务的青睐。然而，由于提供了不同于线性一致性（linearizability）的语义 [167]，增加了系统实现的复杂度。特别地，弱一致性语义要求程序员推理其系统实现的正确性，并处理不变式违背或系统状态不收敛等异常行为。

另一方面，为了规避上述语义分析的难题，Spanner [157] 等系统选择了强一致性模型 [167]，即所有或绝大多数副本服务器之间需要实时协调才能就用户请求的执行顺序达成一致。然而，在异地备份的场景下，这种强同步协调会导致高延迟，这是由于跨数据中心的通信成本比数据中心内部高出两到三个数量级 [160,168]。

13.4　异地备份面临的挑战

为了在不牺牲重要系统性质的前提下获得性能改善，一些较为先进的存储系统尝试着使用混合（或多级）一致性模型来进行异地备份。具体来说，将应用操作切分为两部分：① 某些操作可以在单一副本服务器上乐观地执行，而无须与其他副本服务器上的并发操作进行并发控制，因此可以快速返回结果，满足用户对延迟的苛刻需求；② 而另一部分操作需要跨副本服务器协调，以保证更强的一致性语义，因此必须等待较长的处理时间 [160,168-170]。尽管这些提议已经证实，在一个系统中支持不同一致性级别的操作是构建高可扩展互联网服务的有效解决方案，但在实践中仍然存在如下急需解决的问题。

第一，如何在混合一致性方案中找到指导弱一致性模型使用的条件？由于需要访问的跨数据中心副本服务器较少，弱一致性操作的执行过程显著地快于强一致性操作。然而，不能为了性能而任意地将操作标记为弱一致，过度乐观的划分可能会破坏某些重要的系统性质。例如，未经协调的两个并发取款操作可能会导致共享的银行账户余额变为负数。因此，要安全地使用弱一致性，必须归纳出一组充分条件来指导语义分类。此外，性能改善的程度高度依赖于弱一致性操作与强一致性操作的比率。在一些应用中，没有多少操作可以接受弱一致性语义。为了解决这个局限，需要探索一种操作转换方法，使弱一致操作的占比显著增加。

第二，能否提供辅助上述决策过程的自动化工具？多级一致性解决方案[160,168-170]在真实场景中的应用面临两个方面的问题。一方面，混合一致性模型给应用开发者带来了理解操作语义和乱序执行影响的负担。另一方面，开发者往往需要手动采用新的编程模型从头开始编写已有的服务程序。降低混合一致性模型使用的难度和减轻开发者的编程工作量，需要依赖自动化一致性语义分析工具。

第三，能否通过一般化的形式化方法来表达更为丰富的一致性需求，并利用它来最大限度地减少运行时需要并发控制的操作数量，从而获得极致系统性能？通过应用程序分析，在某些应用中，为了避免异常的系统行为（如不变式违背或系统状态不收敛等），采用多级一致性模型有可能引入了不必要的并发控制。这是因为，多级一致性模型通常不允许在一致性语义与操作之间进行细粒度的配置，因此并不能保证相对应的异地备份服务施加的并发控制量是最小的。为了解决这个局限，需要抽象出一个通用的一致性模型形式化定义，为程序员提供在单个系统框架中表达各种细粒度一致性语义的灵活性。

13.5　本 章 小 结

分布式一致性模型定义了分布式系统中任意操作之间的顺序关系，与系统性能休戚相关。本章重点关注互联网应用及其底层异地备份系统所面临的一致性难题。首先，形式化地定义了异地备份系统的系统模型及正确性相关的重要性质，揭示了一致性语义、并发操作同步和系统性能之间的矛盾，并详细地论证了异地备份系统设计中所面临的系统性能优化和正确一致性语义保证的双重挑战。

第 14 章　RedBlue 一致性模型

若在异地备份系统采用强一致性异地备份技术（strongly consistent geo-replication），跨数据中心的实时同步使得互联网服务用户请求的响应延迟显著增加，严重影响了用户体验和服务质量。本章介绍一种新的一致性模型——RedBlue 一致性。该模型将操作划分为 red 和 blue 两类，blue 操作可以快速执行（接受最终一致性语义），而 red 操作是强一致的（速度慢）。本章给出了划分 red 和 blue 操作的必要条件，并且引入一种操作转换方法，将操作分离为副作用生成和影子执行阶段，使得在应用程序中可以找到更多的 blue 操作，在系统性能和强一致性语义之间取得了良好的平衡。最后，改写了 TPC-W、RUBiS 和 Quoddy 等应用程序，使得其成功运行在提供了 RedBlue 一致性语义支持的异地备份系统 Gemini 上。实验结果显示，采用 RedBlue 一致性没有牺牲强一致性，却显著降低了应用程序的访问延迟，提升了系统吞吐量[168]。

14.1　已有的一致性模型简介

表 14.1 总结了常见的与 RedBlue 紧密相关的一致性模型。接下来将从响应时延、状态收敛、单一返回值等维度，详细分析一致性模型在设计方面的不同取舍，进而阐述 RedBlue 一致性模型目标与出发点。

14.1.1　强一致性与弱一致性

线性一致性模型（linearizability）[167] 是一致性要求最强的模型。如果一个备份系统满足线性一致性语义，那么各个副本服务器上的操作执行顺序必须严格相同，即该备份系统的行为与在单个服务器上串行执行所产生的行为无异。然而，由于跨数据中心的高时延通信，可以预见线性一致性模型在异地备份系统中的高响应延迟。PNUTS 系统 [173] 中的时间轴一致性（time-line）和 Megastore[158] 系统中的快照一致性（snapshot）一定程度上弱化了线性一致性模型的强语义，因而更加高效。这些模型确保对服务状态的所有更新操作满足唯一的全序关系，但是允许读操作在一个一致但陈旧的状态视图上执行并返回结果。在这样的情况下，读操作可以在最近的站点上快速执行，但是写操作仍然有全局串行化的开销。分叉一致性[174,183]（fork consistency）允许用户观察到不同但仍保留操作之间因果关系的历史。该模型的主要缺点是，一旦副本状态出现分叉，那么发散

表 14.1　多种一致性模型的对比

一致性等级	示例系统	立即响应	状态收敛	单一值	通用操作	稳定历史	分类策略
线性	RSM [171, 172]	无	有	有	有	有	N/A
时间轴/快照	PNUTS [173], Megastore [158]	仅读操作	有	有	有	有	N/A
分叉	SUNDR [174]	所有操作	无	有	有	有	N/A
最终	Bayou [175], Depot [176]	所有操作	有	无	有	有	N/A
	Sporc [177], CRDT [178]	所有操作	有	有	无	有	N/A
	Zeno [170], COPS [179]	弱/所有操作	有	有	有	无	无 / N/A
	PSI [180]	cset	有	有	部分	有	无
Red Blue	Lazy 备份 [181], Horus [182]	immed./causal ops	有	有	有	有	有
	Gemini	Blue 操作	有	有	有	有	有

的状态就无法再次合并。这种方案在构建安全系统时有用，但对于异地备份并不合适。

最终一致性[175]（eventual consistency）是语义最弱的一致性模型。它允许用户请求在任意副本服务器上执行，而无须与其他副本之间进行顺序协调。在这样的情况下，副本服务器上的状态可能会出现分歧，但最终这些冲突会被合并。因果一致性[165]（causal consistency）与最终一致性类似，唯一不同的是它会保证操作之间的因果顺序在所有副本服务器上得到保留，而最终一致性却没有这一保证。虽然这些弱一致性模型可以提高系统性能，但是它们的使用存在一些限制。例如，当发现副本服务器出现冲突状态时，一些系统选择操作回滚[175,178]，或者采取较为简单的 last-writer-win 策略在冲突的操作中任意选择一个来执行[179]，这些策略可能会造成一些并发更新丢失，并丢弃了执行历史稳定性（stable history）这一重要性质。此外，其他的一些解决方案还包括直接向用户暴露多个返回值[163,176]，使用应用程序指定的冲突解决过程[175]，假设所有操作都可交换[180]等。

14.1.2　多种一致性模型的共存

为了解决低延迟与强一致之间的矛盾，RedBlue 一致性模型允许不同操作运行在不同的一致性等级上。采取类似策略的现存系统还有 Horus[182]、Lazy 备份[181]、Zeno[170] 和 PSI[180]。但是，遗憾的是，这些研究工作都没有提出指导开发者为操作选择适合的一致性等级的规则。对一个特定的应用程序，分析一致性选择方案的合理性是十分困难的。一方面，开发者需要理解特定一致性等级所允许的有效行为；另一方面，开发者还需要分析出在所选择的一致性模型的限制下，所有可能的并发执行情景是否不违背不变式，且保证系统状态最终收敛。

14.1.3　其他的相关工作

与 RedBlue 一致性不同，有一些工作将一致性语义与数据，而不是与操作关联起来。例如，TACT 一致性[184] 使用了数值误差、阶误差、陈旧性 (staleness)等度量方式限定了数据不一致发生的上界。

RedBlue 一致性模型还提出了一个重要的概念——影子操作（shadow operation）。影子操作通过将副作用的决策和执行分离开来，以增加操作的可交换性。以往的一些工作也致力于增加操作的可交换性。例如，操作变换[177,185] 用一个变换把不可交换的操作变得可以交换，无冲突复制数据类型（conflict-free replicated data types，CRDTs）[178] 所设计的操作本身就可以互相交换，Delta 事务[186] 将大的事务划分成互相可交换的小事务以降低可串行性需求。影子操作可看作上述方法的扩展。但是，可交换性并不能保证弱一致操作的安全有效执行，RedBlue 不仅考虑了可交换性，还探讨了影子操作的一致性需求。

14.2   RedBlue 一致性

最终一致性[175-177,179]允许站点可以在本地处理请求，无须与其他站点协调，但是牺牲了更直观的串行化更新语义。作为对比，线性一致性[167,187] 提供强一致性，系统的语义更直观，所有站点都以相同的顺序处理操作，但是需要站点间大量的协调，无法做到快速响应。RedBlue 一致性模型显式地将操作分为 blue 操作（处理顺序在不同站点上可以不同）和 red 操作（在所有站点上以相同顺序执行），从而利用了这两种一致性的优势，规避了它们的弱点。本节将介绍 RedBlue 一致性模型的定义和相关性质。

14.2.1   RedBlue 一致性的定义

RedBlue 一致性的定义有两个重要组成部分：① RedBlue 序（RedBlue order），定义了操作上的全局偏序关系；② 本地因果串行序（local causal serialization）集合，定义了操作在每个站点副本服务器操作被执行的全序关系。

定义 14.1 (RedBlue 序)   给定操作集合 $U = B \cup R$，其中 B 和 R 分别代表 blue 和 red 操作的集合，且 $B \cap R = \varnothing$。RedBlue 序是一个偏序关系 $O = (U, \prec)$，且对于 $\forall u, v \in R$，若 $u \neq v$，则 $u \prec v$ 或 $v \prec u$，也就是 red 操作满足全序关系。

每个站点是一个确定性的状态机，以一个串行顺序执行操作。站点 i 上的串行序如果与全局的 RedBlue 序兼容，并且对所有在站点 i 上发起的操作都保证因果性①，那么这个串行序就称作因果串行序，定义如下。

定义 14.2(因果串行序)   给定站点 i, $O_i = (U, \prec_i)$ 是 RedBlue 序 $O = (U, \prec)$ 的一个 i-因果串行，需要满足两个条件：① O_i 是 O 的线性扩展（$\prec_i$ 是与偏序 $\prec$ 兼容的全序），② 对于任意操作 $u, v \in U$，如果 $site(v) = i$ 并且在 O_i 中 $u \prec_i v$，那么 $u \prec v$。

上述定义强调了如果操作 v 在其主站点 $site(v)$ 上与另一操作 u 建立了因果依赖关系（happens-before relation），那么在备份系统的所有站点上，v 的执行都应该在 u 的后面。在此基础上，定义 RedBlue 一致性。

定义 14.3 (RedBlue 一致性)   对于一个由 k 个站点组成的异地备份系统，如果每个站点 i 都依据 RedBlue 序 O 的一个 i-因果串行序执行所有操作，就称这个备份系统是 O-RedBlue 一致的（或简称为 RedBlue 一致的）。

---

① 因果性保证的定义：当操作 v 在其主站点上观察到了操作 u 的状态修改，那么对于任意操作 w，在所有的站点上，如果 w 观察到了 v 的状态修改，那么它一定也观察到了 u 的状态修改。

图 14.1 展示了一个 RedBlue 序和它对应的两个站点上的因果串行序，图中空心三角形标记和实心五角星标记的操作分别是 blue 和 red 操作，图 14.1(a) 的虚线表示操作间的因果依赖关系。当系统只包含 red 操作时，RedBlue 一致性模型等价于线性一致性[187]；而当所有操作都标记为 blue 时，RedBlue 一致性模型允许的行为与最终一致性所允许的行为相同[175,176,179]。值得注意的是，RedBlue 一致性约束了每个站点上操作的顺序和整个系统能达到的状态，但并不能让系统无条件满足 13.2 节描述的状态收敛和不变式保证等重要性质。

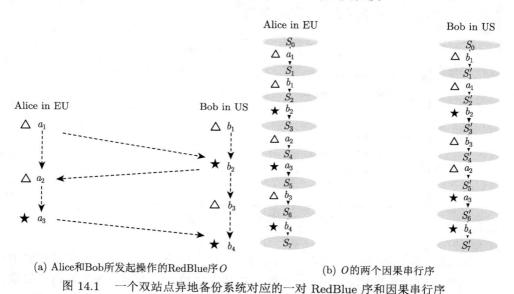

(a) Alice和Bob所发起操作的RedBlue序 O　　　　(b) O 的两个因果串行序

图 14.1　一个双站点异地备份系统对应的一对 RedBlue 序和因果串行序

14.2.2 状态收敛

状态收敛对于备份系统非常重要。直观上，如果两个副本服务器在执行完全相同的操作集合后到达相同的状态，那么它们的状态是收敛的。接下来给出状态收敛的形式化定义。

定义 14.4 (状态收敛)　一个 RedBlue 一致的系统是状态收敛的，当且仅当对于任意的开始状态 S_0，分别独立执行 RedBlue 序 O 对应的所有因果串行序，都能到达相同的状态 S。

下面以一个简单的银行应用程序作为例子，来理解上述定义，其伪代码如图 14.2 所示。假设分别来自欧洲（EU）和美国（US）的 Alice、Bob 共享一个银行账户，该银行程序支持三种操作，分别是存钱（deposit）、取钱（withdraw）和利息累计（accrueinterest）。假设deposit和accrueinterest均是 blue 操作，Alice 和 Bob 分别在各自相邻的站点发起这两个操作，图 14.3 展示了系统运行对应的全局 RedBlue 序，以及在两个站点上的因果串行序。很明显，这个例子并不满足状态收敛特性。根本原因在于 RedBlue 一致性允许站点以不同的顺序执行 blue 操作，但是例子中的两个 blue 操作，即加法（`deposit`）和乘法（`accrueinterest`）是不可交换的。因此，在 RedBlue 一致系统中，保证状态收敛的一个充分条件是所有 blue 操作都是全局可交换的，即和其他所有 blue 和 red 操作都可交换。这个充分条件可以形式化描述为下面的定理。

定理 14.1　给定 RedBlue 序 O，如果所有 blue 操作都是全局可交换的，那么任何 O-RedBlue 一致系统是状态收敛的。

```
float balance, interest=0.05;          withdraw(float m){
deposit(float m){                          if(balance-m>=0){
    balance=balance+m;                         balance=balance-m;
}                                              return"Ack";
accrueinterest(){                          }else{
    float delta=balance×interest;              return"Error";
    balance=balance+delta;                 }
}                                      }
```

图 14.2　银行应用的伪代码

图 14.3 展示的银行应用例子不满足定理 14.1 的充分条件，这揭示了在异地备份系统中有效实现 RedBlue 一致性存在技术挑战。一方面，低延迟访问要求 blue 操作越多越好。另一方面，状态收敛要求 blue 操作与其他所有操作都可交换，但满足这一条件的操作在真实场景中并不多见。14.3 节将介绍一种增加可交换性的方法，解决这一矛盾。

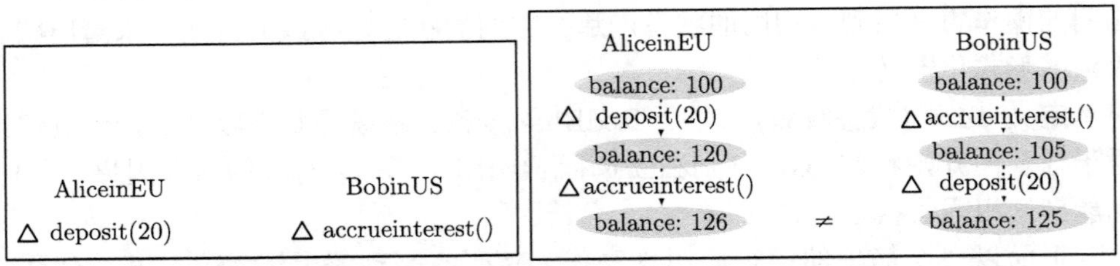

(a) Alice和Bob所发起操作的RedBlue序O　　(b) 导致状态不收敛的O的因果串行序

图 14.3　一个 RedBlue 一致的银行账户

14.3　副作用的复制

尽管某些操作本身不具备全局可交换性，但是可以对其进行改造，使其在系统状态上的副作用具备这一性质。继续以 14.2.2 节银行应用为例，通过将accrue interest映射为一个做加法的副作用，可以让 deposit 和 accrueinterest 可交换。

14.3.1　影子操作的定义

转换的核心想法是把原始的应用程序操作 u 划分成两个部分：一个无副作用的生成操作（generator operation），只在主站点上（状态为 S）运行，产生一个影子操作（shadow operation）$h_u(S)$，影子操作会在所有站点（包括主站点）上运行。生成操作决定状态应该如何改变，影子操作执行这一改变，执行的过程与当前的系统状态无关。生成操作和影子操作的实现必须遵循以下正确性条件。

定义 14.5（正确的生成操作/影子操作）　操作 u 到生成操作和影子操作的分解是正确的，当且仅当对于所有状态 S，生成操作 g_u 不产生作用，并且生成的影子操作 $h_u(S)$ 和 u 的作用相同，即对于所有状态 S，有 $S + g_u = S$ 且 $S + h_u(S) = S + u$。

上述定义指出，生成操作不能有任何副作用，且影子操作所产生的副作用必须与原始操作在相同状态 S 和相同参数下所产生的副作用相同。14.5 节将详细介绍如何为应用程序的操作创建对应的生成操作/影子操作对。

14.3.2　RedBlue 一致性再讨论

生成操作和影子操作的分解需要对 RedBlue 一致性的理论基础进行修订。这是因为 RedBlue 序中只包括影子操作，而站点 i 上的因果串行序额外包括了在该站点上发起的生成操作，因果串行化序必须保证影子操作从对应的生成操作那里继承所有的因果依赖关系。基于此，将之前提到的因果串行序定义修订如下（其他定义不受影响）。设 U 是系统执行的影子操作的集合，V_i 是在站点 i 上执行的生成操作集合。

定义 14.6（因果串行序-修订）　给定站点 i，$O_i = (U \cup V_i, \prec_i)$ 是 RedBlue 序 $O = (U, \prec)$ 的一个 i-因果串行序，当且仅当

(1) O_i 是全序；

(2) $(U, \prec_i)$ 是 O 的线性扩展；

(3) 对于任意 $g_v \in V_i$ 生成的 $h_v(S) \in U$，S 是执行 O_i 中，在 g_v 之前的影子操作序列后所得到的状态；

(4) 对于任意 $g_v \in V_i$ 和 $h_u(S), h_v(S') \in U$，O_i 中有 $h_u(S) \prec_i g_v$ 当且仅当 O 中有 $h_u(S) \prec h_v(S')$。

14.3.3　不变式保证

除了状态收敛，不变式保证是另外一个重要的系统性质。接下来将继续用银行应用的例子，来分析在引入影子操作这一新概念后，如何为 RedBlue 一致系统增加限制条件，以保证不违反不变式。图 14.4 展示了带有影子操作的银行应用例子。值得注意的是，由于 `withdraw` 有两条执行路径，为了分析简化，为该操作生成两个不同的影子操作——`withdrawAck'` 和 `withdrawFail'`。

```
1    func deposit'(floatmoney):
2        balance=balance+money;
3    func withdrawAck'(float money):
4        balance=balance-money;
5    func withdrawFail'():
6        /*no-op*/
7    funcaccrueinterest'(float delta):
8        balance=balance+delta;
```

图 14.4　银行应用影子操作的伪代码

引入影子操作的概念，可能让原本不可交换的操作都变得可交换。然而，这并不意味着可以安全地把所有可交换的影子操作都标记为 blue 操作，从而在备份系统中快速执行。为了说明这一点，如图 14.5 所示，构造了一个错误的系统运行，其中各站点的状态收敛但无效。图中，开始时余额为 \$ 125，环表示生成操作。在这个例子中，所有影子操作都是 blue 操作，这种分类允许 Alice 和 Bob 分别在本地站点取出 \$70 和 \$60，在异步备份后，最终余额变成了 \$-5，违反了银行应用的一个基本不变式——账户余额不可以是负数。

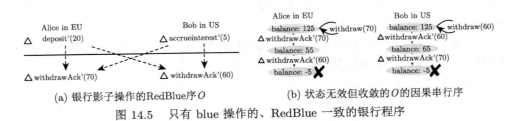

(a) 银行影子操作的RedBlue序O　　　　(b) 状态无效但收敛的O的因果串行序

图 14.5　只有 blue 操作的、RedBlue 一致的银行程序

那么，如何才能确定哪些操作可以安全地标记为 blue 呢？为此，从定义影子

操作的不变式安全性（invariant-safe）开始。简单地说，如果一个影子操作可以将系统从一个有效状态迁移到另一个有效状态，那么就说这个影子操作是不变式安全的。

定义 14.7（不变式安全）　影子操作 $h_u(S)$ 是不变式安全的，当且仅当对于任何有效状态 S 和 S'，即 valid(S) 和 valid(S') 均为 true 时，状态 $S' + h_u(S)$ 也是有效的。

下面的定理指出，如果操作分类合理，那么在对应的 RedBlue 一致系统运行过程中，每个副本服务器只会在有效状态间迁移。

定理 14.2　如果所有的生成操作/影子操作对是正确的，且所有 blue 影子操作是不变式安全且全局可交换的，那么在该 RedBlue 一致系统的任何执行中，所有站点永远不会产生无效状态。

14.3.4　操作分类方法

综合定理 14.1 和定理 14.2 的结论，可以总结出如下三个操作分类原则。

(1) 任意一对影子操作 u, v，如果它们不可交换，就把 u 和 v 都标记为 red 操作。

(2) 任意不是不变式安全的影子操作 u 都是 red 操作。

(3) 剩下的所有不是 red 操作的影子操作可以标记为 blue。

这个分类方法可以确保应用程序使用 RedBlue 一致性模型获得性能优势的同时，维护状态收敛和不变式保证这两个重要特性。继续分析上述银行应用的例子，正确的分类结果是：`withdrawAck'` 是 red 操作，其他所有影子操作是 blue 操作。图 14.6 展示了一个正确的银行应用执行过程（初始余额 \$100），可以看出，标记为 blue 的影子操作在两个站点上的执行顺序略有不同，而不同站点均以相同的顺序执行标记为 red 的 `withdrawAck'` 操作，且严格遵守这些操作的因果依赖关系。

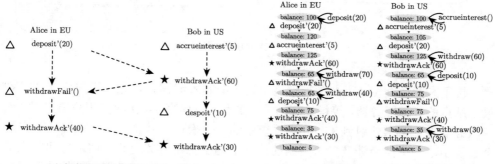

(a) 银行影子操作的RedBlue序 O　　　　　　(b) 收敛并且保证不变式的 O 的因果串行序

图 14.6　使用正确操作分类方法和 RedBlue 一致性模型的银行程序

14.4　Gemini 异地备份系统的设计与实现

本节介绍基于 RedBlue 一致性模型的异地备份系统 Gemini。该系统包含一万行 Java 代码，使用 MySQL 数据库作为底层存储，Netty 异步 I/O 库作为通信框架。为了更好地适配 MySQL 数据库应用程序，扩展了 JDBC 驱动器。

14.4.1　系统概述

图 14.7 展示了多站点 Gemini 异地备份系统的架构，其中蓝色、黑色、绿色箭头分别表示站点之间、单站点内部各系统组件之间、用户与异地备份系统之间的通信。每一个站点都运行存储引擎（storage engine）、代理服务器（proxy server）、并发控制器（concurrency coordinator）和数据写入器（data writer）等四个系统组件。

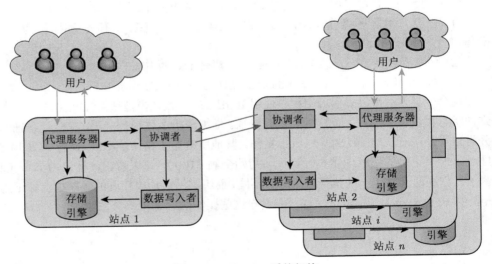

图 14.7　Gemini 系统架构

接下来简要介绍 Gemini 处理用户请求的基本流程。首先，用户提交请求到最近站点的代理服务器，等待处理结果。作为入口程序，当接收到用户请求时，代理服务器将该请求映射到 Gemini 系统中的一个操作，并执行其生成操作。在这个过程中，有可能会涉及多个数据的访问。为了防止与其他并发请求之间发生干扰，代理服务器在独立的沙盒中执行数据的读写。Gemini 使用了传统的关系型数据库作为底层存储引擎，因此可以直接利用乐观并发控制协议和隔离事务等方法来实现沙盒。当生成操作执行完成后，代理服务器将对应的影子操作发送给同一站点上的并发控制器。然后，并发控制器将根据 RedBlue 一致性语义和 blue/red 操作的分类情况，做出接受或驳回的决定。如果影子操作被接受，并发控制器将继续为其确定在全局 RedBlue 序中的顺序，并将其放到当前站点因果序列的末尾。随后，被接受的影子操作将被广播到所有远程站点，并由所有站点上的数据写入器联系本地存储引擎执行。与之不同的是，当影子操作被驳回时，代理服务器会重新执行该请求。

14.4.2　事务的排序与复制

　　Gemini 最复杂的部分是如何为不同副本服务器产生的影子操作建立全局 RedBlue 序，并在每个副本服务器上按照站点对应的串行序来复制并执行影子操作。首先，Gemini 使用时间戳来确定影子操作是否可以成功完成，即影子操作允许出现在相应的全局 RedBlue 序中。时间戳是逻辑时钟[171]，其形式为 $\langle\langle b_0, b_1, \cdots, b_{k-1}\rangle, r\rangle$，其中 b_i 是站点 i 作为主站点执行的影子操作的计数，r 是 red 影子操作的全局计数。为了确保不同的站点不会选择相同的 red 序列号（即所有的 red 操作是完全有序的），Gemini 使用一个简单的令牌传递（token-passing）方案：只有拥有唯一 red 令牌的并发控制器才能增加计数器 r，并批准接受 red 影子操作。为公平起见，在当前的原型实现中，并发控制器在获得 red 令牌控制权 1 秒钟后，需要将其传递给另一个站点的并发控制器。

　　为影子操作的定序将依赖一致性检查。对于 blue 影子操作，并发控制器只需执行读一致性检查（read coherence check），即读取的每一个数据对象的逻辑时间戳应小于或等于对应事务开始时分配的时间戳。针对 red 影子操作，并发控制器将启动更为复杂的读写冲突检查（read/write conflict check），包括两个步骤：① 为 red 影子操作的写数据集上锁，阻止本地并发的 red 影子操作继续执行；② 检查该影子操作的读数据集未被上锁，且从对应的事务开始到本次检查为止，未被任何其他接受的影子操作修改。成功完成上述检查后，并发控制器将为相应的影子操作分配一个时间戳，计算方式如下：以该站点（序号为 i）最新执行的影子操作的时间戳为基准，将其 b_i 加 1，如果此影子操作是 red 操作，则 r 也会增加 1。这个时间戳决定了影子操作在 RedBlue 序中的位置，并指导站点安全地执行从远程传播过来的影子操作，即仅当所有具有较小时间戳的影子操作合并到站点的本地状态中时，才能执行该站点的影子操作。

　　值得注意的是，作为性能优化，blue 影子操作可以标记为只读。由于没有副作用，并发控制器会对只读的影子操作进行特殊处理：一旦生成操作通过一致性检查，该影子操作会被立即接受，但不会被放入本地因果串行序列中。因此，只读操作永远不会跨站点备份。

14.5　应用程序的迁移与适配

为了评估 RedBlue 一致性模型的适用性，本书改造了 TPC-W[188]、RUBiS[189]
和 Quoddy[190] 等三个互联网应用，使之能在 Gemini 上运行。TPC-W 模拟了一
个在线书店，RUBiS 模拟了一个类似于 eBay[191] 的在线拍卖网站，Quoddy[190]
是一个社交网络平台。改造任务主要分为两部分：① 将应用程序的用户请求分解
为生成操作和影子操作对；② 对影子操作进行正确分类。表 14.2 汇总了三个应
用程序的事务数量、blue/red 影子操作的数量（使用 14.3.3 节的分类方法）和修
改代码量。本节将围绕 TPC-W 这一应用展开讨论。

表 14.2　原始程序及使之适配 RedBlue 一致性模型所需的代码修改量

应用程序	原始程序					RedBlue 一致扩展				修改行数
	用户请求	事务			行数	影子操作			行数	
		总计	只读	更新		blue no-op	blue 更新	red		
TPC-W	14	20	13	7	9k	13	14	2	2.8k	429
RUBiS	26	16	11	5	9.4k	11	7	2	1k	180
Quoddy	13	15	11	4	15.5k	11	4	0	495	251

14.5.1　编写生成操作和影子操作

TPC-W[188] 应用包含书籍浏览、搜索、添加产品到购物车、下单等 20 个数
据库事务，使用 8 张表格存储应用状态。13 个事务是只读的，因而不需要分离影
子操作。对于剩下的 7 个有更新行为的事务，根据其执行路径的数量，可以产生
一个或多个影子操作。下面以购买下单（doBuyConfirm）事务为例，介绍影子操
作的手动改造过程，其伪代码如图 14.8(a) 所示。

doBuyConfirm 事务从购物车中删除所有商品，计算这次购买的总价格，然
后更新所购商品的库存值。如果库存量低于一个阈值，那么这个事务将会补充
库存。由于该事务的多次操作之间不可交换，而且与其他修改购物车的事务也
不可交换，所以简单地把原事务当成一个影子操作，则所有影子操作都标记为
red，并按照强一致性语义执行。为了避免可能的性能损失，将 doBuyConfirm
分解为生成操作 doBuyConfirm（图 14.8(b)），两个具备全局可交换性的影子
操作 doBuyConfirmIncre'（图 14.8(c)）和 doBuyConfirmDecre'（图 14.8(d)）。
当库存低于阈值需要补充时，产生第一个影子操作；当库存值减少时，产
生第二个影子操作。这种细粒度影子操作产生的方法可以增加 blue 影子操作的
数量。

```
1  doBuyConfirm(cartId){
2  beginTxn();
3  cart=exec(SELECT * FROM cartTb WHERE cId
        =cartId);
4  cost=computeCost(cart);
5  orderId=getUniqueId();
6  exec(INSERT INTO orderTb VALUES(orderId,
        cart.item.id, cart.item.qty, cost));
7  item=exec(SELECT * FROM itemTb WHERE id
        =cart.item.id);
8  if item.stock−cart.item.qty<10 then:
9      delta=item.stock−cart.item.qty+21;
10     if delta>0 then:
11         exec(UPDATEitemTbSET
                item.stock+=delta);
12     else rollback();
13 else exec(UPDATE itemTb SET
        item.stock−=cart.item.qty);
14 exec(DELETE FROM cartContentTb WHERE cId=
        cartId AND id=cart.item.id);
15 commit();  }
```

(a) 原始事务

```
1  doBuyConfirmGenerator(cartId){
2  sp=getScratchpad();
3  sp.beginTxn();
4  cart=sp.exec(SELECT * FROM cartTb WHERE
        cId=cartId);
5  cost=computeCost(cart);
6  orderId=getUniqueId();
7  sp.exec(INSERT INTO orderTb VALUES (orderId,
        cart.item.id, cart.item.qty, cost));
8  item=sp.exec(SELECT * FROM itemTb WHERE
        id=cart.item.id);
9  if item.stock−cart.item.qty<10 then:
10     delta=item.stock−cart.item.qty+21;
11     if delta>0 then: sp.exec(UPDATE itemTb
                SET item.stock+=delta);
12     else sp.discard(); return;
13 else sp.exec(UPDATE itemTb SET
        item.stock−=cart.item.qty);
14 sp.exec(DELETE FROM cartTb WHERE cId=
        cartId AND id=cart.item.id);
15 L_TS=getCommitOrder();
16 sp.discard();
17 if replenished return (doBuyConfirmIncre'(orderId
        , cartId, cart.item.id, cart.item.qty, cost, delta,
        L_TS));
18 else return (doBuyConfirmDecre'(orderId, cartId,
        cart.item.Id, cart.item.qty, cost, L_TS));}
```

(b) 生成操作

```
1  doBuyConfirmIncre'(orderId, cartId, itId, qty, cost,
        delta, L_TS){
2  exec(INSERT INTO orderTb VALUES(orderId, itId
        , qty, cost, L_TS));
3  exec(UPDATE itemTb SET item.stock+=delta);
4  exec(UPDATE itemTb SET item.l_ts=L_TS
        WHERE item.l_ts=L_TS);
5  exec(UPDATE cartContentTb SET flag=TRUE
        WHERE id=itId AND cid=cartId AND
        l_ts<=L_TS);}
```

(c) doBuyConfirmIncre'影子操作 (blue)

```
1  doBuyConfirmDecre'(orderId, cartId, itId, qty, cost,
        L_TS){
2  exec(INSERT INTO orderTb VALUES(orderId, itId
        , qty, cost, L_TS));
3  exec(UPDATE itemTb SET item.stock−=qty);
4  exec(UPDATE itemTb SET item.l_ts=L_TS
        WHERE item.l_ts=L_TS);
5  exec(UPDATE cartContentTb SET flag=TRUE
        WHERE id=itId AND cid=cartId AND
        l_ts<=L_TS);}
```

(d) doBuyConfirmDecre' (影子操作) (red)

图 14.8　TPC-W 中产品购买事务的伪代码

14.5.2　TPC-W 影子操作分类

通过使用上面的影子操作分离方法生成的 29 个影子操作均具备全局可交换性质。因此，影子操作分类的结果将取决于对不变式保证性质的分析。为此，首先分析出 TPC-W 应用必须保证的两个关键不变式：① 商品的库存数目永远不能小于 0；② 系统生成的标识符（如商品、订单等）必须是唯一的。

只有 **doBuyConfirmDecre'**（图 14.8(d)）和它的变体 **doBuyConfirmAddrDecre'** 这两个影子操作会减少库存值。因此，只需要将它们标记为 red 操作即可满足第一个不变式。值得注意的是，影子操作 **doBuyConfirmIncre'**（图 14.8(c)）增加库存量，永远不会让库存量小于 0，所以可以标成 blue 操作。

TPC-W 应用程序在创建数据对象（如购物车、商品、订单等）时会分配一个标识符（ID）。这些 ID 用作对象查询的主键，因此必须是唯一的。要保持第二个不变式，需要把所有包含 insert 行为的影子操作标成 red。为了解决这一性能瓶颈，本书修改了 ID 生成代码，使得 ID 从一个数值变成一对形式为 $\langle appproxy\_id, seqnumber \rangle$ 的值，其中 appproxy_id 和 seqnumber 分别代表对应代理服务器的序号和该服务器维护的计数器值。这种优化等同于将标识符的取值范围按照站点的数目进行了严格划分，标识符的分配从全局变为局部，但是标识符全局唯一这一性质不变。

最终分类结果为：29 个影子操作中，27 个为 blue 操作，仅有 2 个是需要强一致性的 red 操作。这样的分类结果可以预示，将 TPC-W 应用与 Red-Blue 一致性模型适配并运行在 Gemini 异地备份系统之上，可以获得很大的性能改善。

14.6　实 验 结 果

本节给出实验结果，分析 RedBlue 一致性模型和 Gemini 系统的性能，说明其可以缩短跨数据中心互联网服务的请求处理延迟，提高系统吞吐量。

14.6.1　实验设置

实验运行于 Amazon EC2 上的虚拟机实例（VM）中，每个 VM 有 8 个虚拟核心和 15 GB 内存。虚拟机运行 Debian 6 (Squeeze) 64 bit、MySQL 5.5.18、Tomcat 6.0.35 和 Sun Java SDK 1.6 等软件。为了模拟异地备份，从美国东部（UE）、美国西部（UW）、爱尔兰（IE）、巴西（BR）、新加坡（SG）等五个数据中心租用 VM 部署 Gemini 系统。表 14.3 展示了数据中心之间的平均往返延迟（round-trip latency）和带宽。除非另有说明，所有产生负载的用户进程平均分布在所有站点上。每次实验运行 10 分钟。

表 14.3　Amazon EC2 数据中心间的平均延迟和带宽

	UE	UW	IE	BR	SG
UE	0.4 ms 994 Mbit/s	85 ms 164 Mbit/s	92 ms 242 Mbit/s	150 ms 53 Mbit/s	252 ms 86 Mbit/s
UW		0.3 ms 975 Mbit/s	155 ms 84 Mbit/s	207 ms 35 Mbit/s	181 ms 126 Mbit/s
IE			0.4 ms 996 Mbit/s	235 ms 54 Mbit/s	350 ms 52 Mbit/s
BR				0.3 ms 993 Mbit/s	380 ms 65 Mbit/s
SG					0.3 ms 993 Mbit/s

14.6.2 TPC-W 和 RUBiS 的测试结果

1. 配置和工作负载

单数据中心配置对应于原始未修改代码。二到五数据中心配置对应于迁移到 RedBlue 一致性和 Gemini 异地备份系统上的应用程序。TPC-W [188] 定义了浏览、购物、下订单等三种工作负载,其中购买请求的占比分别为 5%、20% 和 50%。TPC-W 的数据集使用 50 EBS 和 10000 items 参数生成。RUBiS 定义了两种工作负载:浏览(100% 只读请求)和竞拍(15% 更新请求)。此处只评估竞拍负载。RUBiS 数据库含有 33000 个待售商品、100 万个用户、50 万个下架商品,总计 2.1 GB。

2. blue 和 red 影子操作的占比

表 14.4 展示了 blue 和 red 影子操作在 TPC-W 和 RUBiS 工作负载执行时的占比。结果显示 TPC-W 和 RUBiS 这两个典型应用都有足够多的 blue 影子操作,使之可以发挥 RedBlue 一致性的性能潜力。

表 14.4 **TPC-W 和 RUBiS 工作负载在运行时 blue、red 影子事务和只读、更新请求的占比**

	blue	red	只读	更新
TPC-W shop	99.2	0.8	85	15
TPC-W browse	99.5	0.5	96	4
TPC-W order	93.6	6.4	63	37
RUBiS bid	97.4	2.6	85	15

3. 用户感知的延迟

首先,从 TPC-W 和 RUBiS 应用中选择一些有代表性的请求来评估 RedBlue 一致性和 Gemini 对用户感知延迟的影响。这些请求分别是 TPC-W 的 doBuy-Confirm(在 14.5 节有详细讨论)和 doCart(购物车内容的添加/删除),以及 RUBiS 的 StoreBuyNow(商品购买)和 StoreBid(竞拍)。需要指出的是,doBuy-Confirm 和 StoreBuyNow 作为 red 操作的范例,doCart 和 StoreBid 作为 blue 请求的范例。

图 14.9(a) 和图 14.9(b) 显示,对于产生 blue 影子操作的请求,由于不需要跨数据中心协调,所以本地用户感知的延迟非常低,但远程用户感知的延迟较高,这与其到最近数据中心的通信延迟有关。平均延迟随着备份站点的增加而大幅度降低。对于 red 请求,图 14.10(a) 和图 14.10(b) 显示,延迟和标准差均随数据中心数量增加而增加。平均延迟的增加主要来自跨数据中心协调的开销,而标准差

的大幅波动主要是因为简单的令牌传递机制。这一机制可以被 Paxos[192] 等更加复杂且稳定的协议所取代。

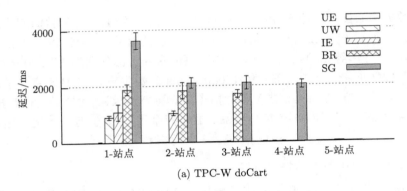

(a) TPC-W doCart

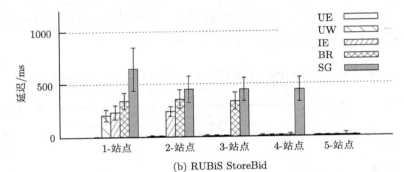

(b) RUBiS StoreBid

图 14.9　所选 TPC-W 和 RUBiS 用户交互的平均延迟（doCart 和 StoreBid 的影子操作总是 blue）

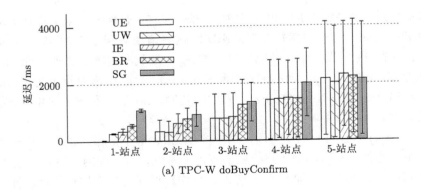

(a) TPC-W doBuyConfirm

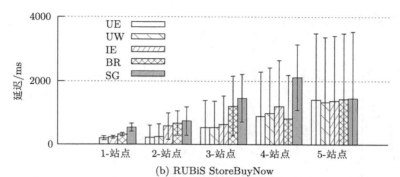

(b) RUBiS StoreBuyNow

图 14.10　　所选 TPC-W 和 RUBiS 用户请求的平均延迟（doBuyConfirm 和 StoreBuyNow 分别在 98% 和 99% 的时间是 red）

4. 系统峰值吞吐量

接下来探究 TPC-W 和 RUBiS 的吞吐量，及其随着站点数目的变化。在这些实验中，通过增加每个用户发出的并发请求数量来改变工作负载。

图 14.11 展示了 TPC-W 购物负载和 RUBiS 竞拍负载的吞吐量和请求平均延迟随站点数量的变化曲线。图中 1-站点线对应于原始代码，2/3/4/5-站点线对应不同数量站点的 RedBlue 一致系统。增加备份站点数量后，两种负载观察到了同样的现象：吞吐峰值增加、平均延迟降低。延迟的降低来自用户可以从更近的站点获得回复。吞吐量的增加则是因为多个站点可以同时处理 blue 影子操作和只读操作。当 Gemini 系统站点数量增加到 5 时，相较于运行在 1 个站点上的原版应用，TPC-W 购物负载和 RUBiS 竞拍负载的峰值吞吐分别提升了 3.7 倍和 2.3 倍。

14.6.3　Quoddy 的测试结果

与 TPC-W 和 RUBiS 不同，Quoddy 没有 red 影子操作，因此可以获得弱一致性的全部性能潜力。Quoddy 没有定义用于测试的基准测试工作负载，因此基于 Benevenuto 等的研究[193] 设计了一个社交网络工作负载生成器。工作负载中 85% 的交互是只读的页面载入请求，15% 的交互包含更新，如申请好友、确认好友、更新状态等。测试数据库含有 20 万个用户，总大小为 2.6 GB。

与之前的实验不同，本节只运行两个配置。第一个是单数据中心原版 Quoddy。第二个是基于 Gemini 和 RedBlue 一致性的 Quoddy 版本，数据在五个数据中心间备份。不论哪种配置，用户都分布在所有五个数据中心。图 14.12 显示了 addFriend 操作延迟的累积分布。使用 Gemini，所有站点上的用户体验到的延迟与原版 Quoddy 部署中本地用户所感延迟类似。然而，在原版 Quoddy 中，远程用户的延迟非常高，这与他们距离最近数据中心的通信延迟密切相关。与之不同，通过应用 RedBlue 一致性模型和 Gemini，这些用户的请求延迟得到了大幅度的降低。

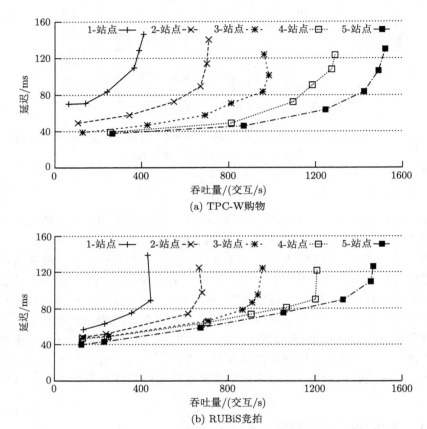

图 14.11　TPC-W 购物和 RUBiS 竞拍负载的吞吐和延迟

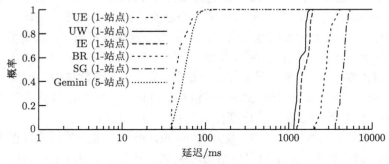

图 14.12　单站点 Quoddy 和 5-站点 Gemini 部署的用户延迟累积分布

14.7　本章小结

为了降低请求延迟和提升吞吐能力，互联网服务普遍使用异地备份系统，把用户信息复制到不同站点，并将在距离最近或负载最低的站点处理用户的请求。站点之间需要某种形式的同步，来维护状态收敛和应用特定的不变式。为解决异地备份系统中强一致性语义与系统性能的固有矛盾，本章提出了一种允许多种一致性等级同时存在的混合一致性模型。同时，本章给出了指导操作分类的原则和性能优化的可能方案。

针对本章介绍的 RedBlue 一致性模型，做如下总结。

(1) 本章提出全新的一致性定义——RedBlue 一致性。在 RedBlue 一致性模型中，部分操作可以乐观地执行，不需要与其他站点上的并发动作协调；另一部分操作需要更强的一致性等级，因此需要跨站点实时同步。此外，RedBlue 一致性保证操作调用时建立的依赖关系在所有站点上也被保留，从而保证了因果性。

(2) 为了指导应用开发者使用 RedBlue 一致性模型，本章还给出了操作分类的条件，保证在任意时间点上，任何站点都不会违背应用程序的不变式，且不同站点的状态总是收敛到一个相同的最终状态上。简单地说，只有当一个操作和所有其他操作都可交换，且不变式安全时，才可以被标记为 blue 操作。

(3) 操作的可交换性影响了 blue 操作的数量，进而影响了整体性能。为了解决这个问题，本章还提出了一个有效的操作转换方法，将原始操作分离成两个部分。① 生成操作：识别原始操作对状态的修改，但是本身并不产生副作用。② 影子操作：实际在所有站点上执行识别出的修改。这种做法可以更细致地分类操作，增大 blue 操作的占比。

第 15 章　PoR 一致性模型

为了向全球用户提供快速响应，互联网服务提供商都采用异地备份技术，将用户请求转发到距离最近的数据中心进行处理。若在异地备份系统中维护强一致性语义，如副本状态收敛和全局不变式保证等性质，需要进行跨数据中心协同，导致系统性能受限。为了提升异地备份系统的性能，在理论层面，RedBlue 一致性模型采用基于强一致性和因果一致性的二元模型以及粗粒度的操作分类策略，在实现层面，与 RedBlue 一致性匹配的异地备份系统 Gemini 在运行过程中忽略了需要全局协同的操作的数量。因此，这些方法都面临着一致性表达能力有限、系统性能较差等问题。本章提出了一种新的细粒度一致性定义——Partial Order-Restrictions 一致性（简称为 PoR 一致性）。与 RedBlue 一致性不同，PoR 一致性模型将一致性语义映射到操作两两之间的顺序限制，从而允许表达细粒度一致性语义。为了提供高效的 PoR 一致备份服务，本章设计并实现了 Olisipo 系统，考虑受到顺序限制的操作的相对频率，选择不同的同步策略，以达到极致性能。最终，实验结果表明，在三数据中心异地备份部署情况下，PoR 一致性模型与 Olisipo 系统组合的性能指标显著优于 RedBlue 一致性与 Gemini 的组合[194]。

15.1　RedBlue 一致性模型的局限

第 14 章介绍的 RedBlue 一致性[168] 将操作分成两类：一类在强一致性下执行，需要全局协作，同步开销高；另一类在弱一致性（因果一致性）下执行，执行速度快。操作分类的原则是：与所有操作不可交换的或有可能违反不变式的操作必须是强一致的，其他操作可以是弱一致的。虽然粗粒度的混合一致性模型和二元分类方法对一些应用程序是有效的，但是仍然会引入不必要的跨数据中心协调。本节将使用商品竞拍的例子来论述 RedBlue 一致性模型的局限。

图 15.1 展示了拍卖应用（类似于 eBay）的伪代码。placeBid 操作（图 15.1(a)）对一个正在拍卖的商品出价，closeAuction （图 15.1(c)）关闭拍卖，并为对应的商品选择唯一的赢家。在这个例子中，应用程序特定的不变式是：对于一个竞拍的商品而言，其赢家的出价必须是系统接收的所有有效出价中的最高者。另外两段代码（图 15.1(b) 和图 15.1(d)）分别描述了这两个操作的影子操作，它们是可以交换的。

```
1    boolean placeBid(int itemId, int clientId, int bid){
2        boolean result=false;
3        beginTxn();
4        if(open(itemId)){
5            createShadowOp(placeBid', itemId, clientId, bid);
6            result=true;
7        }
8        commitTxn();
9        return result;
10   }
```

(a) 原始placeBid操作

```
1    placeBid'(int itemId, int clientId, int bid){
2        exec(INSERT INTO bidTable VALUES (bid, clientId, itemId));
3    }
```

(b) 影子placeBid操作

```
1    int closeAuction(int itemId){
2        intwinner=−1;
3        beginTxn();
4        close(itemId);
5        winner=exec(SELECT userId FROM bidTable WHERE iId=itemId
6                        ORDER BY bid DESC limit 1);
7        createShadowOp(closeAuction', itemId, winner);
8        commitTxn();
9        return winner;
10   }
```

(c) 原始closeAuction操作

```
1    closeAuction'(int itemId, int winner){
2        close(itemId);
3        exec(INSERT INTO winnerTable VALUES (itemId, winner));
4    }
```

(d) 影子closeAuction操作

图 15.1   placeBid 和 closeAuction 操作的伪代码

若采用 RedBlue 一致性复制这样的拍卖服务,为了低延迟用户体验,可以先采取弱一致性,将所有操作标记为 blue 操作。然而,在弱一致性下,并发执行 `closeAuction` 和 `placeBid` 可能会违反不变式。这是因为在没有跨数据中心协同的前提下,所对应的影子操作 `closeAuction'` 忽略了并发进行的 `placeBid'` 所创建的更高出价。不幸的是,在 RedBlue 一致性模型中,解决这个问题的唯一办法是把这两个影子操作都标记成强一致的,即在运行时这两种类型的影子操作都必须按照全局相同的顺序产生并执行,势必导致较高的同步开销。此处,并没有必要给每一对 `placeBid'` 影子操作施加顺序,因为出价的先后并不影响赢家的选择。这个例子说明了粗粒度一致性模型对一致性的要求过于保守,影响系统性能。事实上,可以通过灵活的一致性配置,使一些互联网应用更高效。

15.2　偏序限制一致性

为了克服 RedBlue 一致性的限制,本节提出了偏序限制(Partial Order-Restrictions,PoR)一致性。PoR 一致性是一个通用模型,允许应用程序开发者在单一系统中推理操作两两之间的细粒度一致性需求和顺序限制关系,即实现较强的一致性语义只需要同步两个特定操作的执行,但是它们并不需要和其他操作同步。

PoR 一致性的定义有三个重要组成部分:① 限制(restriction)集合,指定了操作对(pair-wise operations)间的顺序依赖关系,即副作用可见关系;② 受限的偏序(restricted partial order,R 序),定义了一个操作集合上的全局偏序关系,并严格遵守操作对间的限制;③ 本地因果串行序(local causal serialization)集合,定义了操作在每个站点副本服务器操作被执行的全序关系。接下来给出形式化的定义。

定义 15.1 (限制)　给定操作集合 U,U 上的一个限制 r 是 $U \times U$ 上的对称二元关系。

上述定义指出,对于任两个 U 中的操作 u, v,如果两者间存在限制关系,那么把这个关系记作 $r(u, v)$。

定义 15.2 (受限偏序,简称 R 序)　给定操作集合 U 和 U 上的限制集合 R,一个受限偏序是一个偏序 $O = (U, \prec)$,满足如下约束:$\forall u, v \in U, r(u, v) \in R \implies u \prec v \vee v \prec u$。

上述定义从全局视图的角度,明确了在异地备份系统中施加的约束条件,即 R 集合中的顺序限制满足偏序关系,但是没有解释每个独立的副本服务器的行为如何遵守这个全局视图。当用户请求被任何站点接受时,该站点执行该操作的生成操作，并产生对应的影子操作。每个站点不仅执行本地生成的影子操作，还会复制其他站点发送的影子操作。用 U 代表所有站点生成的影子操作的集合，对每个站点 i，用 V_i 代表其生成操作集合。下面的定义将每个站点的执行建模成一个不断增长的全局 R 序的线性扩展。

定义 15.3（因果串行序）　给定站点 i，若 $O_i = (U \cup V_i, \prec_i)$ 满足以下条件，则称 O_i 是 R 序 $O = (U, \prec)$ 的一个 i- 因果串行序：

(1) O_i 是全序；

(2) $(U, \prec_i)$ 是 O 的线性扩展；

(3) 对于任何 $g_v \in V_i$ 生成的 $h_v(S) \in U$，满足：① S 是执行 O_i 中 g_v 之前所有影子操作序列得到的状态；② 对任何 $h_u(S') \in U$，O_i 中有 $h_u(S') \prec_i g_v$ 当且仅当 O 中有 $h_u(S') \prec h_v(S)$。

因果串行序还包含了因果性（causality）的概念，这是因为副作用可见性依赖关系是影子操作刚创建时建立的，随后会在复制时保持。在此基础之上，定义 PoR 一致性。

定义 15.4（偏序限制（PoR）一致性）　对于一个由 k 个站点组成的异地备份系统和对应的顺序限制集合 R，如果每个站点 i 都依据 R 序 O 的一个 i-因果串行序执行所有的影子操作，则称这个备份系统是偏序限制一致的。

图 15.2 展示了一个受限偏序及其在两个站点（EU 和 US）上的因果串行序。对所有有效状态的 S 存在限制 $r(h_a(S), h_b(S))$。其中，图 15.2(a) 的虚线箭头表示影子操作间的依赖关系，图 15.2(b) 的环表示生成操作。该例子的限制集合仅包含一个限制 $r(a, b)$。当 US 站点执行 b 的生成操作 g_b 时，会发现其即将产生的影子操作与在 EU 站点触发的影子操作的并发执行是受 $r(a, b)$ 约束的。按照 PoR 一致性的定义，US 站点的影子操作 g_b 必须等待对应的并发影子操作 $h_a(S_0)$ 从 EU 站点备份到本地后，才读取被 $h_a(S_0)$ 更新了的系统状态，并产生一个影子操作 $h_b(S'_2)$。影子操作生成的过程会在 $h_a(S_0)$ 和 $h_b(S'_2)$ 间建立因果依赖关系（图 15.2(a)），从而保证了两者不会在所有的因果串行序（图 15.2(b)）中有不同的相对顺序。值得注意的是，本书并不会限制任何一对 a 的影子操作，因此 Alice 和 Bob 同时发起的第一个操作可以并发执行，不需要知道对方的存在。这个例子说明，PoR 一致性比 RedBlue 一致性有更好的灵活性和改善系统性能的潜力。因为在 RedBlue 一致性模型中，a 和 b 的所有影子操作都是串行执行的。

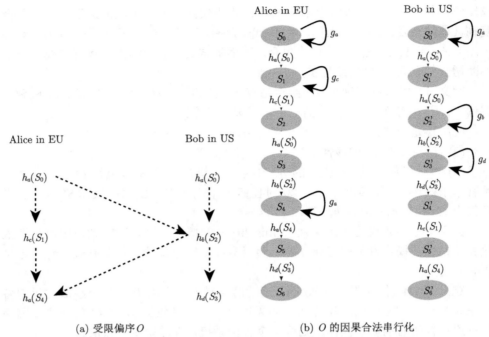

(a) 受限偏序 O (b) O 的因果合法串行化

图 15.2   一个双站点异地备份系统对应的受限偏序及其因果串行序

15.3   限制的推导

使用 PoR 一致性获得性能提升的关键步骤在于推导出所需的限制。最主要的挑战在于如何找出最小的限制集合，使得不同站点上的副本服务器状态收敛，而且系统在运行过程中永远不违反应用特定的不变式。对于状态收敛这一系统性质，采取与之前的研究 [168,178,195] 类似的方法，即检查操作的可交换性。

针对应用程序特定不变式的保证，没有采取 RedBlue 的保守策略，即在所有非不变式安全的影子操作（即可以将系统从有效状态迁移到无效状态）上施加全序限制。相反，我们识别一个最小的冲突影子操作集合，即如果这些操作不加以协调地并发执行，就会违反不变式。"最小"的意思是，如果从冲突影子操作集合中去掉任何一个操作，就不会形成冲突，这样在并发执行剩下的操作时，不需要施加任何限制都是安全的。一旦找出了这个集合，给这些操作中的任何一对操作加上顺序限制，就足以避免有问题的执行。

15.3.1   状态收敛

对于一个 PoR 一致性的备份系统而言，在系统进入静止阶段后，如果所有副本服务器达到相同的最终状态，那么这个系统就是状态收敛的。这里静止阶段指的是，不再有新的用户请求到来，而且所有已到达的用户请求全部处理完毕，且对应的影子操作完成了全部站点的备份。将状态收敛形式化地定义为：对于 R 序的任何一对因果串行序 L_1 和 L_2，都有 $S_0(L_1) = S_0(L_2)$，其中 S_0 是合法的初始状态。下面的定理陈述了满足状态收敛的充分必要条件。

定理 15.1 一个有限制集 R 的 PoR 一致系统 $\mathcal{S}$ 是收敛的，当且仅当对于任何一对影子操作 u 和 v，如果 u 和 v 不可交换，那么 $r(u, v) \in R$。

使用 RedBlue 一致性，所有不具备全局可交换性的操作都必须串行执行。PoR 一致性与之不同，仅要求互相不可交换的操作按照先后顺序执行。

15.3.2 不变式保证

对于一些非不变式安全的影子操作 u[①]，仅当一个特定的非不变式安全的操作集合（包含 u）并发执行时，才会违反相应的不变式。将这个集合定义为不变式冲突集，简称 I-冲突集。针对每个 I-冲突集中的任何一对影子操作，都施加执行顺序限制，即可保证不变式。I-冲突集的形式化定义如下。

定义 15.5 (不变式冲突操作集) 如果影子操作集合 G 满足以下条件，就称作不变式冲突操作集（或 I-冲突集）：

(1) $\forall u \in G$，u 是非不变式安全的；

(2) $|G| > 1$；

(3) 任给 $u \in G$ 和影子操作序列 P（P 含有 G 中除 u 外所有的影子操作，即 $P = (G - \{u\}, \prec)$），存在一个可达且有效的状态 S，使得 $S(P)$ 有效，但 $S(P + u)$ 无效。

上述定义中，最后一点保证 G 是最小的。使用下面的例子来说明"最小集合"的重要性。设想竞拍服务的状态在 US、UK 和 DE 三个站点上备份。对于拍卖商品 i，初始时用户 Charlie 出价 5 美元，这个事实被所有站点接受。假设有三个影子操作，placeBid$'(i$, Bob, 10)、placeBid$'(i$, Alice, 15) 和 closeAuction$'(i)$，分别在三个站点被并发接受。每个站点在初始状态上分别执行，并按照不同顺序备份这三个操作后，系统到达了一个无效状态。因为此时 Charlie 竞拍成功，而不是出价更高的 Bob 或 Alice。这个违反不变式的执行有三个并发的影子操作参与，但是两个出价操作之一并不需要含在 G 中。因为即使排除了 Alice 或 Bob 的请求，依然有可能违反这个不变式。结合定义 15.5，可以认定 {placeBid$'$, closeAuction$'$} 是 I-冲突集，但 {placeBid$'$, placeBid$'$, closeAuction$'$} 不是。

基于上述定义，把保证不变式性质的条件表述为如下定理。

定理 15.2 假设 PoR 一致系统 $\mathcal{S}$ 有限制集 $R_{\mathcal{S}}$。若 $\mathcal{S}$ 中每个从有效状态开始的执行都满足以下条件，那么站点永远不会到达无效状态：

[①] 不变式安全操作的定义在第 14 章已经给出。

(1) 对其任何 I-冲突集 G，至少存在一对 $u,v \in G$，有 $r(u,v) \in R_{\mathcal{S}}$；

(2) 任何一对不可交换的影子操作 u,v，都有 $r(u,v) \in R_{\mathcal{S}}$。

15.3.3　发现限制的算法

在性能和一致性语义间取得平衡的关键点是找出最小的限制集，保证状态收敛和维护不变式。针对状态收敛，基于定理 15.1，设计了算法 1，系统分析了每对影子操作的可交换性。如果两个影子操作不可交换，则在它们之间增加一条限制关系，并加入限制集中（第 5～6 行）。

对于维护不变式的限制，可以穷举所有违反不变式的 I-冲突集。为了让穷举更高效，分析并行执行对影子操作的最弱前提条件（weakest precondition，记为 wpre）和后置条件（post-condition，记为 post）的影响[196]。需要指出的是，对于每个影子操作 u，$u.wpre$ 表示其最弱前提条件，在运行时，只要该条件为真，那么 u 的执行就是不变式安全的。$u.post$ 是 u 的后置条件，描述了在该操作执行后到达的状态，从而捕获操作的副作用。在算法 2 中，影子操作集 T 标记为 I-冲突集的条件是：① T 含有一个操作 t，t 与自己冲突，即 $t.post$ 使得 $t.wpre$ 无效（第 12～14 行）；② $|T| > 1$，任何 T 的子集不是 I-冲突的（但是可以与自己冲突），并且 T 中存在一个操作 u，$T - \{u\}$ 中所有后置条件的组合使得 $u.wpre$ 无效。

在确定了这些 I-冲突集合之后，对于每个 I-冲突集 T，如果操作上已经施加了限制，那么就跳过；否则就给 T 中的一对影子操作添加一个限制关系（第 8～9 行）。此外，必须给每个自冲突的影子操作施加限制约束（第 6～7 行）。

算法 1　寻找状态收敛限制

```
1  function SCRDISCOVER(T)              // T: 目标系统的影子操作集
2      R ← {}                           // R: 限制集
3      for i ← 0 to |T| − 1 do
4          for j ← i to |T| − 1 do
5              if Tᵢ 与 Tⱼ 不交换 then
6                  R ← R ∪ {r(Tᵢ, Tⱼ)}
7              end
8          end
9      return R
```

算法 2　寻找维持不变式的限制

```
1  function IPRDISCOVER(T)
2  │    R ← {}                                    // R: 限制集
3  │    Q ← T 的幂集
4  │    forall Q' ∈ Q do
5  │    │    if ICONFLICTCHECK(Q') then
6  │    │    │    if |Q'| == 1 then
7  │    │    │    │    R ← R ∪ {r(Q'_0, Q'_0)}
8  │    │    │    else if ∀u,v ∈ Q', r(u,v) ∉ R then
9  │    │    │    │    R ← R ∪ {r(u,v)}，其中 u,v ∈ Q' 是任选的
10 │    end
11 │    return R
12 function ICONFLICTCHECK(T)
13 │    if |T| == 1 then
14 │    │    if ¬(T_0.post ⟹ T_0.wpre) then
15 │    │    │    return true
16 │    if |T| > 1 then
17 │    │    subset_iconflict ← false
18 │    │    for i ← 2 to |T| − 1 do
19 │    │    │    forall R s.t. |R| == i 且 R ⊂ T do
20 │    │    │    │    if ICONFLICTCHECK(R) then
21 │    │    │    │    │    subset_iconflict ← true
22 │    │    │    │    │    break
23 │    │    │    end
24 │    │    end
25 │    │    if !subset_iconflict then
26 │    │    │    forall t ∈ T do
27 │    │    │    │    post ← ∧_{x∈T\{t}} x.post
28 │    │    │    │    if ¬(post ⟹ t.wpre) then
29 │    │    │    │    │    return true
30 │    │    │    end
31 │    return false
```

15.4　Olisipo 的设计与实现

本节介绍基于 PoR 一致性模型实现的异地备份系统 Olisipo。其最复杂的部分是在不同副本服务器产生的影子操作上建立全局 R 序。有几种并发控制协议可用于为有顺序限制的操作定序，如 Paxos、分布式锁或 Escrow 技术等。然而，这些

技术都没有考虑被限制操作的发生频率，因此性能不是最优，使用竞拍程序的例子来解释这一点。为了保证赢家总是出价最高者的这一不变式，需要在任何一对 placeBid′ 和 closeAuction′ 操作之间施加顺序限制。一个简单的方案是采用对等并发控制协议，则每个操作的协调成本都高。然而，在实际场景中，竞拍 placeBid′ 这一行为通常比竞拍结束 closeAuction′ 的频次高很多，以 closeAuction′ 的高延迟换取 placeBid′ 的快速处理可能会使整体性能和用户体验更好。

为了改善异地备份系统上应用程序的性能，Olisipo 提供了一系列的并发控制策略，这些策略权衡了每个操作的执行成本和整体收益。基于此，可以使用运行时信息，为限制约束选择一个合适的并发控制策略。其中，可利用的运行时信息有操作的相对频率等，而这些限制约束是在 15.3 节通过静态分析得出的。

15.4.1 并发控制协议

图 15.3 展示了 Olisipo 系统中并发控制协议的通用接口，用于协议的扩展。目前，该系统支持两个内置协议，即 Symmetric（Sym）和 Asymmetric（Asym）。这两种协议的区别在于，给定两个操作 u 和 v 之间的限制 $r(u,v)$，Sym协议要求 u 和 v 相互协调，建立两者间的执行顺序，而 Asym协议允许其中一个默认进行，同时要求另一个在进行之前获得许可。

```
// 每个permission由一组操作组成
Permission p;


// 接收需要监视的一组操作
Permission getPermission(TxnId tid, String opName);


// 等待到p中的操作集全部被应用
void waitForBeingExecuted(TxnId tid, Permission p);


// 清理所有被占用的必需资源
void cleanUp(TxnId tid);
```

图 15.3 Olisipo 协调策略接口

接下来详细讲解这两个协议。

Sym 协议要求建立一个逻辑上集中式的计数器服务，为每个限制关系 $r(u,v)$ 维护两个计数器 c_u 和 c_v，分别代表到目前为止系统接受的相应类型操作的总数。此外，不同数据中心的副本服务器都维护这些计数器的本地拷贝，代表该副本服务器所执行的每种类型操作的数量。作为系统的初始状态，所有本地拷贝以及全局计数器的值都被设置为 0。当一个副本服务器收到一个操作时，它就会与计数器服务联系，以增加相应的集中式计数器的值。在收到计数器服务的回复后，该副本服务器将收到的值与它的本地拷贝进行比较。如果相同，那么该副本就可以执行该操作，不需要等待；否则，只有当所有缺失（被其他站点接受，但还未完成本地复制）的操作都被本地复制后，本地执行才能得以进行。为了使计数器服务具有容错性，利用一个类似 Paxos 的状态机复制库（BFT-SMART [197]）来跨数据中心复制计数器。

与上述集中式解决方案不同，Asym 协议是以去中心化方式实现的分布式屏障（distributed barrier）。例如，假设 u 是屏障。当一个副本服务器 r 收到一个操作 u 时，它就必须进入屏障，并请求所有其他副本服务器参与同步。随后，备份系统中的所有副本服务器将停止处理 v 类型的操作，并进入该屏障。在收到所有副本服务器进入屏障的确认后，r 可以执行操作。在离开屏障时，r 将通知其他副本服务器，并将刚刚执行的操作 u 的作用广播给它们。这种协调策略可能会对 u 产生很高的开销；然而，在 u 的出现频率远低于 v 时，这样的代价是值得的。

15.4.2 实现细节

如图 15.4 所示，Olisipo 的架构包括一个跨数据中心复制的计数器服务（counter service）和一个部署在每个数据中心的本地代理（agent）。计数器服务只用于 Sym 协议，本地代理负责执行两个协议都需要的并发控制。为此，每个本地代理还存储了两个协议所需的一些元数据：针对 Sym 协议，它维护着计数器服务的本地拷贝。对于 Asym 协议，每个代理都维护一个活跃的屏障列表，用于本地决定，被这些屏障阻碍的相关操作是否可以进行。

Olisipo 系统包含约 2800 行 Java 代码，与 BFT-SMART [197] 连接（用于集中式计数器服务的备份管理），使用 MySQL 作为底层存储引擎。将 Gemini 和 SIEVE [195] 两个组件集成到 Olisipo 中。Gemini 为 Olisipo 提供跨数据中心因果一致性备份功能，而 SIEVE 软件可以为应用的原始操作，产生具有全局可交换性的影子操作。

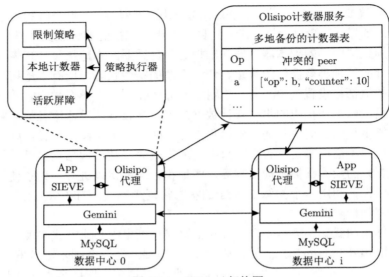

图 15.4   Olisipo 架构图

15.5   实 验 评 估

本节给出实验结果。分析 15.3 节提出的限制推导方法,是否对现实世界的应用有效。评估 PoR 一致性模型和细粒度的顺序限制,对请求处理延迟和系统吞吐量的影响。

15.5.1   案例研究

本节介绍如何将 RUBiS 应用迁移到 PoR 一致性模型上,以及如何识别操作间的顺序限制约束。RUBiS 是一个类似于 eBay 的在线拍卖网站应用。相比于原始的 RUBiS 程序,本节使用的 RUBiS 额外增加了结束拍卖,并选取赢家这一操作。

1. 状态收敛

SIEVE 组件定义了一组内置的解决并发冲突的策略,使得在运行时产生的影子操作两两之间可以互相交换。因此,使用了 SIEVE 之后,RUBiS 则无须任何限制,即可获得状态收敛性。

2. 不变式保证

针对不变式保证,采用 15.3.3 节介绍的限制识别方法对 RUBiS 的代码进行分析。首先,RUBiS 中存在四个应用特定的不变式:① 系统分配的标识符是唯一的;② 用户选择的昵称是唯一的;③ 物品库存必须是非负的;④ 拍卖赢家的出价必须在所有接受的出价中最高。然后，继续分析所有 RUBiS 影子操作的最弱前提条件和后置条件。表 15.1 总结了部分影子操作的条件。这些条件用于 I-冲突集的分析（参见算法 2）。关于第一个不变式，底层 SIEVE 系统组件提供了唯一标识符生成方法。该方法无须跨数据中心强同步，就可以保证异地备份 RUBiS 生成的标识符是唯一的。因此，没有发现有 I-冲突集违反这一不变式。对于其余的三个不变式，确定了以下对应的 I-冲突集。

(1) {registerUser′, registerUser′}。如果两个注册用户的操作选择了相同的昵称，并同时提交给不同的站点，则违反不变式 (②)。

(2) {storeBuyNow′, storeBuyNow′}。如果两个下单操作同时从库存中购买一些相同的商品，且购买量的总和超过了原来的库存值，则违反了不变式 (③)。

(3) {placeBid′, closeAuction′}。如果对同一商品的竞拍和关闭竞拍两个操作同时提交给不同的站点，并且 placeBid′ 的出价高于所有已被接受的出价，则违反不变式 (④)。

表 15.1　RUBiS 部分影子操作的最弱前提条件和后置条件

影子操作	条件	形式化描述	备注
placeBid′ (itId, cId, bid)	wpre	$\exists u \in item\_table.u.id = itId \wedge u.status = open$	有效拍卖
	post	$bidTable = bidTable \cup \{< itId, cId, bid >\}$	记录新出价
closeAuction′ (itId, wId)	wpre	$\exists w \in bidTable w.cId = wId \wedge$ $\forall v \in bidTable \backslash \{w\}.w.bid > v.bid$	最高已接收出价
	post	$winnerTable = winnerTable \cup \{< itId, wId >\}$	宣布赢家
registerUser′ (uId, username)	wpre	$\forall u \in user\_table.u.name \neq username$	用户名之前未见
	post	$user\_table = user\_table \cup < uId, username >$	添加新用户
storeBuyNow′ (itId, delta)	wpre	$\exists u \in item\_table.u.id = itId \wedge u.stock \geqslant delta$	有足够库存
	post	$u.stock = delta$	记录变化量

每个 I-冲突集对应一类违反各自不变式的执行。为了消除相应的不安全行为，必须增加三个限制关系，即 r(registerUser′, registerUser′)、r(storeBuyNow′, storeBuyNow′) 和 r(placeBid′, closeAuction′)。表 15.2 比较了 PoR 一致性解决方案和使用 RedBlue 一致性的方案。因为 RedBlue 一致性要求，所有非不变式安全的影子操作必须是强一致性的，导致上述列表中的四个影子操作必须两两加以限制，因而需要更多的限制。

在并发控制协议选择时，用 **Asym** 协议处理 r(placeBid′, closeAuction′) 限制，而用 **Sym** 协议处理其他三对影子操作限制。这是因为在 RUBiS 中，placeBid′ 明显比 closeAuction′ 更普遍。例如，在一个竞拍工作负载中，closeAuction′ 的出现次数只占整体操作的 2.7%，远低于 placeBid′ 的占比。因此，指定 Asym 协议来为这一对影子操作定序，并且让 closeAuction′ 充当分布式屏障，增加了该操作的延迟，保障了 placeBid′ 的低延迟。

表 15.2　使用 RedBlue 或 PoR 一致性模型异地备份 RUBiS 应用时所需要的限制条件

RedBlue 一致性	PoR 一致性
r(registerUser′, registerUser′)	r(registerUser′, registerUser′)
r(storeBuyNow′, storeBuyNow′)	r(storeBuyNow′, storeBuyNow′)
r(placeBid′, placeBid′)	r(placeBid′, closeAuction′)
r(closeAuction′, closeAuction′)	
r(placeBid′, closeAuction′)	
r(registerUser′, storeBuyNow′)	
r(registerUser′, placeBid′)	
r(registerUser′, closeAuction′)	
r(storeBuyNow′, placeBid′)	
r(storeBuyNow′, closeAuction′)	

15.5.2　实验设置

实验运行于亚马逊 EC2[198] 的 m4.2xlarge 虚拟机实例中。每个虚拟机有 8 个虚拟核心和 32GB 的内存。虚拟机运行 Debian 8 (Jessie) 64 bit、MySQL 5.5.18、Tomcat 6.0.35、OpenJDK 8 等软件。为了模拟异地备份，从美国弗吉尼亚（US-East）、美国加利福尼亚（US-West）和欧盟法兰克福（EU-FRA）等三个数据中心租用虚拟机部署 Olisipo 系统。每一个数据中心代表异地备份系统中的一个站点。表 15.3显示了每对站点之间的平均往返延迟和观察到的带宽。

表 15.3　亚马逊 EC2 数据中心之间的平均往返延迟和带宽

	US-East	US-West	EU-FRA
US-East	0.299 ms 1052.0 Mbit/s	71.200 ms 47.4 Mbit/s	88.742 ms 29.6 Mbit/s
US-West	66.365 ms 47.4 Mbit/s	0.238 ms 1050.7 Mbit/s	162.156 ms 17.4 Mbit/s
EU-FRA	88.168 ms 36.2 Mbit/s	162.163 ms 20.1 Mbit/s	0.226 ms 1052.0 Mbit/s

配置和工作负载。 使用由 Olisipo、SIEVE 和 Gemini 三者组成的异地备份系统，将 RUBiS 的系统状态备份到上述三个站点上。作为测试比较对象，还在 EU-FRA 站点运行了一个未复制的强一致性 RUBiS 版本，以及一个跨三个站点的 RedBlue 一致版本。RedBlue 一致性对应的部署虽然使用了 Olisipo 这一套框架，但与 PoR 不同的是，它采用了 RedBlue 一致性要求的一系列限制（表 15.2）。将这三种系统配置分别记为 Olisipo-PoR、Unreplicated-Strong 和 RedBlue。在所有的实验中，产生用户请求的客户端程序平均分布到三个站点上，并根据物理距离

连接到最近的数据中心。除非另有说明，在所有实验中，在崩溃容错模型（Crash-Fault-Tolerance, CFT）下部署 BFT-SMART 库，用以维护 Sym 协议的全局信息。BFT-SMART 在三个站点上部署三个副本，并指定 EU-FRA 的副本作为共识协议的 leader。

实验运行 RUBiS 的混合竞拍工作负载，其中 15% 的用户请求是更新操作。为了让客户端程序发出新引入的 closeAuction 请求，稍微改变了原始 RUBiS 代码中的状态迁移表，为这个请求分配一个正的概率值。在所有的实验中，通过增加客户端程序的并发线程数量来改变工作负载。为更快地让系统吞吐量到达饱和状态，将用户思考时间设置为 0，即每一个模拟用户可以在收到上一个回复之后立即发出下一个请求。RUBiS 数据库包含 33000 个待售物品，100 万个用户，以及 50 万个下架物品。

15.5.3　平均用户感知延迟

采用 PoR 一致性模型和 Olisipo 异地备份系统的主要优势在于降低用户感知延迟。因此，首先分析不同站点的平均请求处理时延。在这组实验中，每个客户端进程只启动一个用户线程发送请求。

如图 15.5(a) 所示，除了 EU-FRA 站点的用户，所有用户在 Olisipo-PoR 和 RedBlue 配置中观察到的延迟，都比在 Unreplicated-Strong 配置中来自相同地点的用户低。这种改进是因为，在 PoR 和 RedBlue 一致性模型下，大多数请求都在距离最近的数据中心内进行本地处理。然而，在 Unreplicated-Strong 配置中，来自两个美国数据中心的用户请求必须与 EU-FRA 站点（服务器所在的站点）通信，因此导致了较高的延迟。与 RedBlue 相比，Olisipo-PoR 将三个站点所对应用户的平均感知延迟分别缩短了 38.5%、37.5% 和 47.1%。这是因为将 RUBiS 与 PoR 一致性模型相结合，所需的顺序限制数量显著少于 RedBlue（参见表 15.2）。

15.5.4　吞吐峰值

现在将分析的焦点从平均延迟转到 PoR 一致性模型对系统可扩展性（scalability）的优化。在这组实验中，不断增加客户端请求的密度，测量系统到达饱和状态时的吞吐量。图 15.5(a) 显示了三种系统配置对应的吞吐峰值。Olisipo-PoR 的吞吐量是 Unreplicated-Strong 配置的 1.43 倍。吞吐量的提升是因为 PoR 一致性提供了细粒度的并发控制，只有少数请求需要全局协同，而其余的可以在本地处理。与 RedBlue 一致性相比，与 PoR 一致性结合的 RUBiS 将系统吞吐量提升了 21.5%。这是因为相当一部分 RedBlue 一致性所需的并发控制开销，在 PoR 一致性模型中都避免了，如表 15.2 所示。

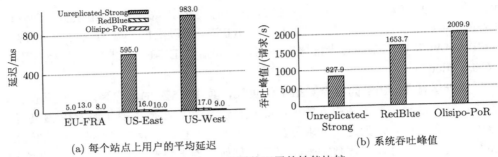

(a) 每个站点上用户的平均延迟　　　　　　(b) 系统吞吐峰值

图 15.5　三种系统配置的性能比较

15.5.5　单个请求的延迟

为了进一步理解平均延迟的改善，继续分析 RUBiS 应用中每个请求的延迟。由于篇幅有限，此处只展示部分请求的结果，分别对应无顺序限制的请求和有顺序限制的请求。

无顺序限制请求的延迟：在所有无顺序限制的请求中（即未出现在表 15.2 的 I-冲突集中），选择了 storeComment（用户评论）作为例子进行解释。storeComment 产生没有顺序限制的影子操作。storeBuyNow 的操作与自己冲突，由 Sym 协议协调。placeBid 和 closeAuction 产生两个冲突的影子操作，由 Asym 协议协调。结果如图 15.6(a) 所示，PoR 一致的 RUBiS 缩短了三个站点上用户观察到的延迟。与未复制的强一致性部署（Unreplicated-Strong）相比，位于美国东部和美国西部数据中心的用户请求处理速度分别提高了 84.9 倍和 106.8 倍。这些性能改善的原因是，在 PoR 一致性模型下，storeComment 请求不需要跨数据中心同步，可以在本地处理。相反，在 Unreplicated-Strong 的实验中，来自两个美国站点的用户必须与位于 EU-FRA 的服务器联系，因此感受到了更高的延迟。

有顺序限制请求的延迟：如前所述，Olisipo 使用两种不同的协议（Sym 和 Asym）来协调有顺序限制的请求（即出现在表 15.2 的 I-冲突集中）。首先以 storeBuyNow 请求为例，分析由 Sym 协议处理的请求延迟情况。如图 15.6(b) 所示，用户在所有三个站点观察到的 storeBuyNow 请求的延迟明显高于 storeComment 的延迟，参见图 15.6(a)。这是因为 storeBuyNow 是受顺序限制的请求，需要从集中式计数器服务获得许可，计数器服务需要在三个站点间执行类似于 Paxos 的共识协议；而 storeComment 是一个不受顺序限制的请求。此外，在 EU-FRA 站点上的用户观察到低于其余两个站点用户的延迟。这是因为共识协议的领导者与 EU-FRA 的用户同处一地。

与 Sym 协议不同的是，Asym 协议区别对待一对受限制的操作，其中之一作为分布式屏障，而另一个在没有活跃屏障运行的情况下，才可以执行。15.5.1 节指定 Asym 协议来处理 r(placeBid′, closeAuction′) 限制，同时选择频率较低的影子操作 closeAuction′ 作为分布式屏障。因此，以 placeBid′ 和 closeAuction′ 为例，分析由 Asym 协议处理的请求平均延时。如图 15.6(c) 所示，placeBid 请求（产生 placeBid′ 影子操作）测得的平均延迟与图 15.6(a) 无顺序限制请求的结果非常相似。这是因为 closeAuction 出现的概率很低，所以在大部分时间中 placeBid 请求都是被立即处理并返回结果的，不需要等待加入或离开屏障。

接下来考虑由 Asym 协议处理的屏障请求 closeAuction。如图 15.6(d) 所示，正如预期的那样，与 placeBid 相比，closeAuction 请求的平均延迟明显较高。这是因为该屏障请求会发起跨站点协调，迫使所有站点暂停处理到达的 placeBid 请求，并收集所有已完成 placeBid 请求的结果。

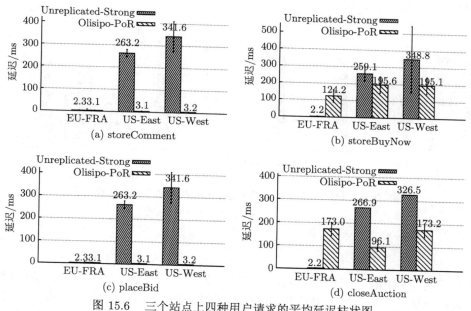

图 15.6　三个站点上四种用户请求的平均延迟柱状图

15.5.6　不同并发控制协议的影响

如前所述，Olisipo 提供不同的并发控制协议，因而可以利用工作负载的特点来改善运行时性能。为了验证这一点，首先部署了一个名为 Olisipo-Correct-Usage 的实验。这个实验考虑到 closeAuction′ 发生频率低这一运行时信息，指定 Asym 协议来处理限制 r(placeBid′, closeAuction′)。此外，还部署了另一个实验，称作 Olisipo-All-Syms，其中包括 r(placeBid′, closeAuction′) 在内的所有限制均由 Sym 协议处理。图 15.7 对比了 Unreplicated-Strong、Olisipo-AllSyms 和

Olisipo-Correct-Usage 三种系统配置之间的吞吐峰值和平均延迟。OlisipoAll-Syms 配置将 Unreplicated-Strong 配置的峰值吞吐量提高了 105.7%。这一性能提升是因为在 OlisipoAll-Syms 中，无顺序限制的请求可以三个站点上被本地处理，而 Unreplicated-Strong 只有一个站点可以处理请求，而且远程用户的请求需经由广域网通信到达该站点。然而，与 Olisipo-Correct-Usage 相比，Olisipo-All-Syms 的性能在两个方面有所下降：① 吞吐峰值下降了 15.3%；② 对于 EU-FRA、US-East 及 US-West 三个站点的所有用户，请求延迟分别增加 65.2%、50.0%、60.0% 和 88.9%。这些性能损失的原因如下：OlisipoAll-Syms 中的每个 placeBid′ 影子操作都需要与集中式计数器服务进行通信，获取许可；而在 Olisipo-Correct-Usage 中，由于作为屏障的 closeAuction 请求很少发生，大部分 placeBid′ 影子操作都不需要获取执行许可。

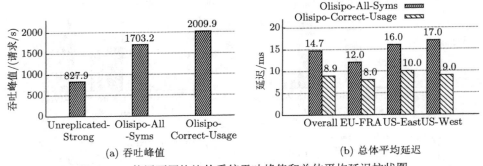

(a) 吞吐峰值　　　　　　　(b) 总体平均延迟

图 15.7　使用不同协议的系统吞吐峰值和总体平均延迟柱状图

15.6　本 章 小 结

虽然 RedBlue 一致性模型在一定程度上缓解了异地备份系统中系统性能与一致性语义之间的矛盾，但是其简单的二元结构有可能为一些互联网应用带来额外的同步开销。为了解决 RedBlue 一致性的局限，本章提出了一个全新的通用一致性模型——PoR 一致性，细化了一致性表达的粒度，避免了不必要的同步开销。同时，本章还给出了分析细粒度一致性语义的方法和支撑 PoR 一致性备份的系统实现。

针对本章介绍的 PoR 一致性模型，做如下总结。

(1) 本章提出的偏序限制一致性 PoR，将一致性语义映射到操作对之间的顺序限制关系，打破了多级混合一致性模型在语义表达上的局限。PoR 一致性模型可以看作一个带参数的一致性函数，输入一个限制集合，输出则为一个满足这些限制关系的偏序集合。这种方法可以用于，在单一备份系统下表达多种一致性需求，弱化或强化一致性语义只需施加更少或者更多的限制。

(2) 使用 PoR 一致性模型的关键是，找出操作对上的顺序限制关系。如果在所有执行中这些限制都被满足，那么就能确保不同站点的状态收敛和全局不变式安全。这里的挑战在于，缺少必需的限制会导致状态发散或者不变式的违背，但是增加不必要的限制会导致额外的同步开销，造成性能下降。针对这一挑战，本章设计了一套指导程序员找出必要限制集合的方法，并在 RUBiS 这一典型应用上，实践验证其正确性和有效性。

(3) 操作对间的顺序限制依赖并发控制协议。从实现的角度来看，Paxos、分布式锁和 Escrow 等现有协议均可为受限操作定序。然而，这些协议都是对等的，并未考虑操作同步的开销和其发生的频率。为了最小化运行时同步开销，本章实现了一个高效的协调服务 Olisipo，考虑系统负载，为每一对受限操作选择合适的并发控制协议。

参 考 文 献

[1] Hootsuite Wearesocial. Digital 2020. Technical report, 2020.

[2] Intel. 英特尔区域医疗大数据白皮书. Technical report, 2014.

[3] Reinsel D, Gantz J, Rydning J. Data age2025: the digitization of the world from edge to core. *Seagate,* https://www.seagate.com/files/www-content/our-story/trends/files/idc-seagate-dataage-whitepaper.pdf, 2018. [2022-08-01]

[4] Nishtala R, Fugal H, Grimm S, et al. Scaling memcache at facebook. Proceedings of USENIX NSDI, 2013.

[5] Gantz J, Reinsel D. Extracting value from chaos. IDC IView, 2011, 1142(2011):1-12.

[6] Kong H J. Managing unstructured big data in healthcare system. Healthcare informatics research, 2019, 25(1):1-2.

[7] Jing H, Ee H H, Guan L, et al. Survey on NoSQL database. Proceeding of IEEE ICPCASBC, 2011.

[8] DB Mango. Top 5 considerations when evaluating NoSQL databases. White Paper, 2016.

[9] Lee D Y, Jeong K, Han S H, et al. Understanding write behaviors of storage backends in ceph object store. Proceedings of IEEE MSST, 2017.

[10] DeCandia G, Hastorun D, Jampani M, et al. Dynamo: Amazon's highly available key-value store. ACM SIGOPS operating systems review, 2007, 41(6):205-220.

[11] Armstrong T G, Ponnekanti V, Borthakur D, et al. LinkBench: a database benchmark based on the facebook social graph. Proceedings of ACM SIGMOD, 2013.

[12] Matsunobu Y. InnoDB to MyRocks migration in main MySQL database at Facebook, 2017.

[13] O'Neil P, Cheng E, Gawlick D, et al. The log structured merge-tree (LSM-tree). Acta Informatica, 1996, 33(4): 351-385.

[14] Pugh W. Skip lists: A probabilistic alternative to balanced trees. Communications of the ACM, 1990, 33(6):668-676.

[15] Wu X B, Xu Y H, Shao Z L, et al. LSM-trie: An LSM-tree-basedultra-large key-value store for small data items. Proceedings of USENIX ATC, 2015.

[16] Lu L, Pillai T S, Arpaci-Dusseau A C, et al. WiscKey: Separating keys from values in SSD-conscious storage. Proceedings of USENIX FAST, 2016.

[17] Raju P, Kadekodi R, Chidambaram V, et al. PebblesDB: Building key-value stores using fragmented log-structured merge trees. Proceedings of ACM SOSP, 2017.

[18] Balmau O M, Didona D, Guerraoui R, et al. TRIAD: Creating synergies between memory, disk and log in log structured key-value stores. Proceedings of USENIX ATC,

2017.

[19] Sears R, Ramakrishnan R. bLSM: A general purpose log structured merge tree. Proceedings of ACM SIGMOD, 2012.

[20] Pan F F, Yue Y L, Xiong J. dCompaction: Delayed compaction for the LSM-tree. International Journal of Parallel Programming, 2017, 45(6): 1310-1325.

[21] Balmau O, Dinu F, Zwaenepoel W, et al. SILK: Preventing latency spikes in log-structured merge key-value stores. Proceedings of USENIX ATC, 2019.

[22] Dong S Y, Callaghan M, Galanis L, et al. Optimizing space amplification in RocksDB. Proceedings of CIDR, 2017.

[23] Zhang H C, Lim H, Leis V, et al. SuRF: Practical range query filtering with fast succinct tries. Proceedings of ACM SIGMOD, 2018.

[24] Zhong W S, Chen C, Wu X B, et al. Remix: Efficient range query for LSM-trees. Proceedings of USENIX FAST, 2021.

[25] Luo S Q, Chatterjee S, Ketsetsidis R, et al. Rosetta: A robust space-time optimized range filter for key-value stores. Proceedings of ACM SIGMOD, 2020.

[26] Dayan N, Athanassoulis M, Idreos S. Monkey: Optimal navigable key-value store. Proceedings of ACM SIGMOD, 2017.

[27] Chan H H W, Li Y K, Lee P P C, et al. Hashkv: Enabling efficient updates in KV storage via hashing. Proceedings of USENIX ATC, 2018.

[28] Ghemawat S, Dean J. LevelDB. https://dbdb.io/db/leveldb.[2022-08-01]

[29] Facebook. RocksDB. https://rocksdb.org.[2022-08-01]

[30] Rosenblum M, Ousterhout J K. The design and implementation of a log-structured file system. ACM transactions on computer systems, 1992, 10(1):26-52.

[31] Matthews J N, Roselli D, Costello A M, et al. Improving the performance of log-structured file systems with adaptive methods. Proceedings of ACM SOSP, 1997.

[32] Rumble S M, Kejriwal A, Ousterhout J. Log-structured memory for DRAM-based storage. Proceedings of USENIX FAST, 2014.

[33] Min C, Kim K, Cho H, et al. SFS: Random write considered harmful in solid state drives. Proceedings of USENIX FAST, 2008.

[34] Lee J, Kim J S. An empirical study of hot/cold data separation policies in solid state drives (SSDs). Proceedings of ACM SYSTOR, 2013.

[35] Hsieh J W, Kuo T W, Chang L P. Efficient identification of hot data for flash memory storage systems. Proceedings of ACM transaction on storage, 2006, 2(1):22-40.

[36] Linux Raid Wiki. RAID setup. https://raid.wiki.kernel.org/ index.php/RAID_setup. [2022-08-01]

[37] Threadpool. http://threadpool.sourceforge.net/.[2022-08-01]

[38] Robert Escriva. HyperLevelDB. https://github.com/rescrv/HyperLevelDB/.[2022-08-01]

[39] Cooper B F, Silberstein A, Tam E, et al. Benchmarking cloud serving systems with YCSB. Proceedings of ACM SoCC, 2010.

[40] Li Y K, Tian C J, Guo F, et al. ElasticBF: Elastic bloom filter with hotness awareness for boosting read performance in large key-value stores. Proceedings of USENIX ATC, 2019.

[41] Wikipedia. Bloom Filter. https://en.wikipedia.org/wiki/Bloom_filter.[2022-08-01]

[42] Harter T, Borthakur D, Dong S Y, et al. Analysis of HDFS under HBase: A Facebook messages case study. Proceedings of USENIX FAST, 2014.

[43] Kirsch A, Mitzenmacher M. Less hashing, same performance: Building a better bloom filter. Proceedings of Springer ESA, 2006.

[44] Zhou Y Y, Philbin J, Li K. The multi-queue replacement algorithm for second level buffer caches. Proceedings of USENIXATC, 2001.

[45] Ramos L E, Gorbatov E, Bianchini R. Page placement in hybrid memory systems. Proceedings of ACM ICS, 2011.

[46] Papagiannis A, Saloustros G, González-Férez P, et al. Tucana: Design and implementation of a fast and efficient scale-up Key-value store. Proceedings of USENIX ATC, 2016.

[47] Ren J L. A C++ version of YCSB. https://github.com/basicthinker/YCSB-C.[2022-08-01]

[48] Bronson N, Amsden Z, Cabrera G, et al. Tao: Facebook's distributed data store for the social graph. Proceedings of USENIX ATC, 2013.

[49] Urdaneta G, Pierre G, Van Steen M. Wikipedia workload analysis for decentralized hosting. Computer Networks, 2009, 53(11):1830-1845.

[50] Kang Y, Pitchumani R, Marlette T, et al. Muninn: A versioning flash key-value store using an object-based storage model. Proceedings of ACM SYSTOR, 2014.

[51] Facebook. Direct IO. https://github.com/facebook/rocksdb/wiki/Direct-IO.[2022-08-01]

[52] Facebook.Block Cache.https://github.com/facebook/rocksdb/wiki/Block-Cache.[2022-08-01]

[53] Apache. Tuning Bloom filters. http://cassandra.apache.org/doc/4.0/operating/bloom_filters.html.[2022-08-01]

[54] Zhang Q, Li Y K, Lee P P C, et al. UniKV: Toward highperformance and scalable KV storage in mixed workloads via unified indexing. Proceedings of ICDE, 2020.

[55] Andersen D G, Franklin J, Kaminsky M, et al. FAWN: A fast array of wimpy nodes. Proceedings of ACM SOSP, 2009.

[56] Debnath B, Sengupta S, Li J. FlashStore: High throughput persistent key-value store. Proceedings of the VLDB Endowment, 2010, 3(1-2):1414-1425.

[57] Debnath B, Sengupta S, Li J. SkimpyStash: Ram space skimpy key-value store on flash-based storage. Proceedings of ACM SIGMOD, 2011.

[58] Atikoglu B, Xu Y, Frachtenberg E, et al. Workload analysis of a large-scale key-value store. Proceedings of ACM SIGMETRICS, 2012.

[59] Lai C, Jiang S, Yang L, et al. Atlas: Baidu's key-value storage system for cloud data. Proceedings of IEEE MSST, 2015.

[60] Balmau O, Didona D, Guerraoui R, et al. Triad: Creating synergies between memory, disk and log in log structured key-value stores. Proceedings of USENIX ATC, 2017.

[61] Li Z L, Liang C J M, He W J, et al. Metis: Robustly tuning tail latencies of cloud systems. Proceedings of USENIX ATC, 2018.

[62] Li Y K, Liu Z, Lee P P C, et al. Differentiated key-value storage management for balanced I/O performance. Proceedings of USENIX ATC, 2021.

[63] PingCAP. Titan. https://github.com/tikv/titan.[2022-08-01]

[64] Atikoglu B, Xu Y H, Frachtenberg E, et al. Workload analysis of a large-scale key-value store. Proceedings of ACM SIGMETRICS, 2012.

[65] Cao Z C, Dong S Y, Vemuri S, et al. Characterizing, modeling, and benchmarking rocksdb key-value workloads at facebook. Proceedings of USENIX FAST, 2020.

[66] Hosking J R M, Wallis J R. Parameter and quantile estimation for the generalized pareto distribution. Technometrics, 1987, 29(3):339-349.

[67] Facebook. RocksDB 工作负载分析. https://github.com/facebook/rocksdb/wiki/Rocks DB-Trace%2C-Replay%2C-Analyzer%2C-and-Workload-Generation. [2022-08-01]

[68] Facebook. RocksDB Tuning Guide. https://github.com/facebook/rocksdb/wiki/Rocks DB-Tuning-Guide. [2022-08-01]

[69] Cao C, Liu Y, Cheng Z S, et al. POLARDB meets computational storage: Efficiently support analytical workloads in cloud-native relational database. Proceedings of USENIX FAST, 2020.

[70] Lakshman A, Malik P. Cassandra: A decentralized structured storage system. ACM SIGOPS Operating Systems Review, 2010, 44(2):35-40.

[71] PingCAP. TiKV. https://github.com/tikv/tikv.[2022-08-01]

[72] Apache. HBase. https://hbase.apache.org/.[2022-08-01]

[73] Alibaba. Tair. https://github.com/alibaba/tair.[2022-08-01]

[74] Page L. The PageRank citation ranking: Bring order to the web. Technical Report, 1998.

[75] Jeh G, Widom J. Scaling personalized web search. Proceedings of ACM WWW, 2003.

[76] Bar-Yossef Z, Broder A Z, Kumar R, et al. Sic transit gloria telae: Towards an understanding of the web's decay. Proceedings of ACM WWW, 2004.

[77] Chen W, Wang Y J, Yang S Y. Efficient influence maximization in social networks. Proceedings of ACM SIGKDD, 2009.

[78] Kempe D, Kleinberg J, Tardos E. Maximizing the Spread ' of influence through a social network. Proceedings of ACM SIGKDD, 2003.

[79] Debnath S, Ganguly N, Mitra P. Feature weighting in content based recommendation system using social network analysis. Proceedings of ACM WWW, 2008.

[80] Andersen R, Borgs C, Chayes J, et al. Trust-based recommendation systems: An axiomatic approach. Proceedings of ACM WWW, 2008.

[81] Wei H, Yu J X, Lu C, et al. Reachability querying: An independent permutation labeling approach. Proceedings of the VLDB Endowment, 2014, 7(12):1191-1202.

[82] Lochert C, Hartenstein H, Tian J, et al. A routing strategy for vehicular ad hoc networks in city environments. Proceedings of IEEE IV, 2003.

[83] Gonzalez H, Han J W, Li X L, et al. Adaptive fastest path computation on a road network: A traffic mining approach. Proceedings of VLDB Endow, 2007.

[84] Hong S, Chafi H, Sedlar E, et al. Green-marl: A DSL for easy and efficient graph analysis. Proceedings of ACM SIGARCH, 2012.

[85] Nguyen D, Lenharth A, Pingali K. A lightweight infrastructure for graph analytics. Proceedings of ACM SOSP, 2013.

[86] Hotho A, Jäschke R, Schmitz C, et al. FolkRank: A ranking algorithm for folksonomies. Proceedings of LWA, 2006.

[87] Common Crawl Graph. http://webdatacommons.org, 2012.[2022-08-01]

[88] Tankovska H. Number of monthly active facebook users worldwide. Technical report, https://www.statista.com/statistics/264810/number-of-monthly-active-facebook-users-worldwide/.[2022-08-01]

[89] 廖小飞. 图计算的回顾与展望. 中国计算机学会通讯, 2018, 14(7):8-9.

[90] Alibaba. GraphScope: 一站式图计算系统. Technical report, https://graphscope.io/docs/latest/zh/index.html.[2022-08-01]

[91] Mondal J, Deshpande A. Managing large dynamic graphs efficiently. Proceedings of ACM SIGMOD, 2012.

[92] Zeng K, Yang J C, Wang H X, et al. A distributed graph engine for web scale rdf data. Proceedings of the VLDB Endowment, 2013, 6(4):265-276.

[93] Wang H Y, Guo Y, Ma Z, et al. WuKong: A scalable and accurate two-phase approach to android app clone detection. Proceedings of ACM ISSTA, 2015.

[94] Chang F, Dean J, Ghemawat S, et al. Bigtable: A distributed store for structured data. ACM Transactions on Computer Systems, 2008, 26(2):1-26.

[95] Corbett J C, Dean J, Epstein M, et al. Spanner: Google's globally distributed database. Proceedings of USENIX OSDI, 2012.

[96] Taft R, Sharif I, Matei A, et al. CockroachDB: The resilient geo-distributed SQL database. Proceedings of ACM SIGMOD, 2020.

[97] Tidb. https://github.com/pingcap/tidb. [2022-08-01]

[98] Ongaro D, Ousterhout J. In search of an understandable consensus algorithm. Proceedings of USENIX ATC, 2014.

[99] 维基百科. 双十一. https://zh.wikipedia.org/wiki/%E5%8F%8C%E5%8D%81%E4%B8%80

[100] 大公网. 2018 天猫 "双 11" 交易创建峰值达 49.1 万笔/秒再创新纪录. http://www.takungpao.com.hk/finance/text/2018/ 1111/202650.html.[2022-08-01]

[101] IDC. 数据时代 2025. https://www.seagate.com/files/www-content/our-story/trends/files/data-age-2025-white-paper-simplified-chinese.pdf.[2022-08-01]

[102] IDC. 世界的数字化——从边缘到核心. https://www.seagate.com/files/www-content/ our-story/trends/files/idc-seagate-dataage-whitepaper.pdf

[103] Reinsel D, Gantz J, Rydning J. The digitization of the world from edge to core. Framingham: International Data Corporation, page 16, 2018.

[104] IDC. 2025 年中国将拥有全球最大的数据圈. January 2019. https://www.seagate.com/ files/www-content/our-story/ trends/files/data-age-china-regional-idc.pdf.[2022-08-01]

[105] 国务院. 促进大数据发展行动纲要. http://www.gov. cn/zhengce/content/2015-09/05/ content_10137.htm.[2022-08-01]

[106] Patterson D A, Gibson G, Katz R H. A case for redundant arrays of inexpensive disks (raid). Proceedings of ACM SIGMOD, 1988.

[107] HUAWEI. 华为存储产品. https://e.huawei.com/cn/ products/storage.[2022-08-01]

[108] EMC. EMC VNX 系列. https://www.delltechnologies.com/asset/en-us/products/storage/industry-market/ h12079-vnx-replication-technologies-overview-wp.pdf.[2022-08-01]

[109] IBM. IBM NetApp DE6600 系列. https://www.ibm.com/ docs/en/ess-p8/2.0?topic= enclosures-netapp-de6600.[2022-08-01]

[110] IDC. Worldwide enterprise storage systems market revenue grew 19.4the third quarter of 2018. https://www.ibm.com/docs/ en/ess-p8/2.0?topic=enclosures-netapp-de6600. [2022-08-01]

[111] MarketsandMarkets. Cloud storage market by type (solutions and services), deployment model (public cloud, private cloud, hybrid cloud), organization size (large enterprises, small and medium-sized enterprises), vertical, and region-global forecast to 2022. https://www.marketsandmarkets.com/Market-Reports/cloud-storage-market-902.html. [2022-08-01]

[112] Shvachko K, Kuang H R, Radia S, et al. The Hadoop distributed file system. Proceedings of IEEE MSST, 2010.

[113] Huang C, Simitci H, Xu Y K, et al. Erasure coding in windows azure storage. Proceedings of USENIX ATC, 2012.

[114] Weil S A, Brandt S A, Miller E L, et al. Ceph: A scalable, high-performance distributed file system. Proceedings of USENIX OSDI, 2006.

[115] Sathiamoorthy M, Asteris M, Papailiopoulos D, et al. XORing elephants: Novel erasure codes for big data. Proceedings of VLDB Endowment , 2013, 6(5):325-336.

[116] Amazon. Summary of the amazon s3 service disruption in the northern virginia region. https://aws.amazon.com/cn/message/ 41926/.[2022-08-01]

[117] VentureBeat. Aws is investigating s3 issues, affecting quora, slack, trello. https://venture-beat.com/business/aws-is-investigating-s3-issues-affecting-quora-slack-trello/[2022-08-01]

[118] The Wall Street Journal. Amazon finds the cause of its aws outage: A typo. https://www. wsj.com/articles/amazon-finds-the-cause-of-its-aws-outage-a-typo-1488490506.[2022-08-01]

[119] Dell EMC. Global data protection index key findings report. https://www.dellemc.

com/content/dam/uwaem/production-design-assets/en/gdpi/assets/infogra-phics/Dell _GDPI_2018_VB_key_findings_v3_1stFeb2019.pdf.[2022-08-01]

[120] Dell EMC. Global data protection index. https://www.dellemc.com/content/dam/uwa-em/production-design-assets/en/gdpi/assets/infographics/Dell_DPI_2018_Infogra-phic_v8_ Final.pdf.[2022-08-01]

[121] Dell EMC. 全球数据保护指数中国. https://www.dellemc. com/content/dam/uwaern/ production-design-assets/en/gdpi/assets/infographics/countryldp_inf_gdpi_infogra-phie_china_ cn.pdf.[2022-08-01]

[122] Weatherspoon H, Kubiatowicz J D. Erasure coding vs. replication: A quantitative comparison. Proceedings of Springer IPTPS, 2002.

[123] Plank J S. Erasure codes for storage systems: A brief primer. Login USENIX Magazine, 2013, 38(6):44-50.

[124] Rashmi K V, Shah N B, Ramchandran K, et al. Regenerating codes for errors and erasures in distributed storage. Proceedings of IEEE ISIT, 2012.

[125] Xiang L P, Xu Y L, Lui J C S, et al. Optimal recovery of single disk failure in RDP code storage systems. ACM SIGMETRICS Performance Evaluation Review, 2010, 38(1):119-130.

[126] Blaum M, Brady J, Bruck J, et al. EVENODD: An efficient scheme for tolerating double disk failures in raid architectures. IEEE Transactions on Computers, 1995, 44(2):192-202.

[127] Xu L H, Bruck J. X-code: MDS array codes with optimal encoding. IEEE Transactions on Information Theory,1999, 45(1):272-276.

[128] Huang C, Xu L. Star: An efficient coding scheme for correcting triple storage node failures. IEEE Transactions on Computers, 2008, 57(7):889-901.

[129] Gollakota S, Katabi D. Zigzag decoding: Combating hidden terminals in wireless net-works. Proceedings of ACM SIGCOMM, 2008.

[130] Xu L L, Lyu M, Li Q L, et al. SelectiveEC: Selective reconstruction in erasure-coded storage systems. Proceedings of USENIX HOTSTORAGE, 2020.

[131] Wei S Z, Li Y K, Xu Y L, et al. Dsc: Dynamic stripe construction for asynchronous encoding in clustered file system. Proceedings of IEEE INFOCOM, 2017.

[132] Wu S, Xu Y L, Li Y K, et al. Enhancing scalability in distributed storage systems with cauchy reed-solomon codes. Proceedings of IEEE ICPADS, 2014.

[133] Wu S, Xu Y L, Li Y K, et al. Pos: A popularity-based online scaling scheme for raid-structured storage systems. Proceedings of IEEE ICCD, 2015.

[134] Gonzalez J L, Cortes T. Increasing the capacity of raid5 by online gradual assimilation. Proceedings of IEEE SNAPI, 2004.

[135] Brown N. Online RAID-5 Resizing.drivers/md/raid5.c in the source code of Linux Ker-nel 2.6.18, 2006.

[136] Zhang G Y, Shu J W, Xue W, et al. SLAS: An efficient approach to scaling round-robin striped volumes. ACM Transactions on Storage, 2007, 3(1):3.

[137] Zhang G Y, Zheng W M, Shu J W. ALV: A new data redistribution approach to RAID-5 scaling. IEEE Transactions on Computers, 2010, 59(3):345-357.

[138] Zheng W M, Zhang G Y. FastScale: Accelerate RAID scaling by minimizing data migration. Proceedings of USENIX FAST, 2011.

[139] Zhang G Y, Zheng W M, Li K Q. Rethinking RAID-5 data layout for better scalability. IEEE Transactions on Computers, 2014, 63(11):2816-2828.

[140] Wu C T, He X B, Han J Z, et al. SDM: A stripe-based data migration scheme to improve the scalability of RAID-6. Proceedings of IEEE CLUSTER, 2012.

[141] Goel A, Shahabi C, Yao S Y D, et al. SCADDAR: An efficient randomized technique to reorganize continuous media blocks. Proceedings of IEEE ICDE, 2002.

[142] Wu C T, He X B. GSR: A global stripe-based redistribution approach to accelerate RAID-5 scaling. Proceedings of IEEE ICPP, 2012.

[143] Miranda A, Cortes T. CRAID: Online RAID upgrades using dynamic hot data reorganization. Proceedings of USENIX FAST, 2014.

[144] Patterson D A. A simple way to estimate the cost of downtime. Proceedings of LISA, 2002.

[145] Cherkasova L, Gupta M. Analysis of enterprise media server workloads: Access patterns, locality, content evolution, and rates of change. IEEE/ACM Transactions on networking, 2004, 12(5):781-794.

[146] Bogdan P, Kas M, Marculescu R, et al. Quale: A quantum-leap inspired model for non-stationary analysis of NoC traffic in chip multi-processors. Proceedings of ACM/IEEE NOCS, 2010.

[147] Bucy J S, Schindler J, Schlosser S W, et al. The DiskSim simulation environment version 4.0 reference manual. Parallel Data Laboratory, 2008 :26.

[148] Facebook annual report 2013. https://investor.fb.com/financials/?section=annualreports[2022-08-01]

[149] Sullivan D. Google still world's most popular search engine by far, but share of unique searchers dips slightly. http://searchengineland.com/google-worlds-most-popular-search-engine-148089.[2022-08-01]

[150] Statista. Number of worldwide active amazon customer accounts from 1997 to 2014 (in millions). http://www.statista.com/statistics/237810/number-of-active-amazon-customer-accounts-worldwide/.[2022-08-01]

[151] Beaver D, Kumar S, Li H C, et al. Finding a needle in haystack: Facebook's photo storage. Proceedings of OSDI, 2010.

[152] Google. Balancing strong and eventual consistency with google cloud datastore. https://cloud.google.com/developers/articles/balancing-strong-and-eventual-consistency-with-google-cloud-datastore.[2022-08-01]

[153] Why web performance matters: Is your site driving customers away? https://ohmedia.ca/pub/images/blog/Why-Performance-Matters.pdf.[2022-08-01]

[154] Linden G. Marissa mayer at web 2.0. http://glinden.blogspot.com/2006/11/marissa-mayer-at-web-20.html.[2022-08-01]

[155] Schurman E, Brutlag J. Performance related changes and their user impact. https://studylib.net/doc/5609343/performance-related-changes-and-their-user-impact.[2022-08-01]

[156] Bronson N, Amsden Z, Cabrera G, et al. TAO: Facebook's distributed data store for the social graph. Proceedings of USENIX ATC, 2013: 49-60.

[157] Corbett J C, Dean J, Epstein M, et al. Spanner: Google's globally-distributed database. Proceedings of OSDI, OSDI'12, 2012: 251-264.

[158] Baker J, Bond C, Corbett J C, et al. Megastore: Providing scalable, highly available storage for interactive services. Proceedings of CIDR, 2011: 223-234.

[159] Gupta A, Yang F, Govig J, et al. Mesa: Geo-replicated, near real-time, scalable data warehousing. Proceedings of the VLDB Endowment, 2014, 7(12): 1259-1270.

[160] Terry D B, Prabhakaran V, Kotla R, et al. Consistency-based service level agreements for cloud storage. Proceedings of SOSP, SOSP '13, 2013: 309-324.

[161] Schneider F B. Implementing fault-tolerant services using the state machine approach: A tutorial. ACM Computing Surveys, 1990, 22(4): 299-319.

[162] Petersen K, Spreitzer M J, Terry D B, et al. Flexible update propagation for weakly consistent replication. Proceedings of SOSP, 1997: 288-301.

[163] DeCandia G, Hastorun D, Jampani M, et al. Dynamo: Amazon's highly available key-value store. Proceeding of SOSP, SOSP '07, 2007: 205-220.

[164] Burckhardt S, Gotsman A, Yang H. Understanding eventual consistency. Technical Report MSR-TR-2013-39, 2013.

[165] Saito Y, Shapiro M. Optimistic replication. ACM Computing Surveys, 2005, 37(1): 42-81.

[166] Vogels W. Eventually consistent. Communications of the ACM, 2009, 52(1): 40-44.

[167] Herlihy M P, Wing J M. Linearizability: A correctness condition for concurrent objects. ACM Transactions on Programming Languages and Systems, 1990, 12(3): 463-492.

[168] Li C, Porto D, Clement A, et al. Making geo-replicated systems fast as possible, consistent when necessary. Proceedings of OSDI, OSDI'12, 2012: 265-278.

[169] Ladin R, Liskov B, Shrira L, et al. Providing high availability using lazy replication. ACM Transactions of Computer Systems, 1992, 10(4): 360-391.

[170] Singh A, Fonseca P, Kuznetsov P, et al. Zeno: Eventually consistent byzantine-fault tolerance. Proceedings of NSDI, 2009, 9: 169-184.

[171] Lamport L. Time, clocks, and the ordering of events in a distributed system. In Concurrency: the Works of Leslie Lamport, 2019: 179-196.

[172] Schneider F B. Implementing fault-tolerant services using the state machine approach: A tutorial. ACM Computing Surveys, 1990, 22(4): 299-319.

[173] Cooper B F, Ramakrishnan R, Srivastava U, et al. PNUTS: Yahoo!'s hosted data serving platform. Proceedings of the VLDB Endowment, 2008, 1(2): 1277-1288.

[174] Li J Y, Krohn M N, Mazieres D, et al. Secure untrusted data repository (SUNDR). Proceedings of OSDI, 2004, 4: 9.

[175] Terry D B, Theimer M M, Petersen K, et al. Managing update conflicts in bayou, a weakly connected replicated storage system. ACM SIGOPS Operating Systems Review, 1995, 29(5): 172-182.

[176] Mahajan P, Setty S, Lee S, et al. Depot: Cloud storage with minimal trust. ACM Transactions on Computer Systems, 2011, 29(4): 1-38.

[177] Feldman A J, Zeller W P, Freedman M J, et al. SPORC: Group collaboration using untrusted cloud resources. Proceedings of OSDI, 2010, 10: 337-350.

[178] Shapiro M, Preguica N, Baquero C, et al. Conflict-free replicated data types. Proceedings of SSS, 2011: 386-400.

[179] Lloyd W, Freedman M J, Kaminsky M, et al. Don't settle for eventual: Scalable causal consistency for wide-area storage with cops. Proceedings of SOSP, 2011: 401-416.

[180] Sovran Y, Power R, Aguilera M K, et al. Transactional storage for geo-replicated systems. Proceedings of SOSP, SOSP '11, 2011: 385-400.

[181] Ladin R, Liskov B, Shrira L, et al. Providing high availability using lazy replication. ACM Transactions on Computer Systems, 1992, 10(4): 360-391.

[182] Van Renesse R, Birman K P, Maffeis S. Horus: A flexible group communication system. Communications of the ACM, 1996, 39(4): 76-83.

[183] Mazieres D, Shasha D. Building secure file systems out of byzantine storage. Proceedings of PODC, 2002: 108-117.

[184] Yu H F, Vahdat A. Design and evaluation of a continuous consistency model for replicated services. Proceedings of OSDI, 2000.

[185] Ellis C A, Gibbs S J. Concurrency control in groupware systems. Proceedings of SIGMOD, 1989: 399-407.

[186] Stocker D. Delta transactions. http://collectiveweb.wordpress.com/2010/03/01/delta-transactions/.[2022-08-01]

[187] Bernstein P A, Hadzilacos V, Goodman N. Concurrency control and recovery in database systems. Addison-Wesley Reading, 1987.

[188] TPC consortium. Tpc benchmark-w specification v.1.8. https://www.tpc.org/tpcw/tpc-w_wh.pdf.[2022-08-01]

[189] Emmanuel C,Julie M. Rubis: Rice university bidding system. https://github.com/uillian-luiz/RUBiS.[2022-08-01]

[190] Fogbeam Labs. Quoddy code repository. http://code.google.com/p/quoddy/.[2022-08-01]

[191] Ebay website. http://www.ebay.com/.[2022-08-01]

[192] Lamport L. The part-time parliament. In Concurrency: the Works of Leslie Lamport, 2019: 277-317.

[193] Benevenuto F, Rodrigues T, Cha M, et al. Characterizing user behavior in online social networks. Proceedings of SIGCOMM, 2009: 49-62.

[194] Li C, Preguica N, Rodrigues R. Fine-grained consistency for geo-replicated systems. Proceedings of USENIX ATC, 2018: 359-372.

[195] Li C, Leitao J, Clement A, et al. Automating the choice of consistency levels in replicated systems. Proceedings of USENIX ATC, 2014: 281-292.

[196] Dijkstra E W. A discipline of programming. Prentice-Hall Englewood Cliffs, 1976.

[197] Bessani A, Sousa J, Alchieri E E P. State machine replication for the masses with BFT-SMART. Proceedings of DSN, 2014: 355-362.

[198] Amazon elastic compute cloud (ec2). https://aws.amazon.com/ec2/.[2022-08-01]